Impressum

Bildnachweis:
Fast alle Fotos inkl. Titelfotos stammen vom Autor. Bei den Ausnahmen werden die Urheber unter dem jeweiligen Foto angegeben.

Mit dem Sprinter auf der Assietta-Kammstraße

Michael Blömeke

Bau's Dir selbst.

Expeditionsfahrzeuge, Wohnmobile und Vans selbst ausbauen

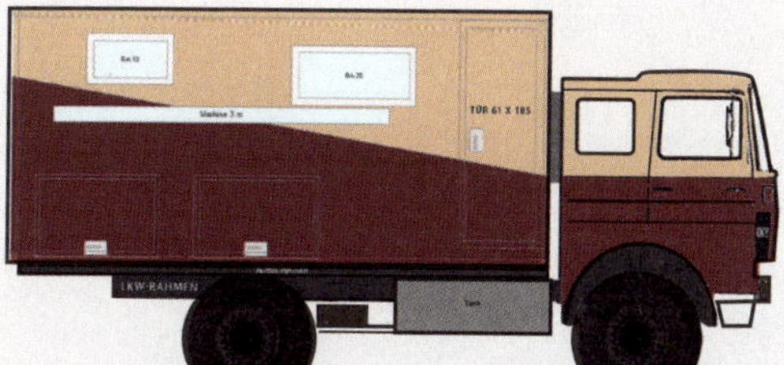

Step-by-step-Anleitungen, Tipps und Tricks

pietsch

Impressum

Bildnachweis:
Fast alle Fotos inkl. Titelfotos stammen vom Autor. Bei den Ausnahmen werden die Urheber unter dem jeweiligen Foto angegeben.

Die enthaltenen Anleitungen, Tipps und Ratschläge wurden nach bestem Wissen und Gewissen erteilt. Die Umsetzung der darin enthaltenen Informationen erfolgt ausdrücklich auf eigenes Risiko. Verlag und Autor können für etwaige Unfälle und Schäden jeglicher Art, die sich bei der Umsetzung der Beschreibungen ergeben, aus keinem Rechtsgrund eine Haftung übernehmen. Eine Haftung des Autors oder des Verlages und seiner Beauftragten für Personen-, Sach- und Vermögensschäden ist ausgeschlossen.
Dieser Band entspricht dem Kenntnisstand zum Zeitpunkt der Drucklegung. Abweichungen durch Weiterentwicklung der Fahrzeuge, Werkzeuge und Arbeitstechniken sowie geänderte Anweisungen des Fahrzeugherstellers bzw. neue gesetzliche Bestimmungen sind möglich. Für die Inhalte von den in diesem Buch abgedruckten Internetseiten sind ausschließlich die Betreiber der jeweiligen Internetseiten verantwortlich. Der Verlag und der Autor haben keinen Einfluss auf Gestaltung und Inhalte fremder Internetseiten. Verlag und Autor distanzieren sich daher von allen fremden Inhalten. Zum Zeitpunkt der Verwendung waren keinerlei illegalen Inhalte auf den Webseiten vorhanden.

Mit dem Sprinter auf der Assietta-Kammstraße

ISBN 978-3-613-50898-0

Ein Unternehmen der Paul Pietsch Verlage GmbH & Co. KG
1. Auflage 2020

Sie finden uns im Internet unter www.pietsch-verlag.de

Lektorat: Verlag pietsch
Cover und Layout: Kornelia Erlewein
Druck und Bindung:
Graspo CZ, 76302 Zlín
Printed in Czech Republic

Wie alles begann
Seite 12

Mein 1.
Toyota Land Cruiser mit Hubdachkabine
Seite 16

Mein 2.
SCAM – teilintegriertes Expeditionsmobil mit Allradantrieb
Seite 18

Mein 3.
Mercedes Benz Sprinter mit Kastenwagenausbau
Seite 24

Mein 3½.
Unser Segelboot Pisco
Seite 28

Mein 4.
Magirus-Deutz-Weltreisemobil mit Allradantrieb
Seite 30

01  Seite 34

Fahrzeugwahl 36

Was soll mein Wohnmobil können? 37
Das richtige Basisfahrzeug 43
Bauarten 43
Checkliste Fahrzeugwahl 46
Gewichtsklassen: 3,5 oder 7,5 Tonnen und darüber 50
Gebraucht oder neu? 54
Kastenwagen, Shelter oder Koffer? 56
Kastenwagen als Selbstbau-Wohnmobil 61
LKW als Selbstbau-Wohnmobil mit Shelter aus Militärbeständen 65
Selbstbau-Wohnmobil mit maßgefertigtem Kofferaufbau 73
Gewichtsverteilung im Selbstbau-Wohnmobil 74
Kofferaufbau 78
Der Zwischenrahmen – wichtiges Bindeglied zwischen LKW und Wohnmobilkoffer 82
Der optimale Hilfsrahmen für Wohnmobilkoffer 84
Planungsfehler 86

02  Seite 92

Planung 94

Raumplanung am Beispiel des Kastenwagens 96
Möbelplanung 97
Planung der Einbauten und der Ausbauteile 100
Planung mit OpenOffice 102
Planungsbeispiel Grundriss 108
Einbaugeräte festlegen 122
Innenraum planen 126
Kosten und Gewicht kalkulieren 128
Strombedarf berechnen 130
Elektro-Schaltplan erstellen 131
Grundlagen für die Order des Kofferaufbaus 136
Ablaufplan für den Selbstausbau 140

03

Seite 142

Komponenten 145

Stromversorgung 152
Wasserversorgung 170
Kühlschrank oder Kühlbox? 178
Kocher oder Herd? 183
Beleuchtung 190
Haustechnik und Gadgets 192
Heizung 196
Toilette 202

04

Seite 206

Ausbau 208

Werkzeug für den Selbstausbau 209
Ausführung in der richtigen Reihenfolge 218
Möbel 232
Badezimmer 242
Arbeitsplatte für die Küche 248
Vorratskeller 252
Verbindungen 254
Kleben 254
Bohren 262
Verschraubungen 264

(Toms-Rits-unsplash)

05

Seite 270

Stromversorgung 272

Die passende Bordspannung – 12 V oder 24 V? 272
Installation 274
Einbau der Lade-Elektronik-Elemente 280
Steuerkonsole 283
Verlegung von Kabelkanälen und Leitungen, Anschluss der Elektro-Geräte 283
230-Volt-Bordstromversorgung 284
Solaranlage aufbauen und anschließen 285

06

Seite 288

Wasserversorgung 290

Wasserzufluss in die Frischwassertanks 294
Wasserausfluss aus den Frischwassertanks 296

07

Seite 300

Gasanlage und Standheizung 302

Gasanlage installieren 303
Standheizung einbauen 306

08

Seite 308

Akkurat arbeiten 310

Messen und Anzeichnen 312
Schnittpläne erstellen 314
Ultimo 317

(Jaromir-Kavan-unsplash)

Typischer historischer Wegweiser in der Provence

Mein Land Cruiser beim Offroad-Training

Wie alles begann

Schon als Kind hat mich Technik interessiert. Ich wollte so ziemlich alles wissen und ausprobieren: Schnitzen, Schreinern und an meinem Kettcar herumschrauben, damit ging alles los.

Dann kamen ein Mofa und später die große Freiheit mit dem Führerschein. Schon vor der Fahrprüfung gab es in der Nähe einen »Verein verrückter Leute, die ihre Autos kaputtmachen« – so nannte es mein Vater. Das musste ich erkunden! Also fuhr ich mit unserem DKW Munga – fahren lernte ich mit 14 Jahren – zu diesen Verrückten hin. Es war der Offroad-Club und ich wurde mit 16 Jahren das jüngste Mitglied.

Ich lernte das Geländefahren vom damaligen Vorstand und probierte alles aus. Hier konnte ich meine Fahrkünste erweitern, bis mancher die Nerven verlor. Der ein oder andere Beifahrer (ich fuhr bevorzugt offen und ohne Türen) »rettete« sich durch einen Sprung aus dem Land Cruiser vor der nächsten Befahrung eines Steilhangs. Ein einziges Mal legte sich das Fahrzeug auf die Seite und trug ein paar Beulen davon – Übermut tut selten gut.

Multidisziplinäre Jobberei

Um das Geld für meine Hobbys zu verdienen, arbeitete ich im Zementwerk und erlernte dort in den verschiedenen Werkstätten viele Fertigkeiten, was ich für den Ausbau von Wohnmobilen gebrauchen konnte. Ich arbeitete in der Schreinerei, Blechnerei mit Sanitär, Schlosserei und bei den Elektrikern. Am liebsten jedoch in der KFZ-Werkstatt, in der vom Gabelstapler über Transporter und LKW bis zum großen Radlader alles repariert und gewartet wurde. Der große Radlader wog leer ca. 70 Tonnen. In der Schaufel parkten wir sogar einmal zwei Unimogs nebeneinander.

Als ich mir später eine Differentialsperre für meinen Land Cruiser finanzieren wollte, nahm ich einen Job in der KFZ- und Prototypen-Werkstatt an, die solche produzierte. Auch dort lernte ich wieder einiges über Metallverarbeitung und KFZ. So konnte ich meine Sperre unter Anleitung selbst einbauen, dabei dazulernen und sparen.

Ein Schreiner baut seine Werkzeugkiste aus Holz, der Blechner aus Blech und der Schlosser schweißt sich eine zusammen. Da ich viele verschiedene Gewerke kennenlernen durfte, kann ich für meine Vorhaben nun jeweils das vorteilhafteste Material nutzen.

Reisefieber

Ein Studium war mir zu trocken und irgendwie brach bei mir das Reisefieber aus und ich machte mein Hobby – das Reisen – zum Beruf: Ich eröffnete einen Reiseausrüstungsladen, den Adventurer Shop in Karlsruhe. Mit dem Shop lernte ich viel übers Reisen, sowohl von meinen Kunden als auch auf eigenen Touren. Ich lernte allerdings auch, dass ein Einzelhandel viel Zeit kostet und nicht die große Freiheit bedeutet …

Der Adventurer Shop in Karlsruhe

Handel mit Expeditionsmobilen

Um mein Familienwohnmobil günstig zu erhalten und ein weiteres Standbein zu haben, begann ich mit dem Handel von Expeditionsmobilen. Ich hatte die Marke SCAM für mich entdeckt und fand die Fahrzeuge hochinteressant. So nahm ich Kontakt zum italienischen Kleinserienhersteller auf und legte mir ein Vorführfahrzeug zu. Zuerst schraubte ich kurzerhand die Hubdachkabine von meinem Toyo darauf. Aber der eigentliche Plan war, ein Familienwohnmobil aufzubauen. Das Geschäft lief nur stockend, mit dem Kofferhersteller gab es Probleme. SCAM wurde von Iveco übernommen und ohne Koffer und Basisfahrzeug fehlte die Grundlage. Daher gab ich diese Aktivitäten wieder auf.

Tourenorganisator und Outdoorlehrer

Nebenher organisierte ich Touren mit dem Kanu, offroad und in Höhlen, um gleichzeitig meine Hobbys ausüben zu können.

In Abendkursen führte ich im Adventurer Shop auch GPS-Schulungen durch.

Buchautor und Videokursmentor

Als in den 2000er Jahren die Onlineshops zunahmen, lohnte sich mein Outdoorshop irgendwann nicht mehr und 2008 schloss ich den Shop nach 21 Jahren. Aus meinen GPS-Kursen entstanden Bücher und Videokurse über GPS-Navigation und Reiseplanung.

Nachdem der Weltreisevirus mich inzwischen wieder attackiert hatte, ist daraus zusätzlich der Weltreise-Podcast WorkandTravel20.de entstanden.

Dabei geht es um das Thema Weltreise mit und ohne Wohnmobil und wie man unterwegs online sein Geld verdienen kann. Mit dem Weltreisevirus kam auch der Wunsch nach einem neuen Fahrzeug. Ein Wohnmobil, in dem ich meine Online-

Messestand mit dem SCAM auf der Abenteuer Allrad Messe im Jahr 2004

Marketing-Tätigkeiten ausüben kann und das zugleich unsere mobile Reisewohnung ist.

Für unser Selbstausbau-Wohnmobil hatte ich viele Ideen, die ich so noch nirgends umgesetzt gesehen habe. Eine Quad-Garage hinten im Koffer beispielsweise kannte ich bisher nur aus Videos von Freddy Reck. Das wollte ich auch haben!

Ein Ofen im Wohnmobil ist zwar nichts Neues, aber unserer sollte leicht sein und einfach zu bedienen. Einen Schornstein anbauen und wieder abbauen wollte ich nicht. Also habe ich einen Teleskop-Schornstein entwickelt.

Mit dem Expeditionsmobil »Schredder« am Schwarzen Meer

Mein 1.
Toyota Land Cruiser mit Hubdachkabine

Mit dem Land Cruiser im hohen Atlas, Marokko

Mein erstes Wohnmobil – Toyota Land Cruiser mit Hubdachkabine

Nachdem ich 1981 mit dem Führerschein meine automobile Freiheit erlangt hatte, akquirierte ich zügig den Geländewagen meiner Eltern und begann die weitere Umgebung zu entdecken.

Anfangs diente ein Zelt als mobiles Heim, danach ergatterte ich einen alten Wohnwagen, den ich zuerst einmal restaurieren musste.

Mobiles Wohnen im Wohnwagen

In den Staufächern zeigten sich nach kurzer Qualitätskontrolle mit dem Schraubenzieher riesige Löcher im Boden. Die Fäulnis hatte den unteren Bereich der Wände und die Bodenplatte rundherum zersetzt. Hieraus resultierten meine ersten Erfahrungen im mobilen Hausbau. Die Seitenwände wurden zerlegt und neue Hölzer eingebaut sowie der Boden großzügig freigesägt und aufgedoppelt.

Ein Wohnwagen ist gut für einen weitgehend stationären Urlaub auf dem Campingplatz geeignet. Aber irgendwie scheint Nomadenblut durch meine Adern zu fließen und mein Hobby, das Geländefahren, stand in Konflikt mit der Haltbarkeit eines Wohnwagens. Also war eine andere Lösung gefragt, was bequem und einfach aufzubauen war, ohne die Geländegängigkeit zu behindern.
Ein Dachzelt!
Aber auf dem offenen Land Cruiser?

Um meinen Blick in die Welt nicht zu beeinträchtigen, wanderte es ganz einfach hinter die Sitze, wobei sich darunter dann einiger Stauraum ergab.

Toyota Land Cruiser mit Heckzelt

Da es nichts Passendes zu kaufen gab und der schmale Geldbeutel Grenzen setzte, baute ich das »Zelt« einfach selbst. Wasserfest verleimte Multiplexplatten und eine braune Zelthaut kombiniert mit einer Matratze, ergaben einen ganz guten Schlafkomfort. Die Themen Kondenswasser und Hinterlüftung hatte ich großzügig vernachlässigt. Irgendwie muss man seine Erfahrungen ja sammeln.
Für größere Reisen und schlechtes Wetter war die Lösung nicht so perfekt. Spätestens als meine Freundin in den südfranzösischen Alpen von ihrem schneebedeckten Kopfkissen herübergrantelte, war klar, dass die Entwicklung weitergehen musste.

Der erste Landcruiser mit Heckzelt

Die Basis für den Pick-up

Ich investierte zwei Jahre meiner Freizeit und flexte, nahm Maß, schraubte und schweißte. Ein bisschen Zink und Lack dazu sowie ein paar neue Teile und das Ergebnis war ein robuster Geländewagen mit 330 Liter Tankinhalt und damit eine gute Basis für mein erstes richtiges Wohnmobil.

Der fertige Pick-up

Im Kontext meines Offroad-Hobbys sollte das Wohnmobil natürlich wieder recht kompakt und geländegängig sein. Somit stellte ich mir die Frage, was daran überflüssig war und die Antwort war: Luft.

Mein neuer Land Cruiser im »Rohzustand«

Der Land-Cruiser-Pick-up vor seiner Jungfernfahrt in die Alpen

Toyota Land Cruiser Pick-up

Der nächste Wunsch war ein Toyota Land Cruiser Pick-up mit großem Tank und einer Wohnkabine darauf. Das Problem war wie meist – es gab ihn nicht so wie ich ihn haben wollte. Die J4-Pick-up-Modelle waren damals meist sehr gebraucht bis verbraucht und eines mit Servolenkung, Scheibenbremsen und Fünfganggetriebe zu finden, war unmöglich. Außerdem war das serienmäßige Fahrerhaus für mich zu klein.

Also kam mir die Idee, einen BJ75 zu verwenden und umzubauen. Mein Freund Winfried, der mit gebrauchten Land Cruisern und Teilen handelte, fand einen solchen mit 40.000 km auf der Uhr in bestem Zustand. Bis auf die Karosserie …

Denn ein Wohnkoffer besteht zu 90% aus Luft, die man durch die Gegend fährt, obwohl sie an den Reisezielen ja unbegrenzt verfügbar ist. Ergo könnten wir sie doch einfach daheim lassen, um Volumen zu sparen.

Die Hubdach-Wohnkabine

Mit einem absenkbaren Dach sollte sich doch die überflüssige Luft entfernen lassen. Ich besuchte die CMT, eine der größten deutschen Camping Messen in Stuttgart, und schaute mir die vielen Falt- und Klappwohnwagen und einige Wohnmobile an.

Der Innenausbau der Hubdachkabine entstand dann als Kombination aus festen Schränken und Stau-

Mit dem Toyota Land Cruiser im hohen Atlas

fächern mit Industrieboxen aus Kunststoff. Die Boxen wurden nach Bedarf als Rückenlehne, Bettunterbau oder um die Frühstücksutensilien nach draußen zu tragen, benutzt. Der Kühlschrank war im Eingang und somit von innen und außen zugänglich, und als Wassertank gab es einen 25-Liter-Kanister.

Die Batterie war im Stauraum links vorne untergebracht und geladen wurde sie von der Lichtmaschine während der Fahrt und im Stand von zwei Solarpanels auf dem Dach.

Das Dach der Wohnkabine ließ sich mit einer einfachen Kurbelseilwinde heben und senken. Die Seile gingen von der Winde in alle vier Ecken und wurden von den Umlenkrollen über die Innenwand zur Außenwand gelenkt. Es war eine einfache Konstruktion, die jahrelang gut funktionierte.

FAZIT – 4x4-Pick-up mit Kofferaufbau

Für Reisen mit wenig Mitfahrern und Gepäck ist ein Pick-up mit Wohnkabine ein geniales und praktisches Auto. Allerdings muss man auf das Gewicht achten, besonders bei hohen Alkovenkoffern, die eine beträchtliche Hebelwirkung auf den Zwischenrahmen und den Fahrzeugrahmen ausüben. Ein Pick-up hat meist eine lange Motorhaube, die für Wohnzwecke verlorenen Platz bedeutet. Weil sich das ganze Gepäck dann auf die Kabine konzentriert, kann das Fahrzeug sehr hecklastig werden.
Besser sind da Frontlenker wie ein Sprinter, Ducato, Iveco Daily 4×4, Bremach, Ford Transit oder ähnliche geeignet.
Das Konzept mit der Hubdach-Wohnkabine hat sich hingegen gut bewährt, weil der Schwerpunkt und Luftwiderstand niedriger sind. Vielleicht baue ich mir irgendwann wieder eine.

Mein 2. SCAM

Mit dem SCAM am Sognefjord, Norwegen

Mein zweites Wohnmobil – SCAM – teilintegriertes Expeditionsmobil mit Allradantrieb

Tja, und irgendwann wurden aus meiner Freundin und mir meine Familie und ich. Damit wurde die praktische und gemütliche Hubdach-Wohnkabine in absehbarer Zeit zu klein. Zuerst stellte sich wieder die Frage nach einem passenden Basisfahrzeug. Geländegängig, nicht zu groß und nicht zu klein – wie immer.

Ein Kunde fragte mich, ob ich denn die Firma SCAM kenne, diese würde hochgeländegängige Fahrzeuge im Bereich 3,5 bis 5,5 Tonnen bauen. Quasi die italienische Antwort auf den Unimog. Da ich damals noch einen Ausrüstungsshop hatte, erweiterte ich kurzerhand meinen Geschäftsbereich auf Offroad-Fernreisemobile.

SCAM ist der Vorgänger des Iveco Daily 4×4, beziehungsweise die Basis, da die Firma SCAM inzwischen von Iveco aufgekauft worden ist.
Also kontaktierte ich die Italiener und erwarb meinen Vorführwagen, den ich für den Umbau vorgesehen hatte. Zuerst montierte ich meine alte Hubdach-Wohnkabine auf den SCAM, damit wir schon mal fahren konnten und etwas zum Vorzeigen hatten.

Teilintegriertes Wohnmobil auf Basis des SCAM

Mein neues Wohnmobil sollte mal wieder etwas Besonderes werden. Das Fahrerhaus, eine Doppelkabine, sollte in den Kofferaufbau integriert werden. Damit entstand die Möglichkeit, das Fahrerhaus als Sitzecke zu nutzen, nachdem die Vordersitze mit Drehkonsolen ausgestattet waren.

Ich nahm Kontakt mit einem Aufbauhersteller auf, der Kühlkoffer und Wohnaufbauten zum Selbstausbau herstellte.
Den Zwischenrahmen konstruierte ich mit Hilfe meines Freundes Heinz, der eine eigene LKW- und Gabelstapler-Werkstatt führt und ebenso vom Offroad-Reisevirus befallen ist. Wir befestigten an der Aufnahme der Anhängerkupplung ein drehbares Lager mit einem Querträger, auf dem das Heck des Koffers befestigt wurde.
Unter das Fahrerhaus, welches auf sechs Gummilagern saß, legten wir einen Stahlrahmen, der den vorderen Teil der Wohnkabine aufnahm und beides fest verband.
Der Aufbauhersteller lieferte meinen Koffer nach meinen Plänen und ich konnte in seiner Halle den Koffer aufsetzen und an die Doppelkabine adaptieren.

Wohnmobil mit 3,5 Tonnen und Allradantrieb

Fast hätte es geklappt. Mein WoMo hatte 3,5 Tonnen. Leider war es das Leergewicht. Nun musste ich doch die Reserve ausnutzen: Ich hatte wohlweislich bei der Bestellung das 5–Tonner-Fahrwerk genommen. Also musste ich weinenden Auges

Dach und Rückwand wurden entfernt und der Koffer angepasst.

zur Zulassungsstelle und auf 5 Tonnen zulässiges Gesamtgewicht auflasten.

Abgesehen davon war ich gerne mit dem SCAM unterwegs, mit dem größeren Tank (150 Liter), den ich eingebaut hatte, war die Reichweite schon ganz ordentlich. Die Geländegängigkeit war dank des Fahrwerks mit Parabelfedern genial. Die Lautstärke war durch die fetten XZL-Reifen und das direkt am Rahmen angeflanschte Zwischengetriebe allerdings etwas verbesserungswürdig.

Mit dem SCAM reisten wir durch Italien, Frankreich, Österreich, Slowenien, Kroatien und Skandinavien.

FAZIT – *Was ich am SCAM gelernt habe*

In dieser Zeit, in der ich die Autos der Marke SCAM und Wohnaufbauten verkaufte, konnte ich viel über den Ausbau von Wohnmobilen und Kofferaufbauten lernen.

Mein Konzept mit dem teilintegrierten Fahrerhaus hat funktioniert, es gab auch bei Geländefahrten keinerlei Risse oder Probleme mit dem Aufbau.

Ich erkannte, wie wichtig es ist, bei jedem Bauteil das Gewicht zu berücksichtigen und im Voraus die einzelnen Gewichte aufzusummieren.

Beim SCAM installierte ich einen aus Polyethylen geschweißten Tank für den Kraftstoff, der nebenbei robuster war als der Serientank aus geblasenem PE.

Tipp: *Vertraue keinem Schreiner, der noch nie einen WoMo-Ausbau gemacht hat in Bezug auf leichtgewichtige Bauweise!*

Tipp: *Fixiere alle Details vorher ausführlich schriftlich, um später das Ergebnis zu erhalten, was du dir wünschst.*

Der Schreiner war Spezialist für Plattenwerkstoffe und erzählte mir, was man alles machen könne mit Sandwichplatten mit Styrodur-Kern, um Gewicht zu sparen.
Geliefert hat er trotz aller Besprechungen Multiplex und Pressspan.
Schau dir bei einem Aufbauhersteller mehrere Produkte aus seiner Fertigung an! Bei diesem gab es enorme Abweichungen in der Qualität, selten rechte Winkel und Abweichungen beim Gewicht von über 20%.

Pause im französischen Zentralmassiv

Mein 3.

Mercedes-Benz Sprinter

Mein drittes Wohnmobil – Mercedes-Benz Sprinter mit Kastenwagenausbau

Ja, irgendwann wurde es uns im SCAM doch zu unbequem. Groß und geländegängig war schon super, nur die Familie war doch nicht so offroad-affin. Also gingen die Überlegungen zu einem minimal geländetauglichen Straßenflitzer mit viel Platz. Natürlich mit Wohnmobilausbau. Meinen Toyo Pick-up hatte ich ja nach wie vor für die Allrad-Touren.

Somit habe ich mir eine Wunschliste zusammengestellt, was das nächste WoMo so alles haben soll. Wenn schon, denn schon. Automatikgetriebe, ausreichend Power, Standheizung, großer Tank, Tempomat, zur Abwechslung mal in Silber und mit getönten Scheiben. Einen Dachträger für die Kanus und Anhängerkupplung.
Nachdem der SCAM neue Besitzer gefunden hatte, hatte ich auf mobile.de geschaut und bin schnell fündig geworden. Einen Neunsitzer-Sprinter 315 CDI mit fast allem, was ich wollte. Den Rest hat der Händler noch angebaut.

Sprinter 315 CDI mit Kastenwagenausbau

Nach den beiden WoMo-Aufbauten aus GFK-Sandwich Material (Glasfaserverstärktes Kunstharz mit Schaumkern) habe ich mich nun in die Kastenwagenabteilung begeben. Keine rechtwinklige Kiste mehr. Hier standen Wölbungen und Radkästen meiner gewohnt rechteckigen Planung entgegen.

Damit unser flotter Sprinter nicht zur Schnecke wurde und nach den Erfahrungen mit meinem SCAM, habe ich hier besonderen Wert auf Leichtgewicht gelegt.

Während die Möbel für den SCAM ein bis dahin befreundeter Schreinerbetrieb gebaut hatte, wollte ich das nun selbst in die Hand nehmen. Schreiner haben, wie schon erwähnt, nicht unbedingt den Hang zur Leichtbauweise.

Mein Freund Stefan von der Holzhandlung Kuhmann und Dill in Karlsruhe bot mir schöne leichte Pappel-Sperrholzplatten mit und ohne Beschichtung für den Ausbau an. Damit konnte ich so leichte Schränke bauen, dass ich jeden einzelnen problemlos alleine tragen kann. Ich schätze, der kleinere mit zwei Schubladen-Reihen hat kaum 20 Kilogramm.
Zuerst habe ich natürlich den ultimativen Stabilitätstest gemacht. Dafür leimte ich aus ein paar Resten ein kleines Mini Regal zusammen mit den Maßen von ca. 23 x 25 x 22 cm. Damit habe ich dann ein bisschen Fußball gespielt, um die Stabilität zu testen und es hat bestens gehalten.

Die Schlafmöglichkeit auf den Schränken hatte sich im SCAM bewährt und so plante ich die Betten im Sprinter ebenso. Nur dieses Mal Längsbetten, mangels Fahrzeugbreite. Rechts und links vor den Fenstern ergaben sich kleine Fächer für Bücher bzw. auf

Hier passe ich die Möbel an die Radkästen und die Innenverkleidungen an.

der anderen Seite für Matten und Solarpanel.
Die Spüle wurde im Schrank versenkt, sodass sie unter einer Klappe verschwand. Gekocht wird bei uns sowieso meist draußen mit Campingkochern, die man alternativ aber auch auf dem Schrank betreiben kann.
Durch die angetriebene Hinterachse und eine relativ große Bauchfreiheit ist der Sprinter einigermaßen schlechtwegetauglich. Wir haben damit sogar die Assietta-Kammstraße in Italien befahren.

FAZIT – *Was ich am Sprinter-WoMo lernen durfte*

Ein Kastenwagenausbau war eine völlig neue Erfahrung für mich. Seit meinem ersten Land Cruiser mit dem Heckzelt hatte ich nur Kofferaufbauten realisiert.
Da wir mit dem Sprinter nur von Frühling bis Herbst unterwegs waren, habe ich auf Wärmedämmung verzichtet. Die Innenverkleidung unserer PKW-Version war völlig ausreichend, sodass ich keinen Bedarf für eine Änderung sah.
Einmal hatten wir mit der Standheizung Pech; die Standheizung sowie eine Zusatzbatterie waren serienmäßig verbaut. Daher ging ich davon aus, dass die Standheizung damit arbeitete. Leider gefehlt. Die Zusatzbatterie ist einfach nur da, ohne einen angeschlossenen Verbraucher zu versorgen. Die Standheizung bezog den Strom von der Starterbatterie. Dafür konnte ich mir dann selbst Starthilfe geben.
Meine Leichtbauweise mit den Euroboxen hat sich hier bestens bewährt. Die Schubladen rasten beim Einschieben von selbst ein und sind so während der Fahrt automatisch fixiert (siehe Fotos Seite 235f).

Mit den Schubladen kann die volle Höhe des Schrankes ausgenutzt werden, ohne die Übersicht zu verlieren. Zum Packen kann jeder seine Box ins Haus nehmen und sein Gepäck einräumen.

Geht in einer Schublade ein Behälter auf oder kaputt, ist der Inhalt maximal in dieser einen Box verteilt, der Rest des Möbels wird nicht verschmutzt.
Der Platz zum Schlafen auf den Schränken ist ausreichend, bei der Planung ist lediglich auf ausreichend Kopffreiheit zu achten. Die morgendliche Aussicht ist genial, wenn man die Augen öffnet, kann man aus dem Fenster schauen. Durch die getönten Scheiben kann man von außen nicht hereinsehen, solange innen kein Licht brennt.

Mit dem Sprinter unterwegs auf der Assietta-Kammstraße

Mein 3½.

Unser Segelboot

»Wohnmobil dreieinhalb« – Unser Segelboot Pisco

Ein Kajütsegelboot ist im Endeffekt nichts anderes als ein Wohnmobil auf dem Wasser und weil in unserem Magirus-Deutz auch einige Elemente aus dem Bootsbau eingeflossen sind, gibt es hier die Quellenangabe dazu.

Wir hatten ein Segelbötchen in der Familie, welches einen neuen Eigner suchte. Da ich mich dafür interessierte – Boote haben mich schon immer angezogen, sagte ich irgendwann zu. Da es schon 30 Jahre alt war, musste es natürlich restauriert werden. Also fing ich mit dem Trailer an, denn das Boot lag auf dem Neuenburger See und ich wollte den Urlaub nicht mit Restaurieren verbringen.

Ich baute den Trailer neu auf und im nächsten Urlaub nahmen wir die Pisco mit nach Hause. Dort restaurierte ich sie vor dem Haus und baute ein System, mit dem man den Mast umlegen kann. Das war eine neue Takelage mit Umlenkrollen, um die Verbindungskanäle zwischen dem Murtensee, Bielersee und Neuenburgersee befahren zu können.

Um für die erforderliche Sicherheit zu sorgen und den gesetzlichen Vorschriften zu genügen, machte ich einen Segelschein. Es wurde auch ein Küstenschein an der Ostseeküste gemacht. Dort lernte ich auf einem großen Boot mit 34 Fuß und mehreren Kabinen segeln. Da ich schon immer gerne mit den Augen stibitze, habe ich mir das natürlich genau angesehen und auch die eine oder andere Stauraumklappe untersucht.
So gefiel mir sofort der große Stauraum im Boden, der auch im Wohnmobil günstig gelegen ist. Unten ist es kühler, der Schwerpunkt ist optimal und die Stauräume sind gut erreichbar.

Bei unseren Segel-Urlauben merkten wir, dass man sehr an Häfen und Ufer gebunden ist und die Berge immer in weiter Ferne liegen. Außerdem schieden sich die Familiengeister daran, was gutes Segelwetter ist. Ist es schwacher Wind bei wenig Krängung und ruhigem See oder richtiger Wind und dafür Wellen und Neigung des Bootes?

Chillen auf der Sandbank

Mein 4.
Magirus-Deutz-Weltreisemobil

Mein viertes Wohnmobil – Magirus-Deutz-Weltreisemobil mit Allradantrieb

Lange habe ich überlegt und recherchiert, welcher LKW als Basis für unser Expeditionsmobil für unsere Weltreise in Frage kommt. Aber davor stehen die Anforderungen, was es können muss. Da kann ich nun schon einige Erfahrungen einfließen lassen.

››› Allradantrieb, weil die besten Plätze weitab der Straße liegen.

››› Wir wollen zuerst mehrere Urlaube und Winter in Europa verbringen. Daher ist eine Begrenzung auf 7,5 Tonnen praktisch. Über 7,5 Tonnen sind viele Straßen gesperrt, vorzugsweise zu landschaftlichen Highlights.

››› Wohnmobile über 7,5 Tonnen dürfen nicht im Wohngebiet parken!

››› Große Reserve an Zuladung für die Weltreise. Mit 9 Tonnen technischem Gesamtgewicht sind das 1500 kg, die wir Reserve haben für Länder, in denen kein Hahn nach dem Gewicht kräht ...
ACHTUNG: Hierbei genau auf die Bestimmungen der einzelnen Länder achten! Liegt das Gewicht des Fahrzeugs über dem eingetragenen zulässigen Gesamtgewicht, kann es schnell teuer werden.

››› Das schont auch das Budget, denn die Maut wächst mit dem Gewicht. So kommt man in manchen Ländern mit einem WoMo unter 7,5 Tonnen in die PKW-Klasse.

››› Nebenbei sparen wir uns so den C-Klasse-Führerschein.

››› Weltweit einsatzfähig, also eine gegenüber schlechtem Treibstoff unempfindliche Maschine, die überall auf der Welt einfach repariert werden kann.

››› Draufpassen soll ein knapp fünf Meter langer Wohnaufbau, der unser zukünftiges Zuhause sein wird.

Das schränkt die Auswahl schon ein. Viele der üblichen Allrad-LKWs sind im Leerzustand bereits zu schwer. 4,5 bis 5 Tonnen plus eine Wohnkabine, die leer schon eine weitere Tonne daraufsetzt und dann noch Gepäck und Spielzeug wie Kanu (faltbar oder fest) und weitere Kleinigkeiten, das wiegt einfach sehr viel.

Als »Beiboot« soll unser Quad mit, damit wir flexibler sind, wenn wir zum Beispiel eine Stadt anschauen wollen, oder damit wir bei einem Schaden im Nirgendwo Hilfe holen können.

Die Erfahrung mit zuviel Gewicht hatte ich schon beim SCAM, daher stand diesmal bei der Planung das Gewicht im Vordergrund.

Diesmal wollte ich den Koffer und das Basisfahrzeug nicht selbst zusammenbauen. Ich klebe nicht gerne GFK und ein erfahrener Kofferbauer kann besser, schneller und trotzdem günstig bauen. Für so ein Projekt hätte ich eine Halle gebraucht und viel mehr Zeit, als ich zu investieren bereit war.

Auf der Abenteuer Allrad stieß ich auf die Firma 4Wheel24, die ein schlüssiges Konzept anbietet. Dabei handelt es sich um ehemalige Feuerwehr-

Der Iveco Magirus-Deutz noch als Feuerwehrauto

oder THW-Fahrzeuge vom Typ Iveco Magirus-Deutz 90-16 AW Turbo, die mit einem Leergewicht des Fahrgestells von circa 4 Tonnen perfekt geeignet sind. Einfach aufgebaut ohne Schnickschnack, kaum Elektronik, aber schon mit Turboaufladung, die bergauf eine gewisse Mindestgeschwindigkeit verspricht.

Den Magirus-Deutz 90-16 kenne ich von meinem alten Freund Heinz, der auch eine Zeit lang Magirus-Deutz-LKWs zum Expeditionsmobil umgebaut hat. Anfangs hatten mich allerdings das riesige Fahrerhaus und die Kistenform abgeschreckt. Aber wie meist im Leben kommt es auf die inneren Werte an. Und diese sind optimal für die große Rundtour: Allradantrieb mit Untersetzung, Hinterachssperre und weltweit verbreitete robuste Technik.
Im Januar 2017 haben wir also den zweiten Schritt getan und einen alten Feuerwehr-Magirus-Deutz 90-16 erstanden, der danach auf sein zweites Leben vorbereitet wurde.
Ich habe mich mit Tobias Teichmann von 4Wheel24 sofort gut verstanden und ihm auch von meinen Plänen für den Wohnmobil-Selbstausbau-Kurs erzählt. Bei meinen Ausbauplänen war die ganze Erfahrung von 4Wheel24 gefragt. Es sollte eben wieder ein besonderes Expeditionsmobil werden.
Ziel war es, mit dem Quad hinten drauf (der Plan für die Quadgarage wurde zwischendurch verworfen) und einem ziemlich großen Koffer für diesen LKW trotzdem unter 7,5 Tonnen zu bleiben. Das ist eine Herausforderung.
Daher hat meine WoMo-Planung auch ziemlich viel Zeit und Grips gefordert. Pläne wurden gezeichnet, Grundriss für Grundriss, und wieder verworfen. Endlich war der Plan für den Innenausbau fertig, mit Heckträger fürs Quad und ich besprach ihn mit Tobias von 4Wheel24.

Er nickte und meinte, alles sei machbar, nur das Quad schien ihm Sorgen zu bereiten. Er zeigte mir ein Mini-Motorrad als Alternative. Das schien ihn mehr zu begeistern. Mich nicht.
Ehrlich gesagt war mir das mit dem Heckträger am Wohnmobil auch nicht hundertprozentig geheuer. Der Hebelweg von der Hinterachse zu einem Heckträger ist schon verdammt lang.
Wieder Zuhause kramte ich den Plan mit der Heckgarage heraus und überdachte alles noch mal. Eine große Klappe hinten im Kofferaufbau wiegt deutlich weniger als ein Heckträger. Der Hebel ist viel kürzer, nur der Koffer muss entsprechend verstärkt werden. Also Kommando zurück und alles noch mal geändert. Das Bauchgefühl wurde damit auch gleich besser.

Das Fahrzeug wurde von 4Wheel24 aufgearbeitet, umgebaut und lackiert.
Den kompletten Ausbau zum Wohnmobil habe ich auf der Straße vor unserem Haus umgesetzt, mit ganz normalem Werkzeug und nur wenigen Maschinen.

Verwindungstest mit Kofferaufbau

Der Magirus-Deutz stand während des Umbaus vor unserer Haustür.

01

Am Col du Galibier in den französischen Alpen

Fahrzeugwahl

Bett im Sprinter

Was soll mein Wohnmobil können?

Hier geht es um die Anforderungen, die du an dein Wohnmobil stellst. Mach dir am besten eine Checkliste, was dein Selbstbau-Wohnmobil so alles können soll. Diese sollte die folgenden wichtigen Punkte umfassen, damit du später keine Enttäuschungen erlebst.

Ich weiß, wovon ich spreche, auch ich hatte einen 3,5-Tonner geplant, der später nur noch 1 Kilogramm Zuladung hatte. Falscher Schreiner? Zu viel eingebaut? Nicht ausreichend vorgeplant. Immerhin hatte der SCAM ein 5-Tonner-Fahrgestell, so konnte ich ihn problemlos auflasten.

Was will ich mitnehmen?

Dazu gehört die Frage: Will ich autark und falls ja, wie lang will ich autark leben können? Alles, was wir unterwegs brauchen, treibt den Zeiger der Waage in die Höhe, also: Was kannst du einsparen? Um autark eine, zwei, drei oder mehr Wochen irgendwo leben zu können, werden folgende Vorräte benötigt:

1. Wasser = Gewicht,
2. Heizstoff = Gewicht,
3. Lebensmittel = Gewicht.

Wasser ist essentiell und in manchen Gegenden nicht überall verfügbar, also benötigst du einen Vorrat. Dann müssen die Bewohner des WoMo auch etwas essen, also benötigst du Vorräte und auch Platz, um diese zu verstauen.
Ist es im Zielgebiet auch mal kalt, benötigst du eine Heizung, die »gefüttert« werden muss. Egal ob Gas, Diesel oder Holz – es stellt sich die Frage, was unterwegs verfügbar ist oder mittransportiert werden muss.

Welche Zuladung muss möglich sein?

Neben den Vorräten bringen auch die Insassen des Wohnmobils Gewicht auf die Waage. Das sind mindestens 75 kg pro Person, egal ob Baby oder Bodybuilder. Das will nämlich der TÜV für jeden eingetragenen Sitz sehen und deshalb musst du diese Kilos unbedingt mit einberechnen, um die Zulassung zu erhalten.

Außenwohnzimmer, Wohnseite und Rückseite des Wohnmobils

Die Rechtsfahrerei in Europa gibt schon mal vor, dass der Einstieg zum Wohnbereich am besten rechts ist, jenseits des Straßenverkehrs. Im Heck bestünde auch eine Möglichkeit, aber dort wird Staub und Matsch von der Aerodynamik angesaugt. Deshalb ist die Rückseite eines Kastenwagens oder LKW meist schmutzig.
Wie stellst du dein Wohnmobil meistens an einem schönen Platz hin? In der Regel ist die Seite, an der man draußen den Tisch aufbaut, zur Aussicht hin ausgerichtet. Denn man will ja nicht auf den Hang

Die Spüle im Sprinter kann bei Bedarf abgedeckt werden und so die Arbeitsfläche ergänzen.

blicken, sondern auf den Sonnenuntergang, den See, den Fluss oder das Meer.
Also sollten Eingang und Sonnenschutz bevorzugt rechts am Wohnmobil angebracht werden. Ob es eine Markise oder ein Sonnensegel sein soll, entscheiden wir später.
Befindet sich die Türe mitten in der Seitenwand, muss der Sonnenschutz entweder ziemlich hoch oder davor beziehungsweise dahinter angebracht werden. Ist die Tür vorne, bleibt mehr Platz für die Markise oder ein Sonnensegel. Die Tür ist fast zwei Meter hoch und darunter befinden sich der Schweller und Freiraum.

Also wird der Sonnenschutz bei circa 2,5 Meter Höhe angebracht. Am Sprinter mit seiner recht hohen Schiebetür befand sich die Markise auf 2,9 Meter über dem Boden.
Beim Allradler kommen noch die höhere Bodenfreiheit und dicke Räder dazu, dann sind wir schon bei über drei Meter. Dann wird die nutzbare Fläche der Markise durch die Neigung schrumpfen, sodass Sonnen- und Regenschutz nicht mehr völlig gewährleistet sind.

Wird die Türe dagegen seitlich ganz vorne oder hinten angebracht, kann man einen großen Sonnenschutz in der optimalen Höhe anbringen. Dadurch darf er auch kleiner sein, weil die Fläche besser nutzbar ist. Einziger Nachteil ist hier, dass man dann immer zwischen Markise und Eingang Sonne bzw. Regen abbekommt. Dafür gibt es aber auch Seitenwände als Zubehör.

Die Küche

Wie groß soll deine Küche sein? Kochst du lieber draußen, weil du sowieso nur im Sommer unterwegs bist, oder möchtest du auch im Winter die Möglichkeit haben, ein Menü auf den Tisch zu bringen?

Mancher hat die Küche gerne auf der Eingangsseite, damit er beim Kochen die Aussicht genießen kann. Andere nutzen diesen Platz lieber für die Sitzecke. Das ist Ansichtssache. Vergleiche die Vor- und Nachteile. Nicht empfehlen würde ich, die Küche im Heck unterzubringen. In den Küchenmöbeln sind Töpfe und Vorräte, Geschirr und Gläser. Das verträgt sich nicht mit Rüttelei und Schlägen, die hinten verstärkt auftreten und ist damit nicht pistenfest. Dazu aber später mehr.

Gewichtsverteilung

Was du Schweres rechts einbaust, sollte links einen Ausgleich finden. Wir haben den Kühlschrank links und eigentlich wollte ich darunter die Ladetechnik unterbringen. Beides ist recht schwer, daher habe ich die Ladetechnik nach rechts verlegt, in die Sitzbank. Dies gilt ebenso für vorne und hinten. Hier müssen wir auf jeden Fall die Achslasten beachten. Hinten ist die Tragfähigkeit meist größer als vorne. Die Hinterachse im Wohnmobil ist meist eine stabile Starrachse.

Eventuell lässt sich je nach Fahrzeugtyp hier auch noch etwas tunen. Schau in einschlägigen Foren, ob es eine Fahrwerksverstärkung oder Zusatzfedern für dein Fahrzeug gibt.
Mehr zur Gewichtsverteilung ab Seite 74.

Winterfestigkeit

Überlege dir, bei welchen Temperaturen du auf Reisen sein willst. Ob mit dem Wohnmobil zum Skifahren oder Saharareise im Expeditionsmobil, jeder hat andere Träume. Auch für Saharareisen ist eine Heizung sinnvoll, nachts kann es ziemlich kalt werden. Grundsätzlich zeigt die Erfahrung, dass man irgendwann einfach mehr mit dem Wohnmobil machen will als nur einen Sommerurlaub.
Für ein winterfestes Wohnmobil solltest du von Wasseranlagen im Außenbereich absehen, alles muss im gut wärmegedämmten Innenraum liegen. Selbst dort muss mit Minustemperaturen gerechnet werden, wenn man nicht durchgehend eine Heizung laufen lassen kann. In meiner Hubkabine hatte ich alles, was nicht einfrieren sollte wie Wasserkanister und Vorräte in einem Staufach. Für frostige Temperaturen hatte ich einen mit Benzin betriebenen Taschenwärmer, der den Schrank aufheizte, damit nichts einfror.

Wassertank einbauen

Für ein kleines WoMo oder einen ausgebauten Geländewagen würde ich Kanister verwenden mit maximal jeweils 20 Litern wegen der Transportierbarkeit. Davon dann mehrere, ganz nach Bedarf. Kanister sind einfach zu handhaben und zu reinigen. 20 Kilo sind noch gut zu tragen und einfach ins Wohnmobil zu heben. Für ein größeres Wohn- oder Expeditionsmobil bevorzuge ich fest eingebaute Tanks mit elektrischer Pumpe.

Bei den Tanks im Innenraum muss man immer Kondenswasser an den Außenseiten einkalkulieren, also sollte Platz zum Ablüften vorhanden sein. Eine Abflussmöglichkeit im Boden für Leck- oder Kondenswasser ist sicher eine gute Idee.

Materialien für Möbel

Robust und leicht sollte das Material sein, aber auch wasserfest. Zumindest insoweit, dass es bei Feuchtigkeit nicht aufquillt. Kondenswasser, hereingewehter Regen oder eine kaputte Trinkflasche kommen immer mal vor und schon sind deine Möbel nass. Das müssen sie aushalten können.
Bei einem Unfall sollen die Materialien keine scharfkantigen Teile oder Splitter bilden. Wenn die Kinder dran hochklettern, müssen sie unbeeindruckt standhalten.
Wir haben für bisherige Wohnmobile Pappel-Multiplex verwendet. Bei unserem Expeditionsmobil »Schredder« (Magirus-Deutz) verwendeten wir Banova, ein Multiplexmaterial aus Balsaholz sowie Pappel-Multiplex. Balsa ist zwar das leichteste Holz, aber auch nicht ganz so stabil wie Pappel, welches wir für stark beanspruchte Teile verwendet haben. Eine weitere Möglichkeit ist die Kombination aus

dünnen Platten, zum Beispiel 3-Millimeter- Pappel-Sperrholz mit Aluminiumwinkeln, um daraus Möbel und Kästen zu konstruieren.
Mein Freund Uli baut sich zurzeit einen Sprinter als Wohnmobil-Van aus und will Aluminiumprofile mit Sperrholz Platten kombinieren. Dieses Projekt kommt später auch noch zur Sprache.

Euroboxen als Schubladen

Seit ich mit dem Wohnmobil unterwegs bin, habe ich Euroboxen in Gebrauch. Zuerst als Kisten im Land Cruiser, die zum Teil gleichzeitig als Sitz dienten, dann in der Hubdachkabine als mobile Möbel. Die Liegefläche wurde mit Euroboxen unterbaut, tagsüber dienten sie als Rückenlehne der Sitzecke.
Euroboxen sind leicht und stabil – und darauf kommt es an. Im Vergleich zu Aluminium haben sie auch den Vorteil, dass beim Scheuern auf schlechten Wegen der Inhalt nicht schwarz wird, wie es bei einer Alubox der Fall ist.

Anforderungen der Mitreisenden

Frage deine Begleiter, was sie möchten und auf was sie Wert legen. Kinder benötigen Spielsachen, von denen sie sehr viel einpacken und beim Draußenspielen gar nicht brauchen. Wir haben immer jedem von uns eine Box (schon wieder die Euroboxen) zugeteilt für Kleidung und persönliche Sachen. Die Kinder bekamen gemeinsam eine weitere Box für Spielzeug dazu.

Geht's ans Wasser, müssen für jeden mindestens zwei Handtücher mit, das waren bei uns fünf Nasen schon 10 Stück. Zehn Frottee-Badetücher würden zusammen nicht mal in eine Box passen. Daher haben wir für jeden zwei Trekkinghandtücher besorgt, die verbrauchen einen Bruchteil des Platzes von Frottee.

Ebenso haben wir immer Campinggeschirr genutzt, das ist deutlich leichter als das aus dem Haushalt. Auch die Gadgets müssen Beachtung finden.

Irgendwann kann ein Kind nicht mehr ohne Smartphone, Notebook und Tablet sowie eBook-Reader verreisen. Die Kopfhörer sind Gott sei Dank sowieso schon angewachsen. Erwachsene haben da auch so ihren Bedarf und alles braucht Platz, Gewichtskapazität und Strom.

Im Meer will man schnorcheln und in den Bergen Mountainbike fahren. Das ganze Zubehör muss dein Mobil dann schleppen können!

Mit dem SCAM im französischen Jura

Kastenwagen: Der Sprinter meines Freundes Uli, blankes Blech mit erster Dämmung und Möbeln.

Das richtige Basisfahrzeug

Bauarten

Was bedeuten überhaupt die verschiedenen Bezeichnungen für Wohnmobile?

Kastenwagen, Bus oder Van

Fangen wir mit dem Bus, Kastenwagen oder Van an: Es handelt sich um eine Blechkarosserie mit (Bus) oder ohne Fenster (Kastenwagen). Das sind Fahrzeuge wie VW Transporter oder Crafter, Mercedes Viano, Vito oder Sprinter, Ford Transit, Fiat Ducato etc. Einen Kastenwagen bekommt man meist als leeren Transporter oder in einer etwas komfortableren Bus-Version. Beim erstgenannten ist innen das blanke Blech, beim zweiten sind Wände und Boden verkleidet, das Ganze ist etwas komfortabler, doch trotz allem nicht ausreichend gedämmt, um in der kalten Jahreszeit zu genügen.

Fahrzeug mit Koffer-Aufbau

Für Pick-ups, LKW oder Fahrgestelle gibt es den Koffer-Aufbau. Der Koffer besteht aus einer mehrschichtigen Konstruktion aus Aluminium oder GFK als Außenschicht, einer Wärmedämmung aus festem Schaum und einem Innenmaterial aus Holz, GFK oder Ähnlichem.

Der Koffer muss vor allem bei Offroad-Fahrzeugen und LKW vom Rahmen entkoppelt werden, da sich dieser während der Fahrt verwinden können muss. Je größer oder geländegängiger ein Fahrzeug ist, desto mehr verbiegt sich der Rahmen beim Befahren von Schrägen. Ob ein Rad auf den Bordstein fährt oder über einen kleinen Hügel, der Rahmen, der das Rückgrat des Fahrzeuges bildet, wird dabei verformt. Das ist von der Konstruktion durchaus gewollt.

Allerdings gilt für den Aufbau das Gegenteil. Ein Koffer ist ein fester Quader und kann sich nicht verbiegen, ohne dass die Konstruktion Schäden nimmt. Würde man aber einen Koffer direkt auf einen sich verwindenden Rahmen befestigen, würden so starke Spannungen auftreten, dass das Konstrukt Schäden nimmt. Im einfachsten Fall würden die Befestigungen aus dem Koffer ausreißen.
Also muss der Koffer auf einem Hilfsrahmen aufgebaut werden. Dieser wird fest über die ganze Länge am Koffer befestigt, aber auf dem Fahrzeugrahmen

Unser ausgebauter Sprinter mit zur Sitzgruppe gedrehten Vordersitzen.

Unser Koffer-Aufbau frisch vom Hersteller, rechts der Ausschnitt für die Tür

nur mit drei oder vier flexiblen Punkten. Diese müssen dann als Gelenk oder bei kleineren Fahrzeugen als Gummilager ausgeführt werden. Im LKW-Bau werden auch oft Federlager verwendet, dabei ist der Hilfsrahmen an zwei flexiblen Punkten befestigt und weiter nur mit Federlagern, die ein gewisses Spiel bieten, fixiert.

Teilintegriertes Wohnmobil

Bei dieser Bauweise ist das Fahrerhaus mit dem Koffer-Aufbau fest verbunden, so dass dazwischen ein fester großer Durchgang entsteht. Hieraus ergibt sich der Vorteil, dass man durch Drehen von Fahrer- und Beifahrersitz eine Sitzgruppe erhält und so den Platz für die Sitzgruppe im Aufbau einsparen kann.
Die Nachteile dabei sind, dass das Fahrerhaus nur schwer gegen Kälte zu dämmen ist und beim

Die Dreipunktlagerung beim Land Cruiser mit Gummilagern

Bau des Fahrzeugs die Einheit aus Fahrerhaus und Koffer starken Spannungen bei Verwindung ausgesetzt ist.

Bei unserem SCAM war das Fahrerhaus auf sechs serienmäßigen Gummilagern befestigt.
Der Koffer-Aufbau wurde hinten am Ende des Rahmens auf einem quer beweglichen Winkel über ein Rollenlager an der Aufnahme für die Anhängerkupplung befestigt. Vorne wurde er direkt an das Fahrerhaus geklebt und mit einem Stahlträger verstärkt. Unter die Doppelkabine zogen wir zwei Stahlträger, die auf den serienmäßigen Gummilagern befestigt wurden und den Koffer vorne tragen.

So kann der Fahrzeugrahmen sich unter der Einheit Fahrerhaus-Koffer ausreichend frei verwinden.

Der SCAM beim Verwindungstest

Alkoven

Ein Alkoven ist die »Nase«, die manche Wohnmobile haben, um darin noch ein Doppelbett unterzubringen. Kleinere Alkoven werden manchmal auch nur als Stauraum genutzt.

Integriertes Wohnmobil

Ein »Integrierter« besteht aus einem Koffer-Aufbau, der die komplette Karosserie nachbildet. So hat man im Wohnbereich einfach vorne den Fahrer- und Beifahrersitz mit allen Bedienteilen. Das Fahrerhaus ist damit fast ebenso gut wärmegedämmt wie der Aufbau, das Ganze ist ja eine Einheit. Integrierte sind im Off-Road-Bereich sehr selten zu finden, da die Konstruktion in Bezug auf die Verwindung des Fahrwerkes sehr aufwändig ist.

Checkliste Fahrzeugwahl

Reisedauer
Kurze Reisen, verlängerte Wochenenden
Mehrwöchiger Urlaub
Reisen über mehrere Wochenenden
Weltreise oder im WoMo dauerhaft leben
Fahrzeuggröße
Mini-Camper (PKW oder 4x4)
Kleinbus/ Geländewagen
Transporter (Sprinter, Crafter, Boxer etc.)
LKW/ Reisebusformat

Integriertes Wohnmobil (Quelle: Reimo.com)

Platzangebot
Anzahl Mitfahrer (→ Schlafplätze, Sitzplätze, Stauraum, ...)
Vorräte (→ Stauraum, Kühlung, ...)
Kochen/ Backen/ Kaffeemaschine
Sportgepäck/ -ausrüstung
Saison
Sommer (→ das Leben findet hauptsächlich draußen statt)
Frühjahr/ Herbst (→ bei schlechtem Wetter spielt sich alles im Fahrzeug ab/ Standheizung)
Winter (→ Wärmedämmung/ Heizung für Dauerbetrieb/ Frostsicherheit)

Ausrüstung für
Campingplätze (→ Sanitärausstattung vorhanden)
Städte und WoMo-Stellplätze (→ Toilette, Dusche, Wasser-Tank im WoMo)
Frei stehen (→ evtl. Toilette, Dusche, große Wasser-Tanks)
Reiseziele
Europa (→ Unterschiede je nach Gewichtsklasse/ Maut/ Umweltzonen)
Fernreisen (→ robustes Fahrzeug/ geländegängig/ Verträglichkeit von schlechtem Sprit/ einfach zu reparieren/ Ersatzteilversorgung)

Fahrzeuggewicht

Hier sind wir bei einem viel diskutierten Thema unter Wohnmobilisten gelandet. Sicher will so ziemlich jeder ein kleines Wohnmobil fahren, aber wenn es dann steht, soll es möglichst viel Platz, Komfort und Gepäckraum bieten. So ähnlich wie bei Harry Potter, ein Minipack-Zelt mit einer darin versteckten Partyvilla.

Leider sind wir als »Muggel«* an gewisse Dinge gebunden und da gelten eben physikalische Gesetze.

Tipp: *Erstelle dir eine Liste mit dem Gewicht aller Utensilien und dem Gepäck, das du mitnehmen willst!*

Teilintegriertes Wohnmobil mit Alkoven
(Quelle: Reimo.com)

*Harry-Potter-Roman-Figuren ohne magische Fähigkeiten

Die Klasse bis 3,5 Tonnen

Diese Klasse ist die beliebteste und unterliegt den wenigsten verkehrsrechtlichen Einschränkungen.

+	Wendig, handlich und mit dem B-Führerschein fahrbar.
+	Günstigste Wohnmobilklasse für Straßenmaut.
+	Busse unter 2 m Höhe passen in Parkhäuser und Parkplätze mit Höhenbegrenzung.
+	Einfahrt in Innenstädte etc. kein Problem, meist ähnliche Vorschriften wie bei PKW.
+	Zum Teil auch als Familien-PKW nutzbar.
+	Selten Geschwindigkeitsbegrenzung.
!	Je nach Fahrzeug wenig Platz im Inneren.
!	Ja nach Fahrzeug keine getrennten Räume möglich.
!	Wenig Zuladung, besonders bei Allradlern, die etwas schwerer sind.
!	Parken auf Bürgersteigen ist ab 2,8 Tonnen verboten.

Das 7,5-Tonner-Wohnmobil

+	Ausreichend Zuladung für größere Autarkie. Ausreichend Wasser, Vorräte, Heizmaterial und Treibstoff zu lagern, sollte kein Problem sein.
+	Gewichtsreserven auch für mehrere Mitfahrer vorhanden.
+	Deutlich geräumiger, mehrere Räume sind realisierbar.
+	Eventuell ausreichende Reserve für die Mitnahme von Roller, Motorrad oder Quad.
+	Feste Betten, die nicht jeden Tag auf- und abgebaut werden müssen.
!	Eventuell C1-Führerschein nötig, mit altem Klasse-3-Führerschein (bis 1999) kein Problem.
!	Einschränkungen wegen Gewicht und Höhe. Oft heißt es: Einfahrt verboten.
!	Höhere Maut, z.T. deutlich. (Go-Box etc.).
!	Für WoMo mit 3,5 bis 7,5 Tonnen gilt außerhalb von Ortschaften Tempo 80, auf Autobahnen 100 km/h. **Tipp**: *Strafen für zu schnelles Fahren sind auf www.bussgeldkatalog.org zu finden.*
!	Um ein 7,5-Tonner-Wohnmobil freizubekommen, wenn es steckenbleibt, braucht es mehr Arbeit und größeres Hilfsmaterial.
!	Hauptuntersuchung für Wohnmobile älter als sieben Jahre und über 3,5 Tonnen ist jährlich Pflicht. Dieselfahrzeuge zwischen 3,5 und 7,5 Tonnen müssen unabhängig davon jährlich zur AU.

Gewichtsklassen: 3,5 oder 7,5 Tonnen und darüber

Beschrieben sind jeweils Wohnmobile bis zur besagten Gewichtsklasse. Die meisten Einschränkungen gelten jeweils ab einem bestimmten Gewicht. Ob dein WoMo dann zum Beispiel 3,6 oder 7,5 Tonnen wiegt, ist dabei egal.

Wohnmobile über 7,5 Tonnen
Beim über 7,5-Tonner-Wohnmobil wachsen sowohl die Vorteile, die es bietet, als auch die Nachteile. Hier setzen nur das Budget und das Selbstvertrauen die Grenzen. Auf jeden Fall ist ein LKW-Führerschein nötig, die Version für Privatleute ist günstiger als für Profi-Trucker.
! LKW-Führerschein Klasse C.
! Noch mehr Einschränkungen wegen Gewicht. Zum Beispiel bei Brücken, kleinen Fähren, Tragfähigkeit von Straßen.
! Für Landstraßen gilt 60 km/h und auf Autobahnen 80 km/h.
! Noch mehr Maut (wenn in Zulassungsbescheinigung Teil I Eintragung als Wohnmobil, dann in Deutschland nicht mautpflichtig).
! Parkverbot über 7,5 t in Wohngebieten.
! Noch dickeres Bergematerial und noch längeres Schaufeln.

Rast an einem einem malerischen See in Norwegen

Eine gute Sache für Wohnmobilisten, die auf Weltreise gehen möchten, ist es, einen LKW zu nutzen, der auf 7,49 Tonnen abgelastet ist. Unser Iveco Magirus 90-16 ist ein ausgewachsener 9-Tonner, der für Deutschland die 7,5 Tonnen in den Papieren hat. Das technische Gesamtgewicht bleibt bei 9 Tonnen. So hat man ausreichend Reserven für längere Etappen in Ländern, wo die 7,5 Tonnen egal sind. Ebenso gilt dies natürlich auch für einen 3,5-Tonner, der ein Fahrwerk hat, das zum Beispiel für 5 Tonnen ausgelegt ist.

Kalkulation des Gewichts

Selbst bei einem 7,5-Tonner wirst du schnell feststellen, wie schnell das zulässige Gesamtgewicht deines Fahrzeugs überschritten ist. Deshalb ist es wichtig, bereits in der Planungsphase das Gewicht zu kalkulieren, denn hier gibt es viel Sparpotential, das sich schnell addiert. Ein Muster für eine Kalkulationstabelle, die du an deine Vorgaben und die deiner Mitreisenden anpassen kannst, findest du unter

---

www.womoselbstausbauen.com/buchboni.

Simulation des Platzbedarfs

Simulation des Platzbedarfs am PC mit OpenOffice
Um den Platzbedarf einfach zu simulieren, legst du in OpenOffice eine Zeichnung zu deinem Wohnmobil an. Dabei kannst du auch eine Zeichnung von dir selbst und deinen Mitreisenden erstellen und diese im Wohnmobil bewegen und einen gewöhnlichen Tagesablauf vom Aufstehen über Duschen, Frühstück zubereiten bis zum Abendessen und Schlafen nachstellen. So kann festgestellt werden, ob das geplante Bett, so wie es jetzt ist, vielleicht doch zu kurz oder die Dusche für dich vielleicht doch zu schmal ist. Auch weitere Aspekte gilt es zu berücksichtigen. Kommt man zum Beispiel während des Essens immer noch an die Staufächer mit den Vorräten dran, falls man etwas vergessen hat, oder muss man vorher erst alles umbauen? Können sich mehrere Personen gleichzeitig bewegen und aneinander vorbeigehen, oder ist das eher schwierig? Auch außen am Auto sollte das genau durchgeplant sein. Wie hoch muss zum Beispiel die Markise sein, damit der Größte sich frei darunter bewegen kann? Kommt jede Person an alle äußeren Staufächer oder den Fahrradträger dran oder sind sie vielleicht zu hoch?

Simulation des Platzbedarfs mit einer Pappschachtel
Eine andere Möglichkeit, das Leben im Wohnmobil darzustellen, ist der Nachbau als Pappmodell samt Möbeln. Hierbei ist allerdings der Nachteil, dass du zum Beispiel die Möbel neu basteln musst, wenn du etwas ändern möchtest. Allerdings kannst du dir das Wohnmobil anhand des Pappschachtelmodells räumlich besser vorstellen. Du kannst auch dich selbst oder deine Familie als Pappmännchen basteln und ihr könnt euch so im Wohnmobil fortbewegen und feststellen, falls etwas noch nicht so gut passt.

1:1-Simulation des Platzbedarfs mit Möbeln und Pappwänden
Außerdem kannst du dir dein Wohnmobil oder einen Teil des Wohnmobils wie zum Beispiel das Bad in Originalgröße aus Möbeln oder Pappwänden nachbauen. Hier kannst du dich dann selbst frei bewegen, alles ausprobieren und alle möglichen Alltagssituationen nachstellen und dich in dem nachgebauten Raum auch mal umdrehen, hinsetzen oder auch hinknien. So stellst du schnell fest, ob du auch wirklich genug Platz eingeplant hast. Kannst du dir wirklich vorstellen, so auch mal für ein paar Wochen oder Monate zu leben?

Hier ist es auch sehr praktisch, dass du die Möbel einfach umstellen, verschiedene Möglichkeiten ausprobieren und so eine optimale Lösung für euch finden kannst.

Wohnmobil-Ausbau in Ständerbauweise oder nur mit Platten

Oft wird beim Innenausbau Vierkant-Material verwendet, das dann mit Plattenmaterial verkleidet wird. Davon rate ich ab.

Erstens ist es mehr Arbeit und bedeutet mehr Gewicht. Die Kanthölzer nehmen unnötig Platz weg, vor allem stören sie bei Verwendung der praktischen Euroboxen. Zweitens ist es damit nicht so einfach, die einzelnen Stauräume gegeneinander hermetisch abzudichten gegen Benzin-Geruch aus der Heckgarage oder aus dem Tank austretendes Wasser.

Ich empfehle die reine Platten-Bauweise. Egal ob Pappel-Multiplex, Banova oder andere Schichtplatten – man muss nur darauf achten, dass die Wände sich gegenseitig stabilisieren und die darüberliegenden Platten gut stützen.

Hauptsache mobiles Heim!

Gebraucht oder neu?

Argumente für und wider gibt es wie Sand am Meer ... ich will hier einfach einige auf meiner Erfahrung basierenden Argumente aufführen. Die Entscheidung kann ich dir, beziehungsweise euch, nicht abnehmen. Das müssen die Bewohner und Fahrer entscheiden.

Neuwagen als Selbstbau-Wohnmobil

Egal ob du dich für einen Kastenwagen oder LKW als Ausbaubasis für dein Selbstbau-Wohnmobil entscheidest, hier sind schon die ersten Argumente für oder gegen einen Neuwagen:

+	Einfahren in Umweltzonen in Europa.
+	Direkt eine gute Basis ohne viel Rost, Reparaturen und Umbauten.
+	Kann je nach Hersteller gleich mit passenden Optionen geordert werden.
!	Versorgung mit sauberem Treibstoff ist nur in EU bzw. »modernen« Ländern gewährleistet.
!	Hoher Kostenfaktor.
!	Viel Elektronik, die der Dschungelmechaniker nicht kennt, geschweige denn reparieren kann.

Gebrauchtfahrzeug als Selbstbau-Wohnmobil

Einen gebrauchten Kastenwagen bekommt man in allen Variationen, oft aber sehr abgenutzt und mit hohem Kilometerstand.

Ein Fahrzeug von Bundeswehr, THW oder Feuerwehr ist bei spezialisierten Händlern oder manchen Expeditionsmobilausbauern zu bekommen. Selbst kann man natürlich auch bei der Vebeg, dem Schweizer Bundesheer oder dem österreichischen Pendant kaufen, allerdings nicht immer mit vorhergehender Probefahrt. Meist kauft man hier gegen Gebot ohne vorherige Besichtigung. Vor allem bei LKW gibt es hier deutliche Preisunterschiede. Ein gebrauchtes Feuerwehr-Fahrzeug als Basis für ein Selbstbau-Wohnmobil bekommt man für 10% vom Neupreis eines Fahrgestells. Feuerwehr-LKW haben nur eine geringe Laufleistung und haben die meiste Zeit in der Halle gestanden. Außerdem gibt es den Vorteil, dass Aggregate wie Auspuff, Luftkessel, Bremszylinder etc. zwischen den Rahmenträgern montiert sind und man dadurch viel Platz für Dieseltanks und Staukästen hat. Lediglich auf das Getriebe muss man achten, im Einsatzfall wird da wenig Rücksicht darauf genommen. Schaltet es sich normal? Sind im Getriebeöl viele Metallspäne zu finden? Hat es beim Lastwechsel übermäßiges Spiel?
Im Folgenden möchte ich die wichtigsten Anhaltspunkte bei älteren Fahrzeugen aufführen:

+	Günstig in der Anschaffung.
+	Ein wenig gebrauchtes Feuerwehrfahrzeug ist gut gepflegt mit wenig abgerufener Fahrleistung.
+	Bewährte solide Technik ohne unbekannte Kinderkrankheiten.
+	Sympathiefaktor bei Modellen wie Rundhauber etc.
+	Einfach aufgebaut, sodass auch der afrikanische Dorfschmied helfen kann.
+	Kommt auch mit schlechterem Treibstoff gut klar.
+	Einfache Elektrik, bei der auch der Hobby-Schrauber durchblicken kann.
!	Je nach Fahrzeug stark abgenutzt, das ist sehr abhängig von Nutzung und Vorbesitzer.
!	Ohne H-Zulassung meist keine Einfahrt in Umweltzonen.
!	Je nach Modell schlechte Verfügbarkeit und steigende Preise aufgrund hoher Nachfrage.
!	Ab einem Alter von circa 30 Jahren müssen viele Gummiteile, wie Dichtungen und Schläuche ausgetauscht werden.
!	Nach dreißig Jahren mit voller Beladung sind die Blattfedern definitiv am Ende.
!	Ab einem gewissen Alter wird die Ersatzteilversorgung schwierig.

Kastenwagen, Shelter oder Koffer?

Hier will ich auf die Eignung zum Wohnmobilausbau der einzelnen Fahrzeugaufbauten eingehen, nicht auf äußerliche Vor- und Nachteile.

Was ist überhaupt ein Kastenwagen?

Ein Kastenwagen ist meist ein Transporter mit viel Platz und wenig Komfort. Diese sind, mit ihrer nackten Karosserie innen, häufig die Arbeitspferde für Handwerker etc. Sie werden meist zum Transport auf kurzen Strecken oder als Werkstattfahrzeug genutzt. Aufgrund der geringen Ausstattung muss man hier erstmal die Karosserie dämmen, gegen Geräusche und Hitze beziehungsweise Kälte. Innenbeleuchtung, Sitze und ähnliches sind meist nicht vorgesehen.

Selten findet man die großen Transporter auch mit PKW-Ausstattung. Bei unserem Sprinter handelte es sich um ein solches Fahrzeug. Er hatte neun Sitze, getönte Scheiben, eingelegten Boden, Heizung und Klimaanlage hinten und die Verkleidung der Seitenwände sowie Dachhimmel mit Beleuchtung.

Fahrgestell

Ein Fahrgestell besteht aus einem Rahmen und einem Fahrerhaus, es ist geeignet, um einen Kofferaufbau zu tragen. Gebraucht wird man es meist mit Pritsche oder Koffer, zum Beispiel als ehemaligen Krankenwagen bekommen. So ein ehemaliger Rettungswagen ist als mittelgroßes Wohnmobil super geeignet.

Ein zum Wohnmobil umgebauter, fünfzig Jahre alter Citroen HY 5 Kastenwagen.

Koffer – gebraucht oder neu

Als günstige Basis für einen Aufbau kann ein gebrauchter Shelter oder Kühlkoffer dienen. Shelter sind Aufbauten, die ihr erstes Leben meist als Aufbau auf einem Militärfahrzeug etc. verbracht haben.

Eventuell findest du sogar ein Fahrzeug mit Kofferaufbau als Gebrauchtwagen, wie Krankenwagen, Möbeltransporter oder Kofferfahrzeuge mit Shelter vom Militär. Dabei muss man natürlich aus dem Koffer die ganzen Sondereinbauten aus dem vorigen Leben entfernen.

Danach gilt es zu prüfen, wo man Fenster und Türen einbauen kann und welche Stellen gedämmt werden müssen. Oft sind die Koffer oder Shelter aus Aluminium und haben zwischen der Außenhaut und Innenverkleidung Streben zur Verstärkung. Die sollten aus Stabilitätsgründen nicht durchtrennt werden, was die völlig freie Positionierung von Einbauten verringert.

Leider sind Shelter nicht komplett kältebrückenfrei aufgebaut, da zwischen Innen- und Außenwand Streben eingebaut sind und die Ecken mit

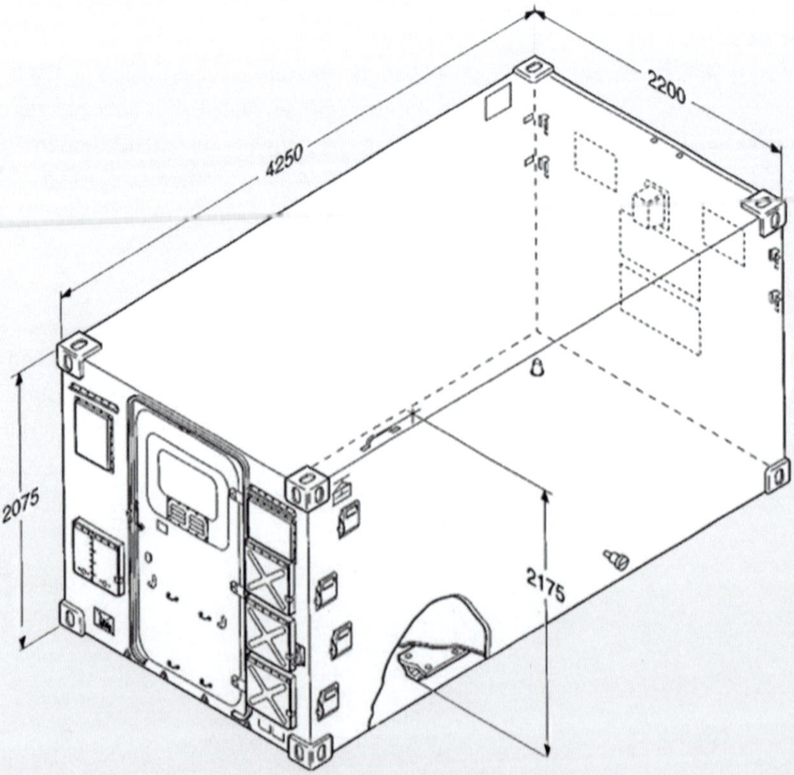

Abmessungen eines typischen Militär-Shelters

Koffer-Aufbau im Rohzustand mit Klappe für die Quadgarage

Gebrauchte Shelter (Quelle: military-shelters.de)

den Container-Locks schlecht oder gar nicht gedämmt sind.

Ein gebrauchter Kühlkoffer wäre durch die kältebrückenfreie Bauweise schon nahe am optimalen WoMo-Aufbau dran, wenn die Maße stimmen würden. Doch meist sind Kühlkoffer relativ hoch und haben eine riesige Tür im Heck.

Da durch die wachsende Nachfrage nach gebrauchten Aufbauten die Preise in letzter Zeit gestiegen und gute Exemplare mittlerweile selten zu finden sind, ist es im Endeffekt günstiger, sich einen Koffer bauen zu lassen.

Gebrauchte Shelter findest du auf eBay oder bei Händlern wie www.military-shelter.de.

Maßgefertigter Koffer

Meine Koffer habe ich mir jeweils auf Maß bauen lassen. Besonders aufgrund meiner Ideen wie Hubdach, Teilintegration und der Quadgarage im Heck des aktuellen Fahrzeugs lag dies nahe.

Die Vorteile liegen auf der Hand, ich kann meine eigenen Ideen realisieren, der Koffer kommt kältebrückenfrei ohne Streben, die man für ein Fenster nicht durchtrennen darf. So hat man keine zusätzlichen Arbeiten für die Anpassung an die eigenen Wünsche, sondern alles bereit für den Ausbau.

Nachteile sind hier die längere Lieferzeit und ein höherer Preis.

Camp in den Dolomiten mit dem Mercedes-Sprinter: »mittellang« und »mittelhoch«.

Kastenwagen als Selbstbau-Wohnmobil

Beispiele für Kastenwagen sind Fiat Ducato, Peugeot Boxer, Citroen Jumper, Mercedes Sprinter, VW Crafter, VW Transporter, Mercedes Vario und ähnliche.

+	Günstig in der Anschaffung
+	Windschutzscheibe als Solarheizung nutzbar
+	Nutzung von Frühjahr bis Herbst
+	Wenig Aufwand, gut für Einsteiger
!	Kondensbildung – alle Metallteile ziehen das Kondenswasser an.
!	Einwandige Fenster ziehen Kondenswasser an.
!	Abgerundete Wände und Radkästen, dadurch wird der Möbelbau schwieriger.
!	Fenster und Türen sind vorgegeben.
!	Innenmaße sind nach Modell vorgegeben.
!	Wintertauglichkeit nur durch enormen Aufwand realisierbar.

Alle selbst ausgebaut:

Kastenwagen Mercedes 208 …

VW-Transporter …

und ein Fiat Ducato

Sprinter Innenraumplanung
Maße: 190 cm hoch, 177 cm breit

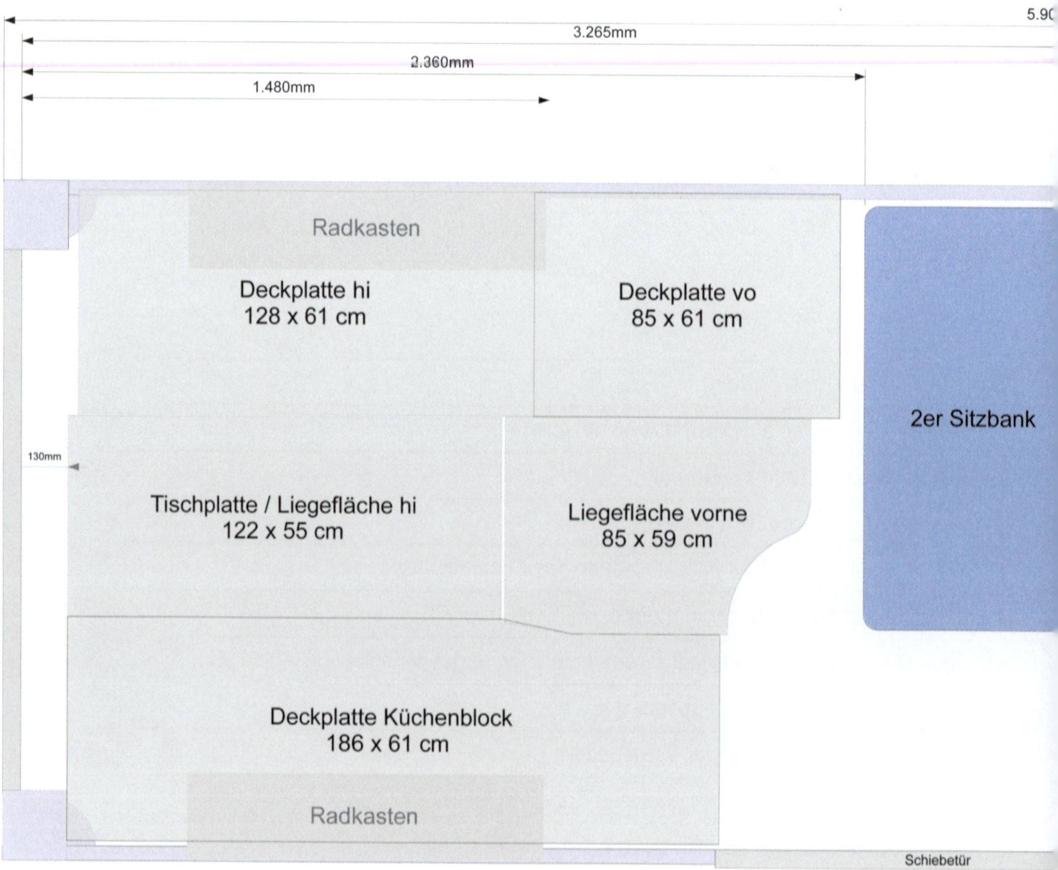

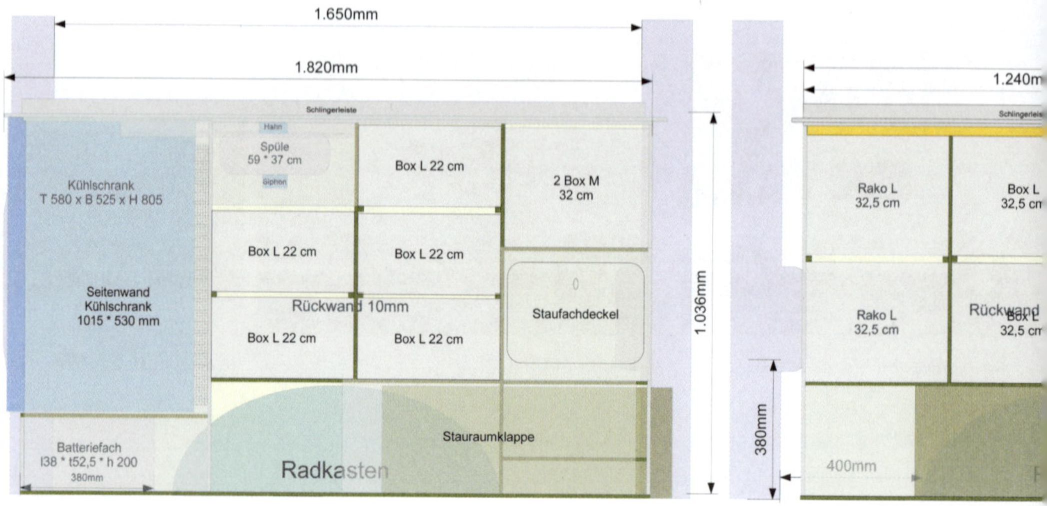

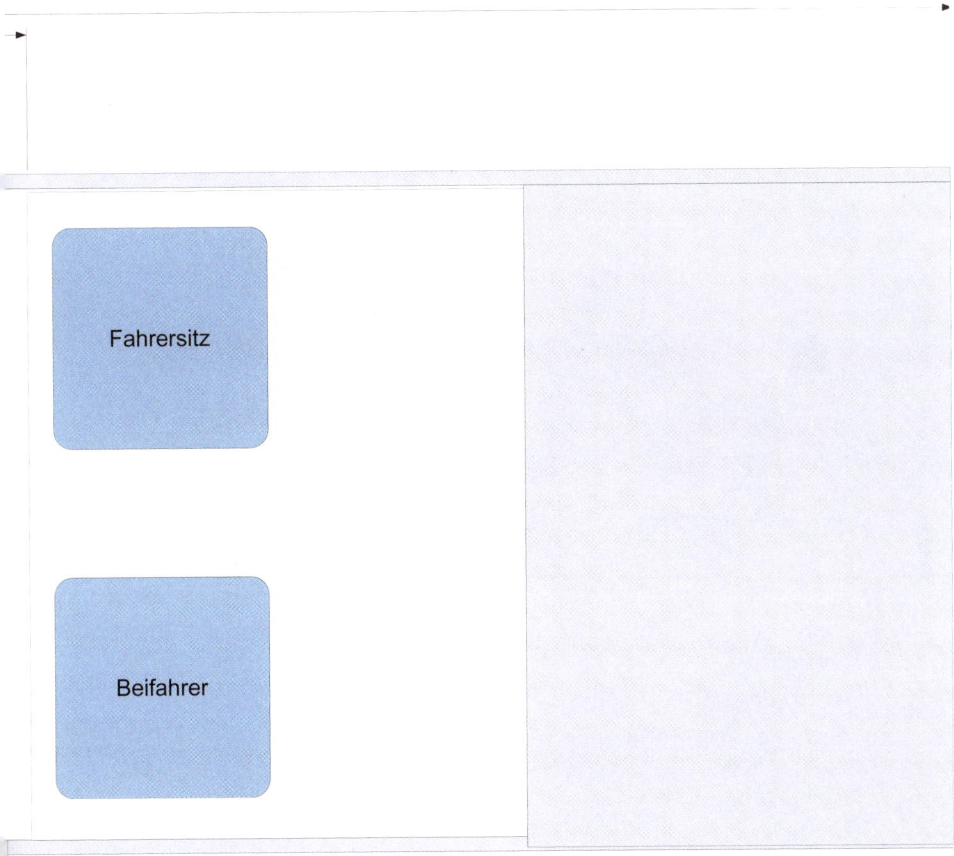

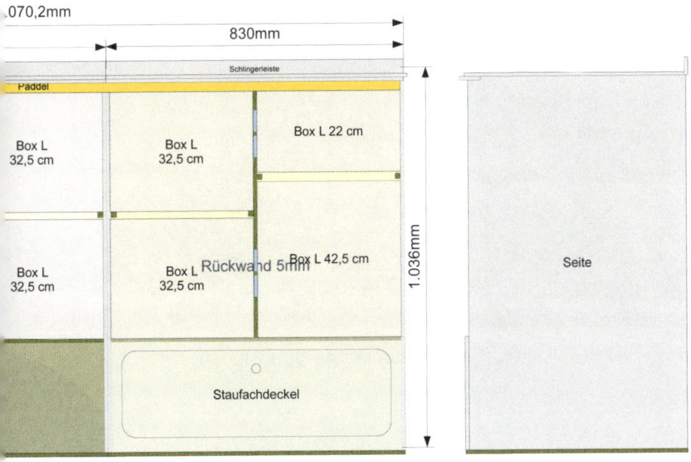

Oben: Der Grundriss eines Kastenwagens am Beispiel des Sprinters. Die Karosserie ist in blaugrau gezeichnet, die Sitze hellblau und die einzubauenden Möbel in hellgrau. Unter diesen transparent eingestellten Zeichenobjekten sieht man die Radkästen.

Unten: Aufriss der Möbeleinbauten.

Magirus-Deutz 170 D 11 mit LAK-II-Shelter im Salar de Uyuni (Foto: Simone und Olaf Pratt)

LKW als Selbstbau-Wohnmobil mit Shelter aus Militärbeständen

Dieses Modell liegt zwischen Kastenwagen und Koffer.

+	Günstig in der Anschaffung, auch als allradgetriebene Basis für das Selbstbau-Wohnmobil.
+	Langlebig
+	Gute Wärmedämmung, allerdings mit Lücken (Kältebrücken).
+	Gerade Wände, rechte Winkel – einfacher beim Ausbau, rechtwinklige Einbauteile passen perfekt.
+	Separat verschließbar bei Verschiffung und Überführung.
+	Basisfahrzeug leicht auswechselbar, besonders bei Verwendung der Container-Locks zur Befestigung.
!	Einbauten aus der Bundeswehrnutzung müssen entfernt und entsorgt werden.
!	Wärmedämmung hat Lücken, die gedämmt werden müssen (Locks).
!	Vorgegebene Maße nach Verfügbarkeit.
!	Alu-Stege in den Wänden schränken Einbauplatz für Fenster und Türen ein.
!	Aufgrund zunehmender Nachfrage steigende Preise bei sinkender Verfügbarkeit.
!	Ein solcher Aufbau erfordert einen Zwischenrahmen, der die Bewegungen des Rahmens zulässt.

MAN-VW mit FM2-Shelter (Foto: Klaus Schramm)

FM3-Shelter (Foto: Jürgen Bodenheimer)

MAN KAT mit Shelter (Foto: Mirko Drechsler)

Wohnkabine Weltreisemobil »Schredder«
Ebene A: Heckgarage, Wasserleitungen und Wassertanks, Draufsicht 470 x 235 cm

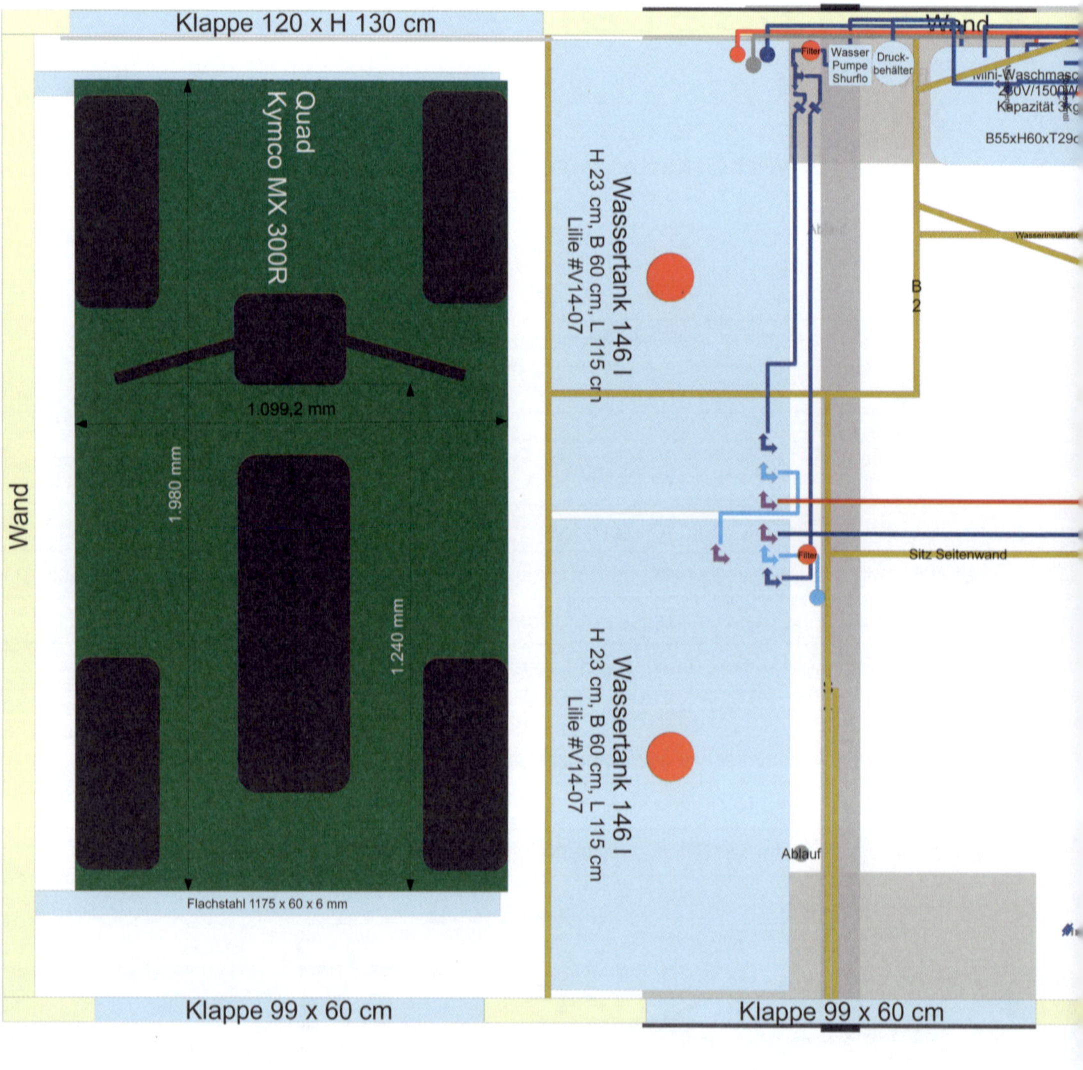

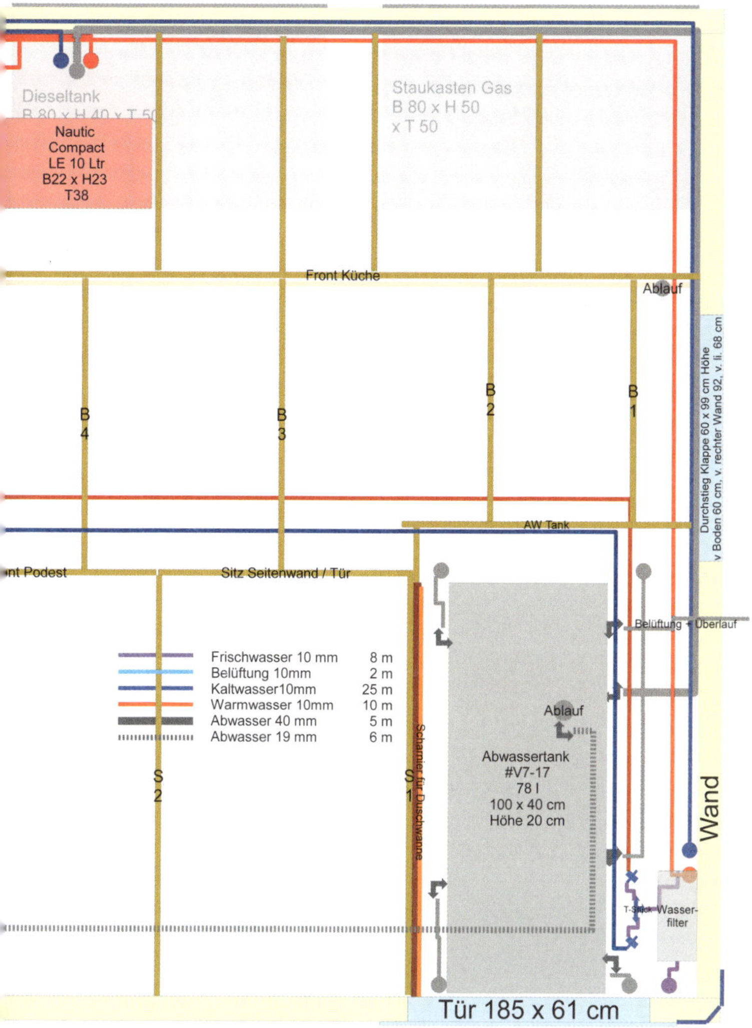

Bei der Grundrissplanung erstelle ich Ebenen für die einzelnen Elemente: Hier wurden zunächst der Koffer mit Wänden (hellgelb), Tür und Klappen gezeichnet mit der hellgrau durchscheinenden Achse.

Als nächstes folgen die großen Elemente wie Quad, Tanks und Leitungen und schließlich die Innenwände zur Raumaufteilung.

**Wohnkabine Weltreisemobil »Schredder«
Ebene B: Wohnbereich,
Draufsicht 470 x 235 cm**

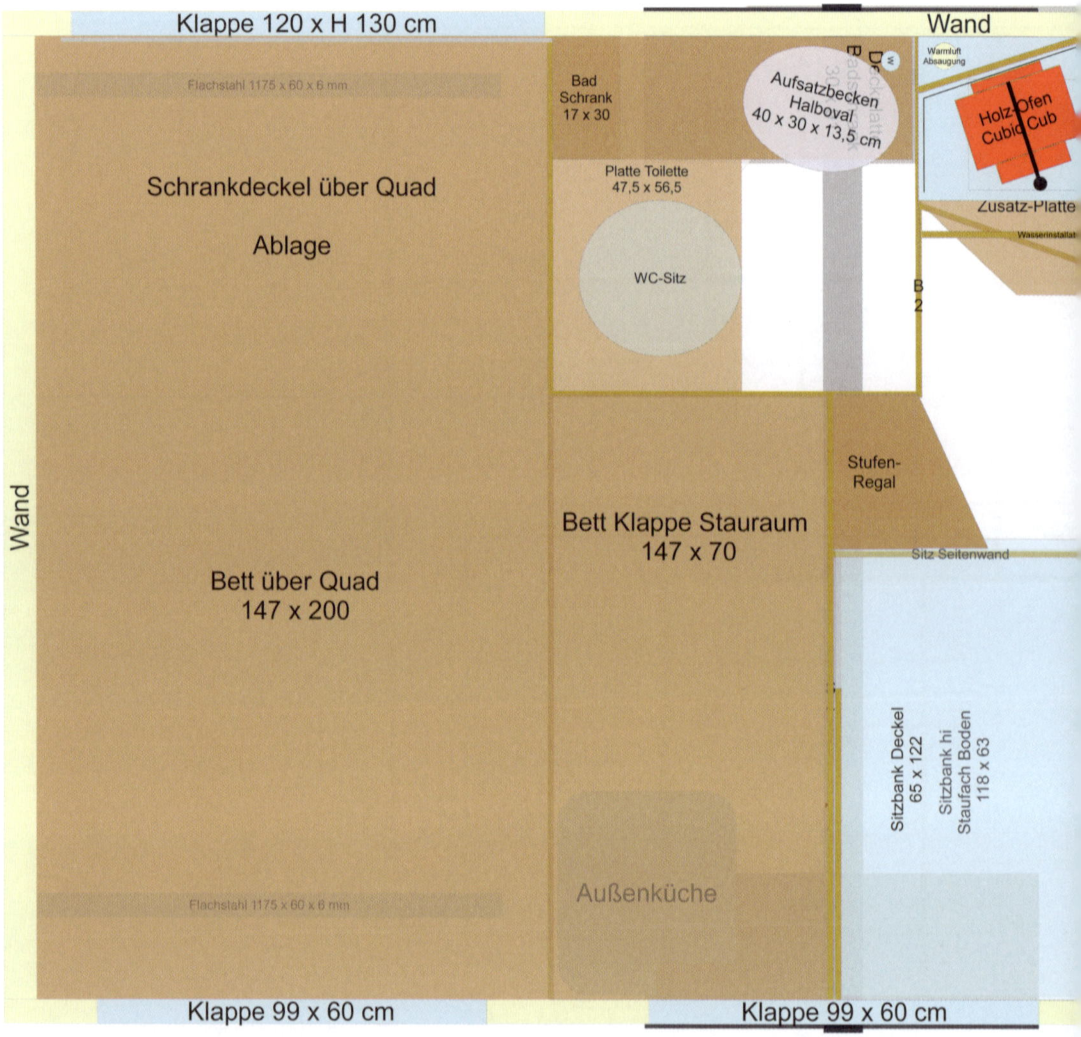

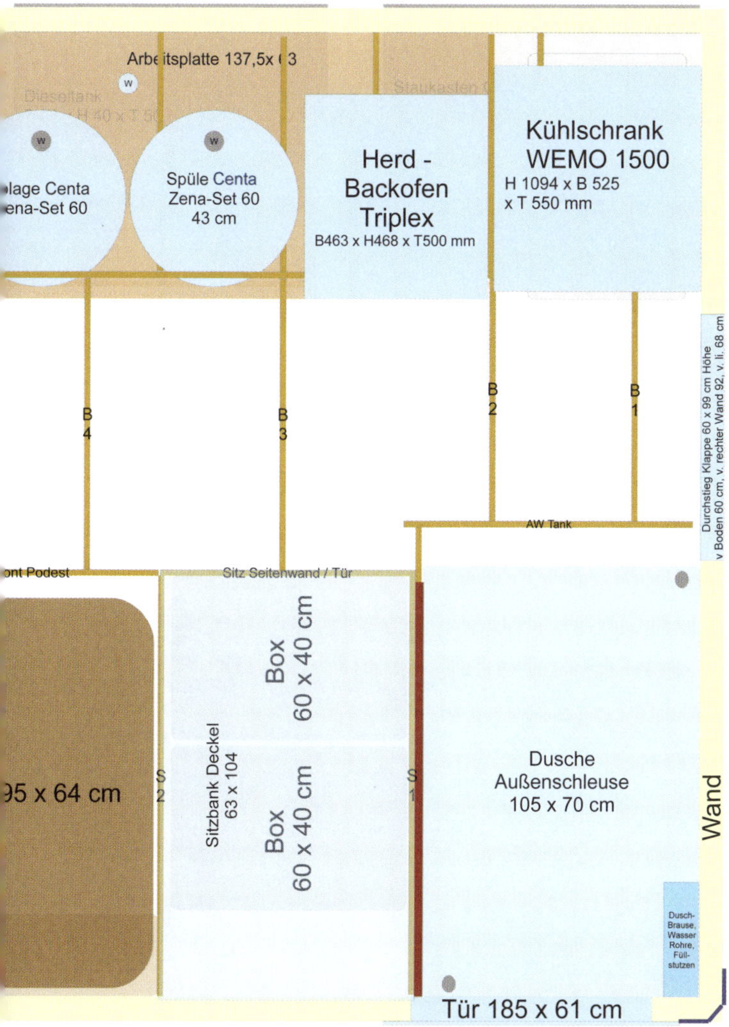

Im nächsten Schritt zeichne ich die Möbel wie Schlafstätten, Sitzplätze, Tisch, Küche, Kühlschrank sowie die weiteren Komponenten.

Wohnkabine Weltreisemobil »Schredder«
Ebene C: Simulation der Platzverhältnisse, Draufsicht 470 x 235 cm

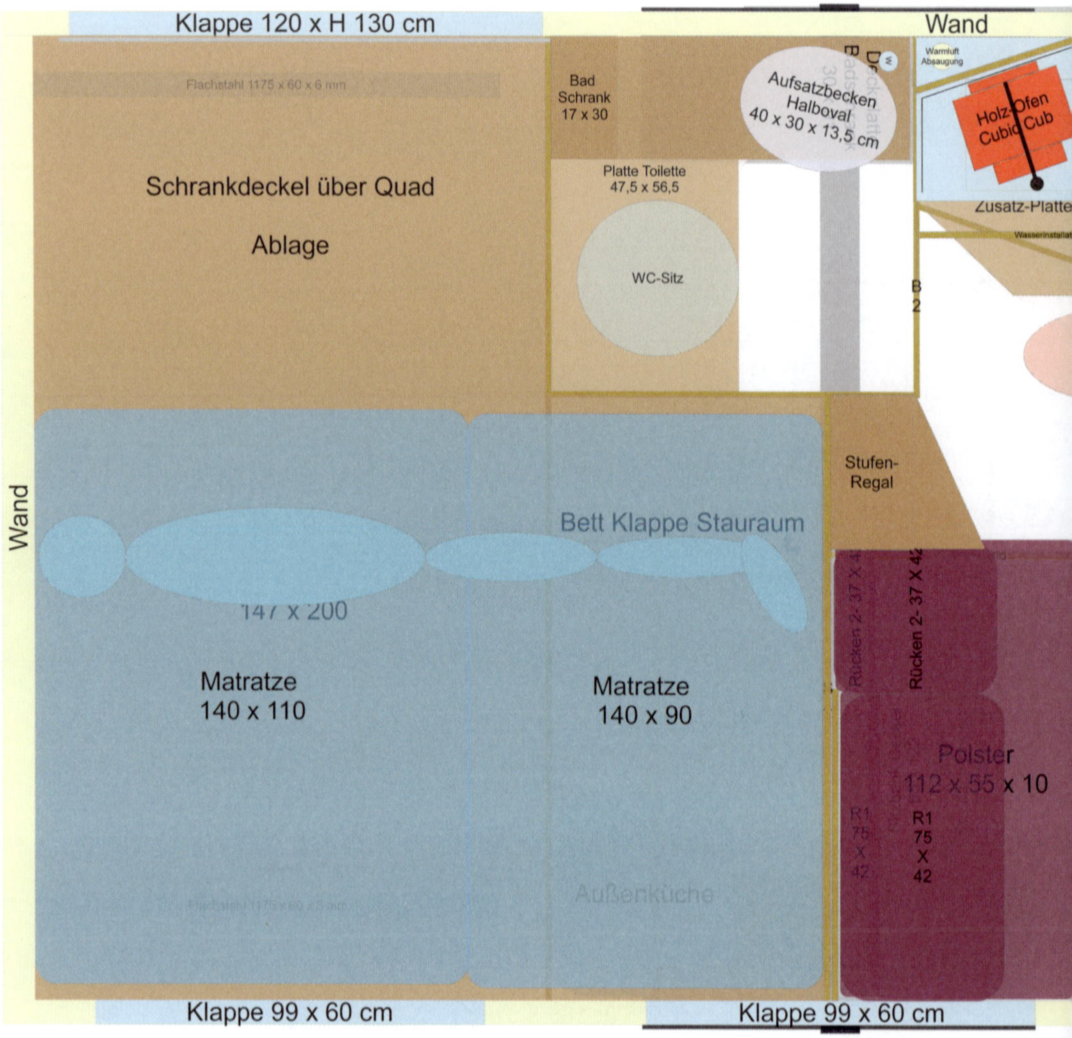

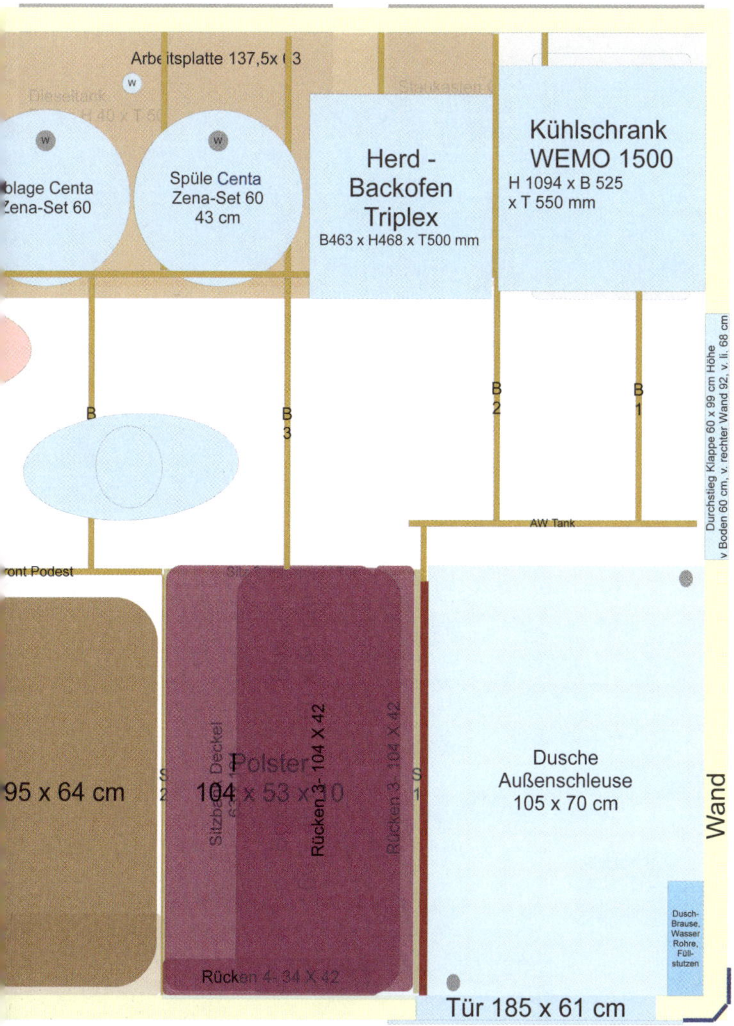

Damit sich alle Mitreisenden später im Wohnmobil bequem bewegen können, erstelle ich auch eine Ebene mit Figuren (stehend und liegend) mit den Körperdimensionen der Mitreisenden. Auf dieser Ebene integriere ich zudem die Polstermaße.

Mit dem Land Cruiser im französischen Zentralmassiv

Selbstbau-Wohnmobil mit maßgefertigtem Kofferaufbau

Alu- oder GFK (Glasfaserverstärkter Kunstharz-) Sandwich-Koffer.

+	Sehr langlebig
+	Gerade Wände, rechte Winkel – einfacher beim Ausbau, rechtwinklige Einbauteile passen perfekt.
+	Sehr gute Wärmedämmung, da Konzept aus Kühlkofferherstellung stammt. Im Winter warm, im Sommer kühl.
+	Separat verschließbar bei Verschiffung und Überführung.
+	Basisfahrzeug leicht auswechselbar, besonders bei Verwendung der Container-Locks zur Befestigung.
+	Fast immer Maßanfertigung nach eigener Vorstellung!
+	Fenster und Türen sind weitgehend frei positionierbar.
+	Vollständig winterfest bei kältebrückenfreier Ausführung.
+	Auch als Bausatz für Selbstausbauwohnmobile von einigen Herstellern lieferbar.
!	Auf gute Qualität achten! Kühlkoffer-Hersteller achten nicht unbedingt auf Maßhaltigkeit und rechte Winkel.
!	Höherer Preis bzw. Aufwand bei maßgefertigtem Eigenbau eines Koffers.
!	Ein solcher Aufbau erfordert einen Zwischenrahmen, der die Bewegungen des Rahmens zulässt.

Der höhere Anschaffungspreis wird meines Erachtens durch die Möglichkeit der Maßanfertigung nach deinen Wünschen und hohe Kältebrückenfreiheit ausgeglichen. Außerdem spart man sich das Entkernen und Reparieren eines gebrauchten Koffers.

Feuerwehraufbau als Eigenbau-Koffer

Australischer MAN mit Kofferaufbau

Unimog mit Hubdach-Koffer

Gewichtsverteilung im Selbstbau-Wohnmobil

Hier geht es nicht um das absolute Gewicht, sondern darum, wo überhaupt die gewichtigen Dinge gut aufgehoben sind.

Bei schlechter Verteilung der Massen fährt sich ein Fahrzeug unhandlich bis hochgefährlich. Daher ist dieser wichtige Aspekt schon bei der Planung zu beachten.

Mein Freund Joe hat in seinem Reisemobil sogar sein Piano dabei.

Beim Selbstbau-Wohnmobil sollten wir hinten anfangen

Mein Freund Heinz, ein erfahrener LKW- und Afrikafahrer hat einen Magirus-Deutz mit sehr kurzem Überhang hinter der Achse. Als wir darüber diskutierten, erzählte er mir eine Geschichte von seiner Libyen-Tour. Es waren mehrere individuell ausgebaute LKW in der Gruppe unterwegs. Sie fuhren weite Strecken über Pisten, durch Gebirge und Sand. Ein Selbstbau-Wohnmobil hatte die Küche hinten quer eingebaut, was eigentlich sehr praktisch war. Eines Abends öffneten die Besitzer die Tür und – oh Schreck – die Küche war völlig zerschmettert.

Ich selbst habe schon eine ähnliche Erfahrung gemacht. Mein Kanuanhänger hat ein Gestell, welches mit sechs bis acht Kanus à 30 kg beladen ist, wenn es auf Tour geht. Das Gestell hatte am schwächsten Punkt ein Vierkantrohr aus Stahl mit 80 x 40 mm. Bei einem Kanu-Kurs luden wir ab und mussten feststellen, dass eben dieses Rohr einfach durchgebrochen war. Auch dieses ist 1,5 m hinter der Achse immer sämtlichen Schlägen, die das Fahrwerk nicht abfedern kann, ausgesetzt.

Alles, was nach der Hinterachse kommt, wird durch die Rüttelei auf Pisten und schlechten Straßen sehr stark strapaziert. Alles, was lose ist und etwas Gewicht auf die Waage bringt, wird zu Geschossen, die alles zertrümmern, was ihnen in den Weg kommt. So sollten schwergewichtige Dinge möglichst zwischen den Achsen und möglichst tief platziert sein.

Deshalb sind in meinem Koffer die Wassertanks mit insgesamt 300 kg über der Hinterachse, die Bordbatterien, Heizung, Herd und Kühlschrank sowie Abwasser davor untergebracht. Hinter der Achse sind nur das Bett und darunter das Quad mit 230 kg, das vorne nur ohne Durchstieg ins Fahrerhaus gewichtsgünstiger hätte untergebracht werden können.

Die Rumänien-Tour hat das Quad problemlos überstanden, es wird schließlich mit 4 Gurten à 500 kg Zugkraft sowie den seitlich führenden Aluschienen am Platz gehalten.

Aus diesem Grund sind auch seitliche Öffnungen an einem Aufbau immer besonders zu verstärken, da jeder Ausschnitt die Struktur schwächt. Wenn du Wohnmobile siehst, achte mal auf die seitlichen Öffnungen (Fenster und Klappen) und schau dir die Ecken an. Oft sieht man hier schon Risse, die sich von den Ecken des Ausschnittes in die Wand ziehen.

Die ausgewogene Mitte des Selbstbau-Wohnmobils

Im Fahrzeugbau ist die Hinterachse immer die, welche die größte Last trägt. Die Vorderachse ist durch die Lenkung nicht so aufnahmefähig, ebenso würden die zum Lenken benötigten Kräfte deutlich ansteigen. Auch die Fahrdynamik würde durch zu viel Gewicht auf der Vorderachse leiden.

Also gilt die Daumenregel, dass die Vorderachse maximal ein Drittel des Gewichtes tragen sollte. Die jeweiligen Achslasten findest du in den technischen Daten des Fahrzeugs.

Somit ist der Bereich zwischen Hinter- und Vorderachse prädestiniert, um die schweren Bauteile aufzunehmen.

Nichts Schweres nach oben im Selbstbau-Wohnmobil!

So einladend ein Dachträger auch ist – schwere Sachen gehören nach unten! (Der Reserveradmantel auf meinem Dachträger war nur vorübergehend dort.) Überlege gleich bei der Planung, ob du einen Dachträger brauchst oder nicht. Bei meinem LKW ist er weniger Lastenträger als Tropendach und Astabweiser. Die Aluplatte schirmt die Sonne ab und die seitlichen Winkel drücken Äste nach oben, wo sie über den Koffer rutschen können.

Gewichtsaufteilung im »Schredder«, Draufsicht 470 x 235 cm
Auf diesem Plan sieht man die Position der schweren Komponenten.

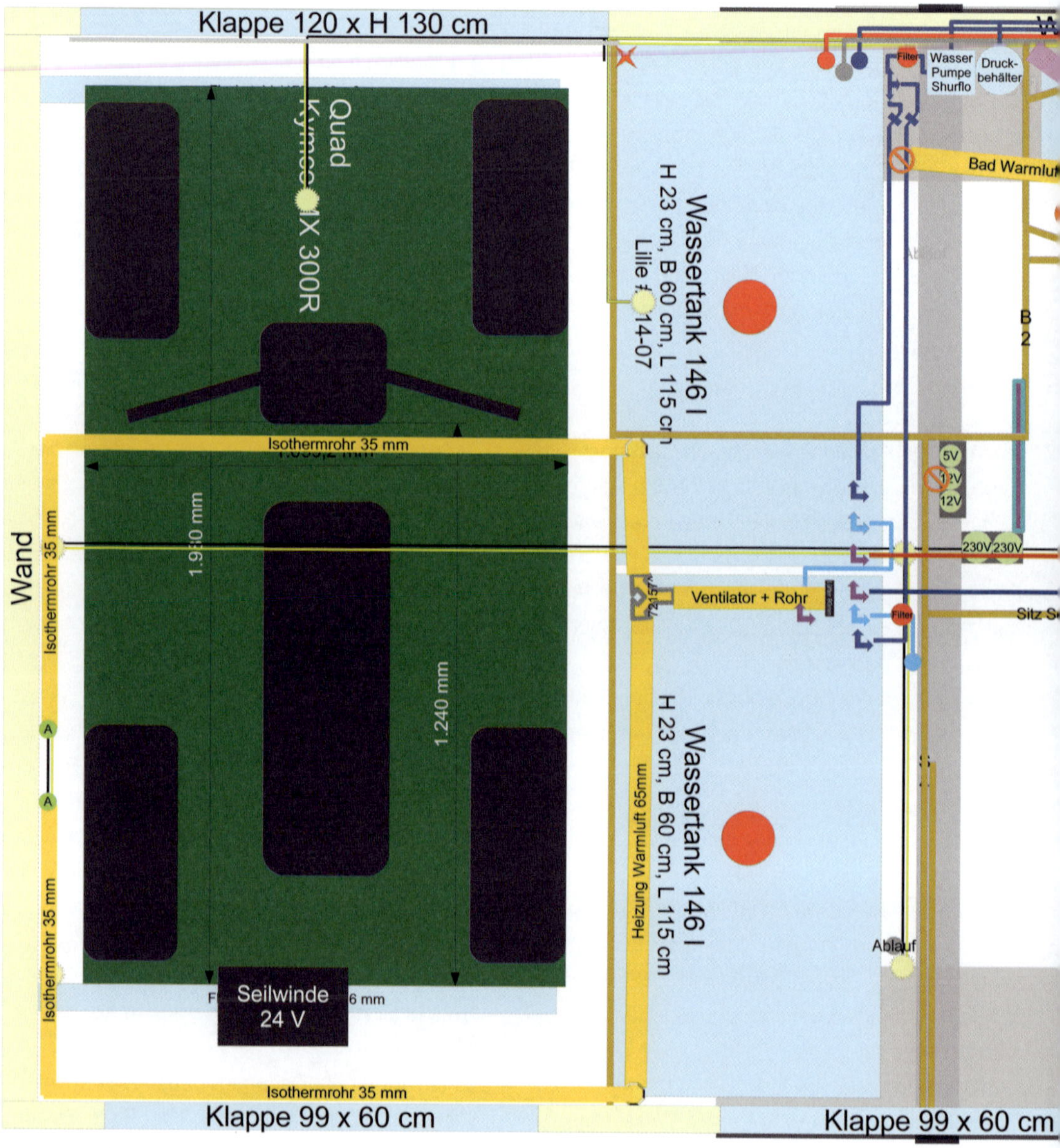

Vorne (im Plan oben rechts) sind Herd und Kühlschrank platziert, rechts dazu
in der vorderen Sitzbank die Batterien mit der Ladeelektronik (im Plan blau). Die braunen Striche sind die Wände und Bodenstege.

Die Wassertanks mit dem größten Gewicht liegen direkt über der Hinterachse. Das Quad (grün) steht ganz hinten. Gewichtstechnisch nicht ideal, aber in diesem Fall ein praktikabler Kompromiss. Der Abwassertank geht nur leer in die Gewichtskalkulation

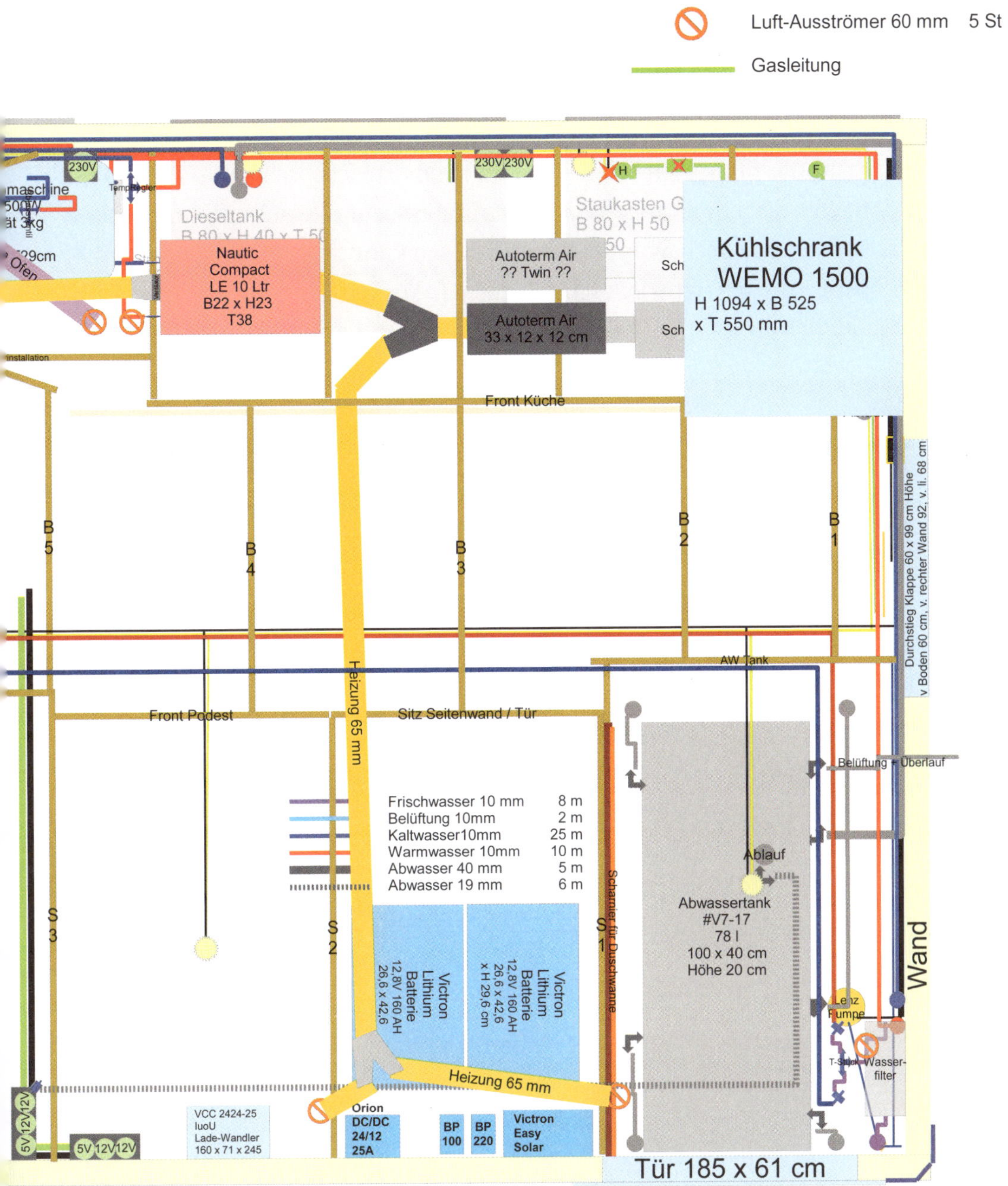

ein, denn er nimmt ja Gewicht vom Frischwasser weg und wird nach Möglichkeit geleert.
Auch ist es wichtig, schwere Dinge immer unten zu platzieren, da sie sich sonst negativ auf die Fahrdynamik auswirken.

Die meisten Geräte sind bei uns jeweils in einem Schubladenschrank, so kann man einfach die Boxen herausziehen und an die Geräte herankommen.

Kofferaufbau

Meinen ersten Koffer plante ich für den Toyota Land Cruiser. Ein leichter Pick-up mit flacher Ladefläche, die von vorneherein zur Aufnahme eines Kofferaufbaus geplant war. Ich dachte darüber nach, was ich daheim lassen konnte. Bei einer Pritschenhöhe von einem Meter kam ich natürlich schnell darauf, dass das unnötigste Mitbringsel, was ich überallhin mitnahm, Luft war.

Mit dem Land Cruiser am Parpaillon-Tunnel in den französischen Alpen

Also entwickelte sich der Plan für ein Hubdach, um unnötige Luft herauszulassen. Damit wurden die Gesamthöhe des fertigen Fahrzeuges und somit Schwerpunkt und Luftwiderstand deutlich optimiert.

Den Koffer ließ ich mir damals bei Ormocar.de bauen. Herr Bohrer weigerte sich zu Beginn, meine Pläne auszuführen, da er Bedenken hatte, was die Garantie betraf. Schließlich wurden wir uns einig und er baute mir zwei halbe Koffer zum Aufeinanderstecken – ohne Garantie, wie er betonte. Das Schwierigste daran war aber weder der Koffer noch die Hubmechanik, sondern die zweiteilige Tür.

Alles in Allem war mein kleiner Hubdachkoffer genial. Ausgebaut war er circa 500 kg schwer und funktionierte ziemlich gut bis auf die Elektrik, aber das ist ein anderes Thema.

Das Material war ein Sandwichaufbau mit GFK und Sperrholzplatten im Boden zur Aussteifung. Mit diesem Koffer war ich viel unterwegs, über den höchsten anfahrbaren Punkt der Alpen »Colle Sommeiller« bis nach Marokko in den hohen Atlas. Nach fünfzehn Jahren bekam ich noch gutes Geld dafür und ab diesem Zeitpunkt fuhr er auf einer VW-Doka-Pritsche.

Geeignete Kofferarten

GFK-Sandwichkoffer werden am häufigsten für den Aufbau verwendet, es gibt aber auch solche mit Aluminiumaußenhaut oder auch Mischungen aus beiden. Diese Art eines Aufbaus kommt aus dem Fahrzeugbau, speziell dem Kühlfahrzeugbereich. Die Deckschichten sind meist aus GFK oder Aluminium, meist in 1,5 mm Stärke, der Schaumkern ist zwischen 37 und 57 mm stark. Daraus ergibt sich dann eine Wandstärke von 40 beziehungsweise 60 mm. Die 40-mm-Wand ist für kleinere Wohnmobile wie Pick-up oder Transportergröße geeignet, die 60-mm-Wandstärke wird für große Wohnmobile auf LKW-Basis verwendet.

Unser Koffer auf unserem Wohnmobil »Schredder« besteht aus GFK-Sandwichplatten mit Aluminiumwinkeln entlang der Kanten und einem innenliegenden Aluminiumrahmen, der sich bis in die Heckwand zieht, um dort die Last eines Heckträgers aufzunehmen. Der Boden im Koffer besteht aus einer Multiplexplatte (mehrschichtig verleimtes Holz) mit einer aufgeklebten GFK-Deckschicht. Die Ecken sind durch die Überlappung der Schaumkerne und die Verstärkung mit Aluwinkeln sehr stabil ausgelegt. Innen sind die Ecken zusätzlich mit Aluminiumwinkeln verstärkt, die hier in der Zeichnung nicht enthalten sind.

Dadurch entsteht ein kältebrückenfreier Aufbau, der außen wie innen wasserdicht ist. Bei guter Planung bietet es sich an, weitere Verstärkungen in das Sandwich einbauen zu lassen. Diese dienen dazu, die Möbel und Einbauten stabil aufzunehmen. Bett, Sitze, Möbel und Tisch können dann später ohne weitere Abstützung an der Wand befestigt werden. Auch Kabelkanäle können in die Wand integriert werden, das finde ich allerdings nur für die Deckenbeleuchtung sinnvoll.

Die Atmosphäre im Kofferaufbau ist erstmal ziemlich kühl. Aber weiß ist praktisch und die Wände sind abwaschbar. Der Geruch nach GFK ist anfangs deutlich, verfliegt aber innerhalb der Ausbauphase des Wohnmobiles vollständig.

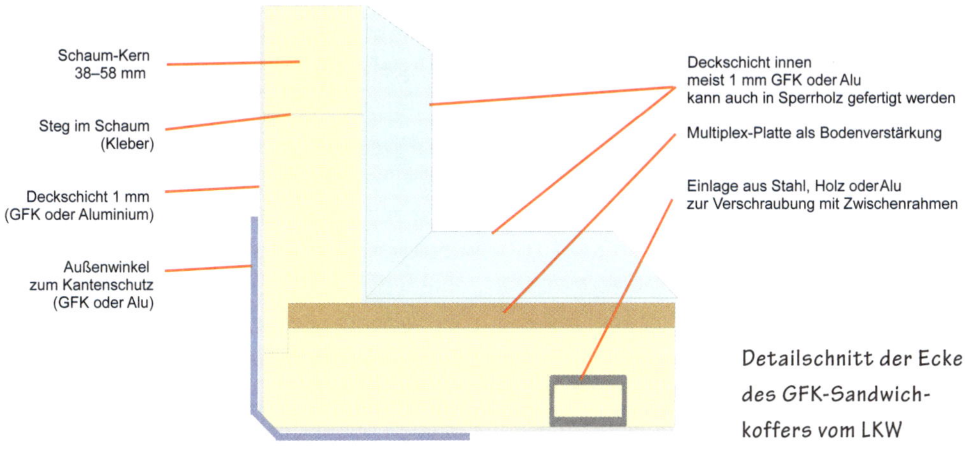

Detailschnitt der Ecke des GFK-Sandwichkoffers vom LKW

Sich einen Koffer maßanfertigen lassen

Mit einem für dich angefertigten Wohnkoffer bist du sehr frei in der Gestaltung. Die Wände sind selbsttragend, meist ohne weitere Verstärkungen darin. Klappen, Fenster und Türen können an fast jeder Stelle eingebaut werden. Einschränkungen geben die Außenwinkel und die Rahmen der Öffnungen vor. Wenn zum Beispiel der Außenwinkel 160 mm stark ist, der Falz im Türrahmen 30 mm hat und der Türrahmen selbst 30 mm breit ist, kann der lichte Durchgang in der Türe entsprechend nur 215 mm von der Außenkante des Koffers eingesetzt werden (siehe Bild S. 139).

Gleiches gilt ebenso für die anderen Öffnungen. Daher muss auch unser Quad zuerst den Höhenunterschied von ca. 12 cm über die untere Kante überwinden, um in die Garage zu kommen. Wichtig ist dabei, die Höhe der Klappe so festzulegen, dass das Oberteil der Ladung auch nach oben ausreichend Platz hat.

Wohnmobil-Koffer selbst bauen

Um einen Koffer selbst zu bauen, braucht man viel Platz und möglichst eine geheizte Halle, sofern man in der kalten Jahreszeit bauen will. Kleber benötigt eine gewisse Mindesttemperatur, um hart zu werden, ebenso dein Körper, um nicht zu frieren.

Kran, Gabelstapler und solche Kleinigkeiten erleichtern das Arbeiten ungemein. In meinem Fall war es so, dass ich weder über einen großen Platz noch eine Halle verfüge. Den Wohnmobil-Innenausbau konnte ich hingegen gut vor der Garageneinfahrt realisieren. Also sah ich mich auf den einschlägigen Messen CMT und Abenteuer Allrad nach einem Lieferanten mit gutem Konzept um.

Fündig wurde ich beim Team von 4Wheel24.de, die als einzige ein Konzept für einen tragfähigen 7,5-Tonner (mit ausreichend Zulade-Reserve) angeboten haben. Meine Erfahrungen bei 4Wheel24 waren gut. Ich bin mit der Ausführung der Arbeiten sehr zufrieden. Tobias und seine Mitstreiter machten gute und preiswerte Arbeit.

Auf die Qualität der Kofferkanten achten

Wir hatten beim SCAM einen Aufbau von einem hier nicht empfohlenen Kühlkofferhersteller, der meinte, ebenso gute Wohnmobilkoffer zum Selbstausbauen anbieten zu können wie namhafte Hersteller. Ich wollte mit ihm meinen Family-Express, wie wir unseren SCAM nannten, realisieren und auch beim Vertrieb und der Entwicklung der Wohnmobilaufbauten zusammenarbeiten.

Leider war die Qualität der von ihm produzierten Koffer sehr unterschiedlich. Unser Koffer war relativ leicht mit ca. 300 kg Leergewicht. Ein Wohnmobilkoffer für einen anderen Kunden brachte es schon auf 200 kg mehr, obwohl er nicht größer war. Die Wände waren meist rechtwinklig zum Boden und zur Decke – aber nicht immer. Alles in Allem keine Voraussetzungen für eine gute Geschäftsbeziehung.
Jedenfalls hatten wir hier Kunststoffkanten aus einem Baukastensystem. Die Kanten sind auch das Erste, was bei Fremdkontakt halten sollte. Hier ist Aluminium deutlich stabiler und zäher als GFK, was eine Felsberührung mit einem Loch quittierte. Die Reparatur geht bei GFK aber relativ einfach mit Spachtelmasse oder bei größeren Stellen mit Glasfasermatten und Harz zum Überlaminieren.

Empfehlungen für die Bestellung eines maßgefertigten Wohnmobilkoffers

Deutlich alle Wünsche aufzeigen und die Realisierbarkeit besprechen
Besprich am besten alles, was du mitnehmen willst und wo es hin gehen soll. Es ist ein riesiger Unterschied, ob du auf europäischen Straßen unterwegs sein willst oder eine Schotterpiste auf der Seidenstraße unter die Räder nimmst.

Auf Haltbarkeit und Pistenfestigkeit achten
Hat der Hersteller bereits Fahrzeuge gebaut, die

sich jahrelang bewährt haben? Kann er entsprechende Referenzen anführen?

Genaue Planung des Wohnmobilkoffers schützt vor Überraschungen!
Schau dir alle möglichen Grundrisse an. Informationsquellen sind Messen, auch die Parkplätze davon, Webseiten der verschiedenen Wohnmobilaufbau-Hersteller oder Fernreisetreffen.

Wo sollen die Innenlampen hin – Kabelkanäle?
Kabel an der Decke zu verlegen, sieht nicht so gut aus, wie unter der Oberfläche versteckte Kabel. Daher ist es gut, vorher über die Platzierung der Lampen nachzudenken.

Verstärkungen: Wo wird was im Wohnmobilkoffer eingebaut?
Stark belastete Möbel wie Betten, Sitzbänke oder auch Innenwände müssen gut halten und teilweise viel Last aufnehmen. Außen sind Verstärkungen für die Aufnahme der Kräfte von Markisen, Sandblechhalterungen oder Fahrradträgern wichtig. Wir haben 3 mm starke Aluminiumplatten an den wichtigen Stellen laminieren lassen. Dadurch kann man Gewinde einschneiden und eine Aufnahme befestigen.

Innenwände aus Sandwichmaterial?
Für stabile Abtrennungen im Koffer besteht die Möglichkeit, gleich vom Aufbauhersteller Wände aus dünnerem Sandwichmaterial einkleben zu lassen.

Ausführlich alle Fragen aufschreiben und mit dem Hersteller des Wohnmobilkoffers durchsprechen
Besprich deine Pläne mit mehreren Aufbauherstellern und frage sie nach den Möglichkeiten. Schau dir halbfertige oder vollendete Fahrzeuge von ihm an.

Wichtig: *Lass dir schriftlich alles zusammenfassen und festlegen, was besprochen wurde und wie die Schritte ausgeführt werden!!*

Bei der Lieferzeit würde ich 100% Reserve einplanen! Verlasse dich nicht auf mündliche Aussagen und Liefertermine. Du hast einen Prototyp in Auftrag gegeben – kein Fahrzeug ist wie das andere! Es greifen viele Gewerke ineinander, um einen fertigen Wohnmobilkoffer mit deinem Basisfahrzeug zu vereinen.

Mit dem Koffer alleine ist es nicht getan, wichtig ist auch die Verbindung mit dem Fahrgestell.

Tipp: *Die verschiedenen Anbieter von Wohnkoffern für Reisefahrzeuge arbeiten mit den unterschiedlichsten Materialien. Neben GFK kommen hier zum Beispiel Aluminiumplatten auf ein Stahlrohrgestell genietet, Aluminiumplatten oder Alu-Verbundmaterial in ein Alu-Gestell eingeschweißt oder geklebt, Siebdruckplatten oder – ganz edel – Zirbenholz, aber auch verschiedene Verbund-Materialien zum Einsatz.*
Alle diese Baustoffe haben ihr Vor- aber auch ihre Nachteile. Daher macht es Sinn, sich vor der Entscheidung für einen Wohnkoffer eingehend zu informieren. Hier spielen Dinge wie Gewicht, Haltbarkeit, oder die Reparaturfähigkeit genauso eine Rolle wie die angestrebten Reiseziele und Reisezeiten.

Fragen, die man sich hierzu stellen kann sind:

- Fahre ich in kalte Regionen?
- Bin ich nur im Sommer unterwegs?
- Sind auf der Reise am Aufbau Schäden durch Äste oder andere Dinge zu erwarten und kann ich diese einfach und problemlos reparieren?
- Bekomme ich unterwegs Reparaturmaterial? Will ich am oder im Aufbau selbst Zurrsysteme, Markisen, Fahrradträger oder Möbel anbringen und wie kann ich sie befestigen?
- Will ich den Innenausbau selbst machen und wie passen Material von Kabine und Möbeln zusammen und lassen sich verbinden?
- Wie schwer wird mein Koffer mit Ausbau?

Der Zwischenrahmen – wichtiges Bindeglied zwischen LKW und Wohnmobilkoffer

Der LKW-Zwischenrahmen schafft eine flexible und zugleich stabile Verbindung zwischen Fahrzeugrahmen und Kofferaufbau. Zweck dieses Hilfsrahmens ist es, dass der Fahrzeugrahmen sich relativ frei verwinden kann und damit zugleich eine fast verwindungsfreie Unterlage für den Koffer zu schaffen.

Umbau des Feuerwehr-LKW. Gut zu erkennen der frisch verzinkte, silbergraue Zwischenrahmen.

Beim Aufbau des Zwischenrahmens bei 4Wheel24: Detailansicht des Federlagers zur Verbindung von LKW-Rahmen mit dem Hilfsrahmen.

Der Zwischenrahmen hält im optimalen Fall den Wohnmobilkoffer fest aber spannungsfrei auf dem Basisfahrzeug. Der LKW Rahmen verwindet sich üblicherweise, wenn die Räder über Unebenheiten fahren. Das muss nicht unbedingt im Geländeeinsatz sein, es reichen ganz normale Schlaglöcher auf schlechten Straßen oder ein Bordstein aus.

Ein Kofferaufbau ist absolut steif und kann sich nicht verwinden. Daher sollte er fest mit einem Hilfsrahmen verbunden werden, der sich nicht verbiegen darf, da sonst die Verbindung zum Koffer abreißen würde.
Also brauchen wir eine flexible Verbindung zwischen »weichem« LKW-Rahmen und festem Koffer mit Hilfsrahmen. Dabei soll der Koffer natürlich soweit fixiert sein, dass er sich nicht mehr als nötig bewegen kann.

Üblich sind drei Formen des Hilfsrahmens: Feder-Lagerung, Dreipunkt-Lagerung und Vierpunkt-Lagerung.

Der optimale Hilfsrahmen für Wohnmobilkoffer

Dieses Thema ist Gegenstand langanhaltender Diskussionen, aber auch von der Größe des Fahrzeugs abhängig.

Federlager für die Lagerung des Hilfsrahmens von 4Wheel24

Verwindungstest bei der Übergabe

Schematische Darstellung der Dreipunktlagerung beim SCAM.

Die meisten LKW-Hersteller haben in ihren Aufbaurichtlinien die Vorgabe, einen Hilfsrahmen mit Federsystem, eine sogenannte Federlagerung, zu benutzen, wie es auf unserem Magirus-Deutz 90-16 montiert ist. Dieses Federlagerung, bei der die Federn hinten an Rahmen und Hilfsrahmen montiert sind, verrichtet ihre Arbeit bislang ohne Probleme. Die Länge der Federelemente richtet sich unter anderem nach der Länge des Wohnmobilaufbaus.

Möglichkeiten für die Lagerung des Hilfsrahmens
In meinem Land Cruiser habe ich eine Dreipunktlagerung mit den Original-Gummilagern der ursprünglichen Karosserie. Die Aufnahmepunkte habe ich so ebenfalls verwendet. Vorne wurde ein Träger montiert, der zwei Punkte zu einem einzigen Punkt in der Mitte zusammenbringt. Hinten habe ich die über den Blattfedern liegenden Aufhängungen verwendet. Diese Lagerung hält bis jetzt seit 25 Jahren ohne Risse oder andere Schäden.

Beim SCAM wurde es etwas aufwändiger. Hier wurde eine Siebenpunktlagerung verwirklicht. Das Fahrerhaus liegt hier als Doppelkabine auf sechs Gummilagern. Wir haben zwei Längsträger eingebaut, die jeweils zwischen Karosserie und Gummilager befestigt wurden.

Das hintere Ende der Längsträger wurde mit dem Kofferaufbau verschraubt. Eine Wippe am Rahmenende des LKW-Rahmens gleicht die Schwenkbewegungen über ein Lager aus.

Im Unimog ist beispielsweise eine Vierpunktlagerung unter der Pritsche eingebaut, die auch gerne für die Lagerung eines Wohnmobilaufbaus verwendet wird.

Fazit:

Bezüglich der Konstruktionsweise des Hilfsrahmens für Kofferaufbauten lässt sich keine allgemeingültige Aussage treffen. Ich empfehle dir deshalb zum einen, die Lagerung einbauen zu lassen, die vom LKW-Hersteller in den Aufbaurichtlinien beschrieben ist und zum anderen, dafür einen Betrieb zu suchen, der diesen Einbau beherrscht.

Schau dir zudem andere ältere Fahrzeuge desselben Herstellers an und frage die Besitzer nach ihren Erfahrungen.

Planungsfehler

Wo soll ich anfangen? Ich habe schon so viele Fehler gesehen und auch selbst produziert. Es müssen ja auch nicht direkt Fehler sein – aber nach der ersten Reise mit dem Wohnmobil sieht man manches, was vorher im Plan super aussah, aber nicht wie gewünscht funktionierte.

Fehler mit Gefahrenpotential
Manche Fehler können sehr gravierend sein und auch großes Gefahrenpotential besitzen. Allen voran zu dünne Kabel, die einen Kabelbrand auslösen (können), eine der häufigsten Ursachen zerstörter Wohnmobile. Ebenso gefährlich sowohl für Mitreisende als auch andere Verkehrsteilnehmer sind Teile, die sich während der Fahrt selbständig machen.

Zu schwache Verbindungen
Aber auch schwache Verbindungen, die nicht für die Last, die sie tragen sollen, ausgelegt sind, können gefährlich werden. Dachgepäckträger, deren Füße abvibrieren, sind keine Seltenheit. Freunde von mir sind in den 80ern durch Algerien gefahren, mit zwei Fahrzeugen und jeweils einem schönen, neuen, aus Aluminium geschweißten Dachträger. Zurück kamen sie mit einem Dachträger, der auf den anderen gespannt war. Das Gepäck hatten sie schließlich doch in den Land Cruisern verstaut. Ein Dachgepäckträger hatte sich unterwegs von seinen Füßen gelöst, schwang sich in die Lüfte auf und schlug unsanft auf der Piste auf. Einen solchen Unfall auf einer vielbefahrenen Straße – den möchte niemand verursachen.

Aluminium ist zwar schön leicht, aber Rüttelpisten und Verwindungen an Schweißnähten zermürben das Material innerhalb von vier Wochen. Besser sind hier geschraubte Verbindungsteile, egal ob Alu oder Stahl. Die Schrauben müssen immer kontrolliert werden, denn sie lockern sich mit der Zeit. Aber Schrauben kann man einfach unterwegs nachziehen oder ersetzen.

Schrauben, die hoch belastet werden, sollten mit selbstsichernden Muttern oder Schraubenkleber gesichert sein.

Zu schwach dimensionierte Kabel oder schlechte Kabelverbindungen
Auch Verbindungen in der Elektrik sind richtig anzufertigen und jährlich zu kontrollieren, um Leistungsverluste und Schwachstellen zu vermeiden.

Um den Strom zu leiten, muss das Kabel einen Mindestquerschnitt haben. Im KFZ-Bereich arbeitet man mit flexiblen Leitungen, die aus vielen einzelnen Drähten bestehen.
Fehlen davon einige nach dem Abisolieren der Leitung, wird der Mindestquerschnitt nicht mehr erreicht und es entsteht für den Strom ein »Flaschenhals«, der zu einem Schwelbrand führen kann.

So ging es uns auch im Urlaub 2017, als wir auf einem Alpenpass mitten im Starkregen auf einmal den beißenden Geruch nach Kabelbrand in der Nase hatten. Er kam aus der Abluft des Kühlschrankes und an eine Weiterfahrt war nicht mehr zu denken. Auf einem Parkplatz mit starkem Gefälle baute ich den Kühlschrank aus, um die Ursache des Gestanks zu finden. Ein Kabel war zu schwach ausgelegt: zu geringer Querschnitt. Daher hatte es angefangen heiß zu werden, die Isolation wurde hart und war kurz davor, flambiert zu werden.Glücklicherweise konnte ich es durch ein anderes ersetzen, bevor Schlimmeres passierte.

Kabelschuh, schon fast abgeraucht – hier war die Verbindung schlecht und damit überlastet.

Verbindungen in der Elektrik sind immer Schwachstellen, an denen es oft hapert, wenn nichts mehr leuchtet oder funktioniert.
Anfangs hatte ich KFZ-Kabelschuhe und Steckverteiler verwendet, bin aber dann auf Wago-Klemmen umgestiegen, nachdem ich diese entdeckt hatte. Sie sind einfach und praktisch, um Kabel miteinander zu verbinden oder zur Verteilung. Damit können flexible und starre Leitungen bis 4 mm² verbunden und mit einem Handgriff wieder gelöst werden. Die Wago-Klemme 221 ist zugelassen für Litzenkabel, aber leider nicht für den Gebrauch im KFZ. Ich setze sie daher nur im trockenen Wohnbereich für Kleinverbraucher ein. Hinsichtlich ihrer Nutzung im Wohnraum des Reisemobils gibt es bisher keine gesetzliche Regelung.
Man isoliert die Leitung circa zehn Millimeter ab und öffnet die Klappe der Wago-Klemme. Dann schiebt man das Kabel hinein und klappt sie wieder zu – fertig. Klappe auf – und die Verbindung ist wieder gelöst.

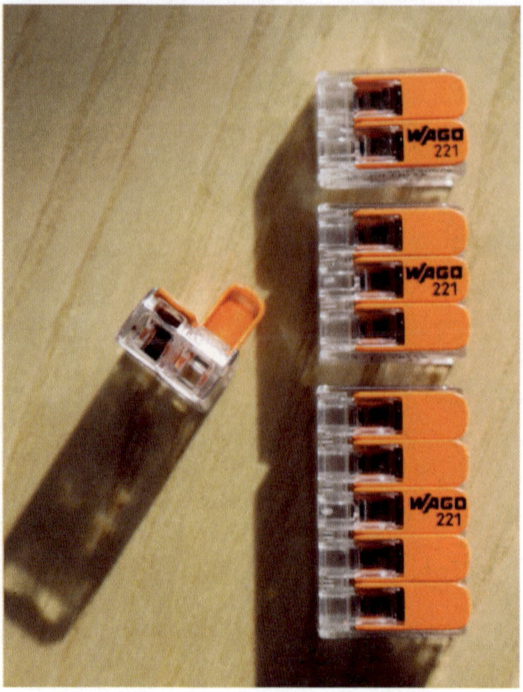

Wago-Klemmen

Ärgerliche Fehler beim Wohnmobil Selbstausbauen

Feuchtigkeit an Frischwassertanks
In meiner Anfangszeit hatte ich einen Wassertank ziemlich passgenau in einen Schrank eingebaut. Dabei war mir noch nicht so klar, dass sich an der Tankaußenwand immer Kondenswasser bildet. Dadurch bleibt es im Schrank immer feucht und früher oder später modert das Holz drumherum. Also müssen Wassertanks an Stellen eingebaut werden, die wasserfest und belüftet sind. Inzwischen habe ich sogar unter der Wasserinstallation Abflüsse im Boden der Wohnkabine eingebaut, die im Fall der Undichtigkeit das austretende Wasser nach draußen führen, ohne Schmutz von außen hereinzulassen.

Wasserschäden
Wasserschäden stellen ein generelles Problem dar und viele davon sind »hausgemacht«. Schlechte Verbindungen oder Materialien sind meist die Ursache. So hatte ich schon einen Wasserschlauch zum Verlegen im Wohnmobil, der nur bei wenigen Anschlussstücken richtig dicht wurde. Der Schlauch war einfach zu hart und nicht flexibel genug. Ein etwas hochwertigerer Schlauch, den ich daraufhin verwendete, ist so flexibel, dass er bei 10 mm Innendurchmesser an 10 und 12 mm Schlauchanschlüsse passt und sogar mit etwas Geschick auch an Gartenschlauchanschlüsse, die mit 14 mm noch deutlich dicker sind. Auch Schlauchschellen, die in der inneren Rundung einen Knick aufweisen und einen solchen zähen Schlauch nicht gut zusammenpressen, können zu Wasserschäden führen.

Risse im Wohnmobilaufbau
Risse sind dagegen mehr als ärgerlich, sie gehen buchstäblich an die Substanz. Gibt es bei einem Aufbau mit langem Überhang hinten rechts und links Klappen oder Fenster, sieht man oft in deren Ecke, wie ein Riss sich langsam in Fahrtrichtung nach vorne öffnet.

Oft machen Anfänger auch den Fehler, einen Ausschnitt rechteckig auszusägen und erzeugen so eine Stelle, die reißen muss. Eine Ecke im Ausschnitt ist eine Kerbe, die sich durch Schwingungen ins Material hinein vertieft. Keine Straße ist so glatt, dass ein Fahrzeug nicht ins Schwingen kommt.

Daher müssen Ausschnitte für Fenster zuerst durch Löcher in den Ecken markiert werden, bevor die Seiten ausgesägt werden. So sind die Ecken immer rund und reißen nicht aus.

Wassereintritt im Wohnmobil

Viele bohren die Löcher für eine Markise oder Fahrradträger durch die Außenhaut ihres Fahrzeugs. Gerade am Heck hängende Gepäckträger sind an der am meisten belasteten Stelle angebracht. Durch die fahrtbedingten Schwingungen beginnt der Halter zu wackeln und verdichtet das Material darunter. Die Schrauben erweitern die Bohrlöcher und schon kann Wasser eindringen und der Innenraum wird feucht.

Wasser in der Wohnmobilelektrik

Platzsparend unter dem Kühlschrank hatte ich den B2B-Wechselrichter eingebaut. Das ging lange gut, bis ein Schwung Kondenswasser aus dem Kühlschrank den B2B-Lader anfeuchtete. Die Elektronik darin reagierte ziemlich schockiert und funktionierte von da an nicht mehr. Die Reparatur kostete 280 Euro.

Bei unserem aktuellen Ausbau habe ich die Elektrik strikt von Wasser getrennt. Alle Lade- und Steuerelektronik ist in gut mit Sika abgedichteten Stauräumen untergebracht oder oben unter dem Dach, wo kein Wasser hinfließen kann.

Weil Wasser an Leitungen oder Verstrebungen entlang abwärts rinnen kann, erreicht es so möglicherweise auch eigentlich abgedichtete Bereiche. Deshalb sind alle Elektrokabel so verlegt, dass sie grundsätzlich nach oben führen, bevor sie durch eine Bohrung in den abgedichteten Elektronikbereich gelangen.

Ausschnitt für Fenster mit gerundeten Ecken, die eine Rissbildung vermeiden.

Einbauten und Möbel, die nicht gut passen
Solche Fehlkonstruktionen kann man eigentlich eher als Lernerfolg einsortieren, denn davon gibt es immer zu berichten. Wir haben mit unserem »Schredder« die Abenteuer Allrad besucht; unser erster mehrtägiger Ausflug damit. So stellten wir fest, dass der Küchenblock zu schmal bemessen war. Drei Millimeter hatten gefehlt.

Wieder daheim entfernten wir ihn, nur um ihn erneut einzukleben, eben mit 3 mm Zwischenlage.
Während ich dies schreibe, bin ich gerade dabei, das Bad umzubauen. Das Waschbecken war uns zu niedrig, deswegen haben wir es gegen ein höheres Becken ausgewechselt. Der Solarlüfter, der die Toilette entlüftete, wurde durch einen anderen mit zusätzlichem Akku ersetzt. Aber auch dieser funktioniert im Winter nicht zufriedenstellend.

Der Kabelschacht, der ehemals unterhalb des Waschbeckens verlief, ist verlegt. Er verläuft jetzt auf der anderen Seite der Wand hinter dem Ofenreflektor, und der Bereich unter dem Waschbecken hat einen Schwachpunkt weniger.

Sightseeing-Pause an einem Wasserfall in Norwegen

02

Wiesencamp in Rumänien

Planung

Eine sorgfältige Planung ist ein grundlegender Teil des Ausbaus. Je genauer man plant, desto weniger Material ist hinterher übrig, falsch zugeschnitten oder unbefriedigend dimensioniert.

Hier sind die wichtigsten Argumente für eine gute Planung:

- Besonders beim Verbrauch der Ausbauplatten kannst du einiges an Verschnitt und damit Geld einsparen. Die Reste der Platten aus dem Schredder-Ausbau passen in einen kleinen Handgepäckkoffer. Bei Ausbau mit Echtholz ist das etwas komplexer, da du die Richtung der Maserung beachten musst.
- Das Gesamtgewicht des Fahrzeuges kann vor dem Ausbau so bereits annähernd festgelegt werden, ohne dass du erst beim TÜV-Termin feststellst, dass es zu schwer ist.
- Alle Möbel werden gemäß ihrer Nutzung und Position vorher durchdacht und dimensioniert. Zum Beispiel kann man vorher prüfen, ob sich alle Türen ausreichend weit öffnen lassen und alle Schubladen ganz ausgezogen werden können. So ersparst du dir Fehlkonstruktionen.
- Für die Installation von Wasser und Strom kannst du vorher den Bedarf an Material, Leitungen und Anschlussteilen genau durchgehen, alles zusammen besorgen und einbauen.
- Die Gewichtsverteilung der einzelnen Komponenten wird vor dem Einbau geplant. So werden spätere negative Überraschungen bei der Fahrdynamik vermieden.
- Auch über die Ausbaukosten kannst du dir bereits vorab einen Überblick verschaffen und falls nötig noch justieren.
- Der Energiebedarf der elektrischen Anlage kann in der Planung bereits berücksichtigt und die Anlage entsprechend ausgelegt werden.
- Die Planung weckt die Vorfreude, weil man sich das Wohnmobil schon richtig vorstellen kann.
- Ein Rechner und verschiedene Software-Programme erleichtern diese Planung ungemein. Außerdem kann hier genauer geplant werden, als mit Papier und Bleistift und spätere Plan-Anpassungen lassen sich leichter umsetzen, als mit dem Radiergummi.

2D versus 3D

Als der Wohnmobilausbau unseres Koffers spruchreif wurde, habe ich die Planung zuerst mit einer 3D-Software probiert. Damit lässt sich ein Ausbau wunderbar visualisieren. Wenn man allerdings die Maße dann genau eingeben möchte und die Software die Maße für den Innenausbau des Wohnmobils ausgeben soll, wird es tricky. Die kostenlose 3D-Software zur Ausbauplanung ist entweder nicht geeignet, weil sie keine genauen Maße angeben kann, oder die Handhabung der Software zu lernen, wurde mir zu aufwändig. Nach ein paar Tagen des Lernens war ich gerade mal in der Lage, ein Möbelstück maßgenau zu zeichnen. Außerdem ist es oft so gewesen, dass, wenn ich es einigermaßen verstanden hatte, der Testzeitraum der Planungssoftware abgelaufen war.

3D-Software wie Sketchup oder Raumplaner

- 3D ist schöner
- Wohnraum ist besser vorstellbar
- Kostenlos für Privatanwendung
- Deutlich mehr Aufwand beim Lernen
- Noch eine Software mehr (Speicherplatz)

OpenOffice

- Komplettes Office-Programm mit Schreibprogramm, Tabellenkalkulation und Präsentation
- Kostenlos für Privat und Gewerbe
- Zeichnen, Tabellenkalkulation und viele andere Funktionen
- Maßstab und Maße kann man direkt eingeben
- Einfach zu bedienen
- Plattenmaße aus Zeichnung in den Plattenschnittplan übernehmen
- Eine Art Schweizer Taschenmesser für den PC, Mac oder Linux
- keine 3D-Ansicht oder Visualisierung

Mit OO plante ich schon zwei andere Wohnmobil-Ausbauten und es ist viel einfacher zu bedienen und zu verstehen. Damit kann man millimetergenau planen, nur die 3D-Ansicht ist außen vor.

Dafür hat man die Oberflächen maßgenau und kann daraus schnell und einfach einen Plattenschnittplan für den Wohnmobilselbstausbau erstellen (siehe Seite 314).

Raumplanung am Beispiel des Kastenwagens

Hier möchte ich dir die ersten Schritte der Grundrissplanung für ein Wohnmobil am Beispiel eines Mercedes Sprinter vorstellen.

In einem ersten Schritt werden die Fahrzeugumrisse, zum Beispiel in Form eines Rechtecks eingezeichnet. Länge und Breite kannst du dabei genau angeben, wenn du die Einstellungen zum Rechteck öffnest. Es ist nicht schlimm, wenn dein Umriss nicht ganz vollständig ist, es muss aber alles enthalten sein, was später zur Wohnkabine gehört.

Die Tastenkürzel, Tricks und Einstellungen für OpenOffice erkläre ich ab Seite 101 ff.

Ein weiteres Rechteck soll den Innenraum darstellen, diese zweite Fläche lege ich in die erste. Sie soll von ganz hinten bis zum Fahrersitz gehen.

Es hilft, wenn man das zweite Rechteck in einer anderen Farbe wählt. Das Innenraumrechteck hat natürlich einen gewissen Abstand zum Außenrechteck. Berücksichtigen musst du auch jegliche Säulen, Sitze und andere Dinge, die in den Innenraum hineinragen (jeweils mit Maßen). Nun fehlen noch die Türen. Zum Beispiel Schiebetüren und Hecktüren, die im Kastenwagen schon vorgegeben sind.

Zur Veranschaulichung hilft es auch, wenn du Maßlinien in deine Zeichnung einfügst. So hast du auch später einen besseren Überblick über die Maße.

Möbelplanung

Im nächsten Schritt werden die Möbel geplant. Ich erkläre, wie ich die Möbel positioniere, die Größen festlege und somit gleich die Maße für den späteren Zuschnitt der Platten erhalte.

Zuerst überlege ich natürlich, was ich alles brauche, wie etwa eine Liegefläche, eine Küche und einen Schrank. Um die Möbel einzuzeichnen, empfiehlt es sich, die Layout-Ebene zu sperren und in einer anderen Ebene zu arbeiten. Nun skizziere ich als ersten Schritt, wo ich meine Schränke und anderen Möbel haben will.
Zum Beispiel habe ich in meinem Sprinter die Schränke so platziert, dass ich die Deckplatten mit zwei weiteren Platten zu einer Liegefläche umbauen konnte. Dabei fungierte eine Platte auch als Tischplatte, das spart Platz und Material. Den Kühlschrank habe ich so eingebaut, dass ich von der offenen Schiebetür aus an ihn gelangte.
Wie schon gesagt, arbeite ich gerne mit den Kunststoffboxen. Also zeichne ich eine Box mit ihren Maßen ein. So habe ich schon mal eine Orientierung, wie groß der Schrank dazu sein muss, da die Boxen später meine Schubladen sein werden. Nun kann auch der Schrank dazu eingezeichnet werden. Ich kann die Flächen transparent machen, sodass man die Boxen unter der Schrankfläche auch sieht. Natürlich muss man auch die Wände und Zwischenwände des Schranks einplanen. Ich füge dafür zehn Millimeter dicke Wände ein.
Meistens haben die Holzplatten, die man kaufen kann dasselbe Maß, zum Beispiel 1,22 x 1,44 Meter. Die Größe der Platten und zusätzlich die Millimeter, die beim Sägen mit der Kreissäge wegfallen, muss ich natürlich bei der Planung berücksichtigen. Wenn man einen guten Holzhändler hat, kann man sich die Platten vor dem Kauf schon ansehen und auf Macken überprüfen und sie vielleicht gleich zuschneiden lassen.
Meine Deckplatte steht ein wenig über. Um eine Bodenplatte zu entwerfen, kann ich einfach die Deckplatte kopieren und als Bodenplatte einfügen.
Ein Schrank hat aber nicht nur zwei Dimensionen. Also muss ich eine neue Seite einfügen, auf der ich dann die Frontansicht von meinem Schrank aufzeichne. Auf dieser Seite fängt man quasi von vorne an. Also zeichne ich zuerst wieder meine Außen- und Innenflächen ein. Damit ich meinen Schrank nicht komplett neu zeichnen muss, kopiere ich ihn aus meiner anderen Zeichnung und arbeite damit. Die Breite der Schubladen und meine Zwischenwände bleiben gleich, nur die Höhe der Kisten muss ich bearbeiten. Nun muss man auch die Radkästen einplanen. Sie beeinflussen die Höhe des Schranks und die Höhe meiner Euro-Box- Schubladen. Unter die Schubladen sollte noch eine Platte. Nun kann ich den Schrank in meiner Zeichnung richtig platzieren.
Auf diese Weise plane ich auch meine restlichen Möbel.

Praktisch ist, dass ich alle Maße genau eingeben und meine Möbel millimetergenau einzeichnen kann, um zu prüfen, dass sie sich nicht überschneiden und auch alles passt.

Sprinter Innenraumplanung, Ebene »Möbel«, Maße: 190 cm hoch, 177 cm breit

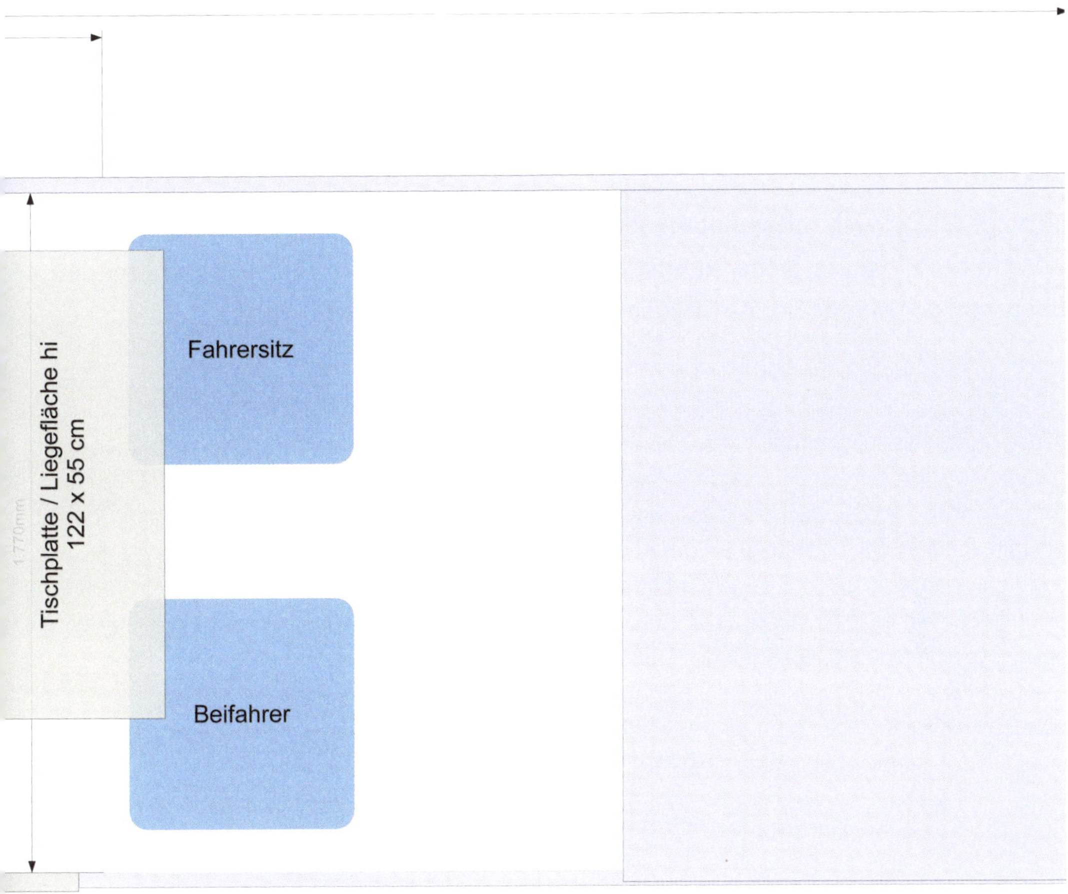

In der neuen Ebene »Möbel« können nun die Möbel eingezeichnet werden, die Maße der Ebene »Layout« bleiben unverändert.

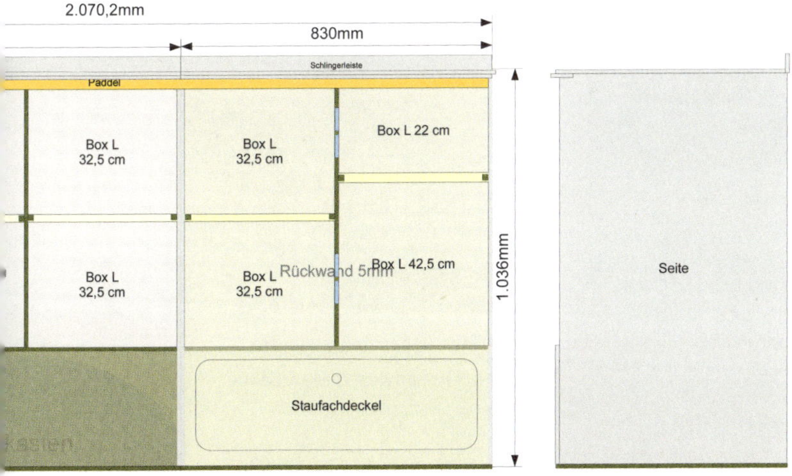

Planung der Einbauten und der Ausbauteile

Nun zeige ich, wie ich mit genauem Planen eine Menge Zeit und Kosten beim Ausbau des Wohnmobils spare. Sicher kennst du das: du bestellst Teile, die nicht punktgenau passen, von der Menge her nicht ausreichen oder es sind welche übrig.

Kanister, von denen man nur die groben Maße kennt und die doch nicht in den Stauraum passen. Fittings, Winkel, Abzweigstücke und sonstiger Kleinkram, der sich doch nicht eignet. Die Rücksendefrist ist lange vorbei und das Zeug sammelt sich im Keller. Immerhin lässt sich über eBay einiges wieder loswerden, aber Zeit und Geld hat es doch gekostet. Auch bei meinem aktuellen Ausbauprojekt ließ sich das nicht ganz vermeiden. Dennoch ist viel weniger übrig geblieben, als bei früheren Projekten.

Es gilt: Alle Einbauten vorab genau zu planen hilft dabei, Material und Zubehör zu sparen. Dies gilt auch für die Wasser- und Gasinstallation.
So visualisiere ich, wo die Leitungen entlanglaufen werden und ich kann planen, wie viele Stellklappen, Rohre und Abzweige ich etwa brauchen werde.

Für Material und Zubehör führe ich eine Liste, in die ich alle meine Teile eintrage. Mein Programm addiert dann automatisch, wie viele Teile ich insgesamt von einer Sorte brauche.

Einbauschrank mit Euroboxen im Sprinter

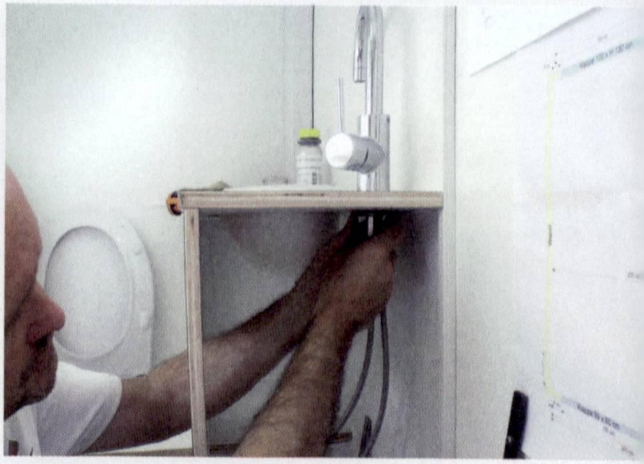

Halbfertiger Badezimmerschrank beim Anschließen des Wasserhahns

Planung mit OpenOffice

OpenOffice ist eine kostenfrei nutzbare Software, egal, ob für privaten Gebrauch oder Business. Ich nutze sie seit über zwanzig Jahren für meine Büroarbeiten.

Damit kann man auch problemlos MS-Office-Dateien bearbeiten, einzig bei Word.doc gibt es manchmal Formatierungsfehler, meist betreffen sie die Seitenbreite. Einige Optionen sind dabei sogar einfacher als mit kostenpflichtigen Office-Paketen. Beispielsweise kann man ein Dokument mit einem Mausklick als PDF ausgeben.
Der große Vorteil für die Wohnmobilplanung ist, dass man damit sehr gut einen detaillierten Bauplan zeichnen kann.

Fange am besten gleich an, installiere es und beginne mit deinem Grundrissplan.

Download und Installation

OpenOffice kann man auf www.openoffice.org/de herunterladen. Es werden verschiedene Optionen angeboten, meistens erkennt der Browser selbst, welche Version von Apache OpenOffice kompatibel ist. Hat man kontrolliert, ob man auch die richtige Version ausgewählt hat, klickt man auf »Herunterladen Vollinstallation«. Der Download startet nun automatisch.

Wenn der Download komplett ist, kann man das Installations-Programm öffnen. Es folgen ein paar Fragen zur Installation, bevor diese ausgeführt wird.

Nach der Installation muss man diese noch einmal bestätigen. Daraufhin kann man in ein neues Fenster seinen Namen und eine Organisation, wenn man beispielsweise öfter im Namen einer Firma etwas erarbeitet, eingeben. Ich empfehle, dies auch zu machen, denn so kann man den Namen später leichter in Dokumentvorlagen einfügen, er wird dann automatisch ergänzt.

Nun dauert es nicht mehr lange bis zu Fertigstellung.
Auf dem Desktop erscheint mit dem Start der Installation ein Ordner mit Installationsdateien, diesen kann man hinterher entfernen.
Öffnet man OO das erste Mal, kommen erneut ein paar Abfragen. Diese muss man einfach ausfüllen und fortfahren, bis man zum OpenOffice Startbildschirm gelangt. Hier kann man auswählen, was für eine Datei man erstellen will.

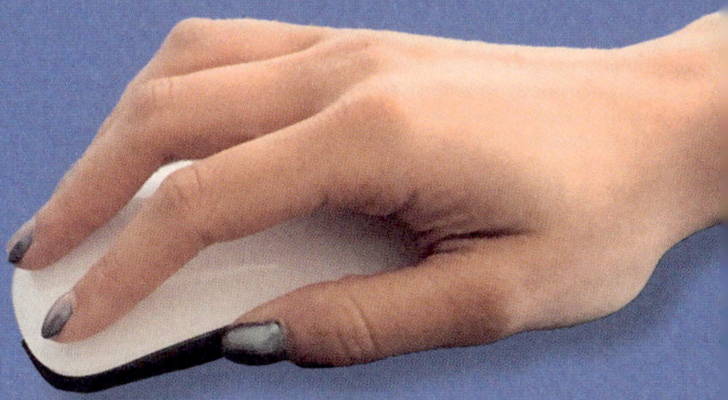

OpenOffice – Grundeinstellungen

Hier möchte ich dir zeigen, wie du OO am einfachsten bedienst. Zuerst erkläre ich dir, wie du die Benutzereinstellungen bearbeiten kannst. Dafür wählst du in der Leiste links oben das Feld »Extras« und dann »Einstellungen«. Nun öffnet sich ein Feld, in dem du Name und Benutzerdaten einstellen kannst. Ist hier alles richtig ausgefüllt, kannst du später diese Daten ganz einfach in jedes beliebige Dokument übernehmen. Links gibt es noch mehr Tabs, die du durchschauen kannst. Wichtig sind womöglich die »Pfade«. Hier kannst du wählen, wo die Sicherheitskopien gespeichert werden und welches das Arbeitsverzeichnis sein soll.

Außerdem wichtig sind die Einstellungen zum Zeichnen im Bereich »OpenOffice Draw«. Hier solltest du Folgendes einstellen: Maßeinheit auf Millimeter, Zeichnungsmaßstab auf 1:10 und bei Kopie beim Verschieben solltest du einen Haken setzen.

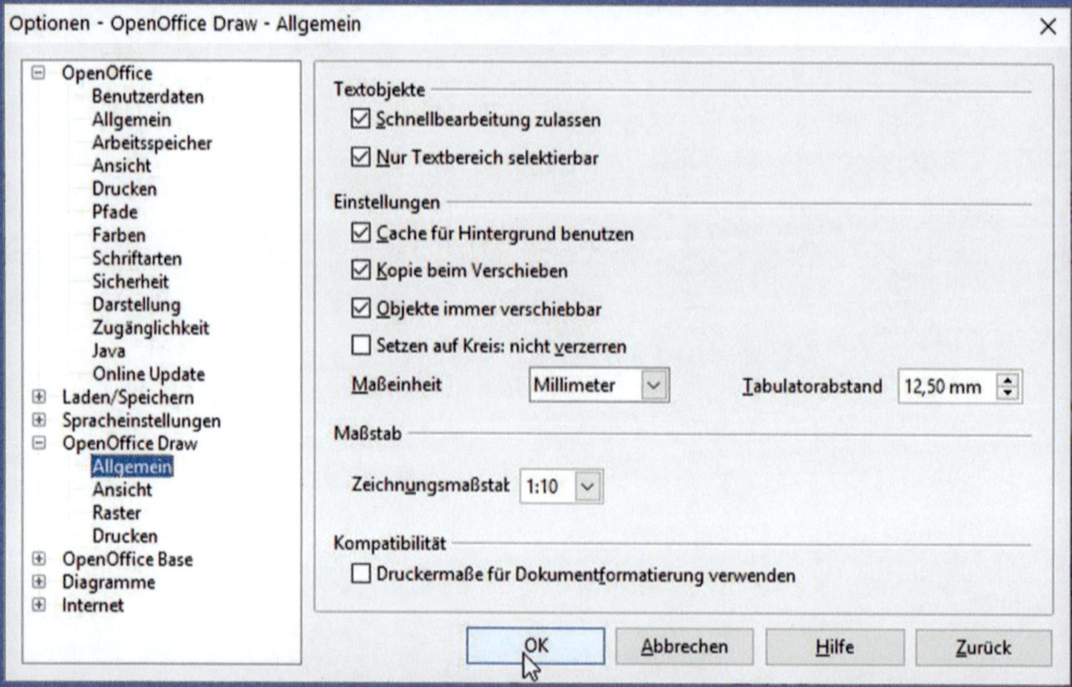

Einstellungen zum Zeichnen

Shortcuts (in Klammer für Mac-User)

Datei öffnen	Strg (Command) + O
Datei schließen	Strg (Command) + W
Programm beenden	Strg (Command) + Q

Speichern	Strg (Command) + S
Alles aktivieren	Strg (Command) + A
Rückgängig	Strg (Command) + Z
Ausschneiden	Strg (Command) + X
Ebene duplizieren	Strg (Command) + J
Kopieren	Strg (Command) + C
Einfügen	Strg (Command) + V
gerade Linie	+ Shift
proportionaler Kreis	+ Shift
proport. Kreis aus Mitte	+ Shift + Alt

Wenn du rechts »Ansicht« wählst, kannst du einstellen, dass das Linear und die Umrisse jedes einzelnen Objekts auf dem Desktop sichtbar sind. Bei »Raster« solltest du jeweils ein Häkchen bei »Am Raster fangen« und »Raster sichtbar« setzen. Die Auflösung sollte jeweils 10 mm betragen und »Fangen« sollte es, wie im Bild sichtbar, an den Fanglinien und an den Seitenrändern. Bei der Pixelzahl sollte fünf stehen. Mit diesen Einstellungen solltest du gut arbeiten können.

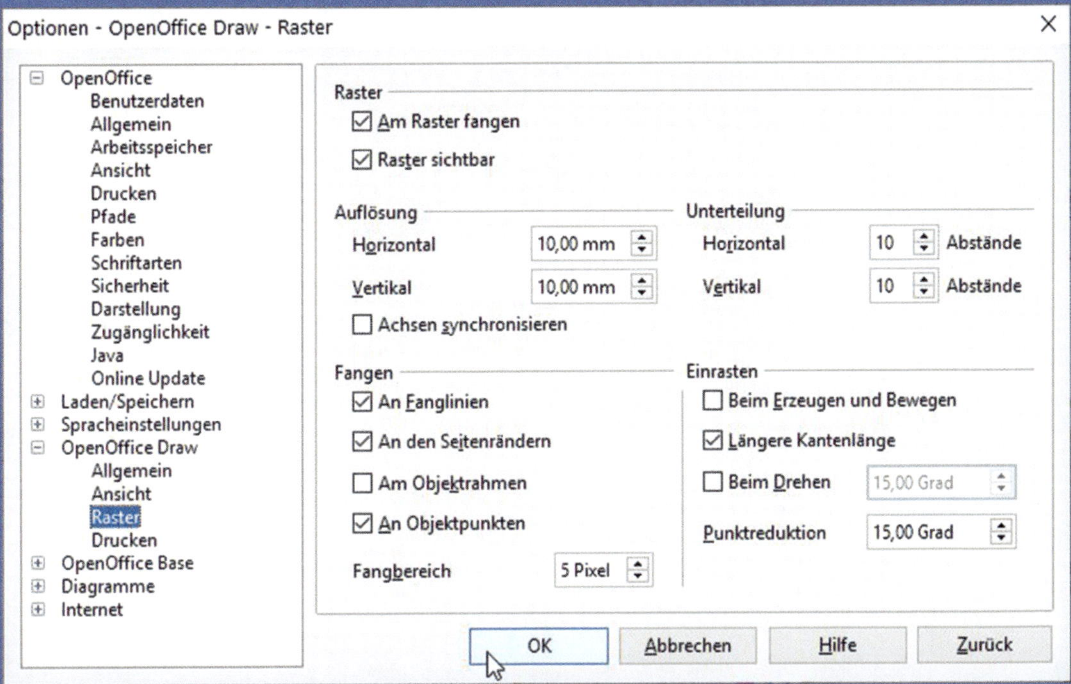

Einstellungen des Rasters

Wenn ich eine neue Zeichnung beginnen will, klicke ich in meiner Leiste oben auf »Format« und dann auf »Seite«, um die Seite einzurichten. Ich finde das Querformat sehr praktisch und für ein größeres Wohnmobil wähle ich A3, für ein kleineres A4. Die Seitenränder stelle ich aus Platzgründen sehr klein ein, zum Beispiel 1 cm oder 0,5 cm. Ich rate ab von 0 cm, da die meisten Drucker nicht randlos drucken können. Nun kann ich auch schon anfangen zu zeichnen.

OpenOffice – Einführung in die Tastenkürzel

Ich will nun ein paar Tastenkürzel aufführen, die die Arbeit nicht nur mit OO vereinfachen.

Wenn ich einen Textabschnitt, oder einzelne Worte markiere, kann ich diese kopieren, indem ich ***Strg*** und ***c*** drücke und an einer anderen Stelle mit ***Strg*** und ***v*** einfüge. Ich kann mit ***Strg*** und ***x*** auch Abschnitte ausschneiden und an einer anderen Stelle beliebig oft wieder einfügen. Mit ***Strg*** und ***z*** kann ich Dinge rückgängig machen. Umgekehrt kann ich die gelöschten Schritte mit ***Strg*** und ***y*** wieder herstellen. Diese Tastenkürzel funktionieren auch bei Zeichnungen und lassen sich dokumentübergreifend anwenden. In eine Zeichnung kann man natürlich auch Texte einfügen.

Drücke ich ***Alt*** und ***Tab*** tauchen auf meinem Bildschirm meine geöffneten Programme auf und ich kann schneller von einem Programm in das andere wechseln. Klickt man mit der Maus auf den Pfeil nach links in der oberen Symbolleiste, kann ich ebenfalls Schritte rückgängig machen. Wenn ich auf das kleine Dreieck neben dem großen Pfeil drücke, kann ich sogar sehen, was die einzelnen Schritte waren und gleich mehrere rückgängig machen.

Mit ***Strg*** und ***a*** kann man auch alles auswählen und es verschieben, wie man gerade Lust dazu hat. Mit dem Mausrad kann man im Dokument hoch und runter scrollen und wenn man dazu noch ***Strg*** gedrückt hält, kann man auch in der Ansicht raus und rein zoomen.

Maße ändern sowie Maßlinien und Verbinder einzeichnen

Unten ist ein Screenshot von OO Draw. Die Symbolleiste ist unter dem Menü (gelb markiert), hier finden wir die wichtigsten Werkzeuge zur Bearbeitung.

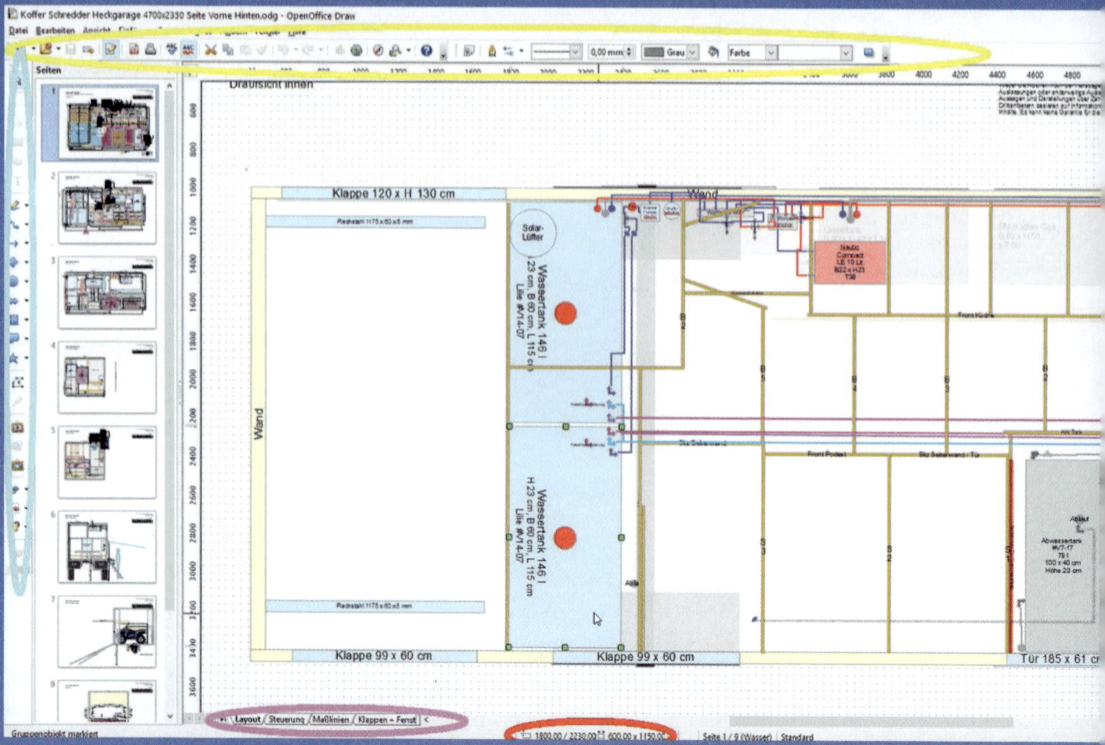

OpenOffice Draw: Türkis: Zeichenwerkzeuge; Pink: Ebenen; Rot: Objektmaße.

Um zu zeichnen, arbeiten wir meistens mit Rechtecken, die kann ich in der Säule am linken Rand (türkis markiert) durch Klicken auswählen und mit gedrückter Maustaste aufziehen. Hier finden sich auch weitere Formen wie die Ellipse, Quadrate oder abgerundete Rechtecke. Die Maße müssen für den Anfang noch nicht genau sein.
Um die Maße einzustellen, wähle ich das gewünschte Objekt per Mausklick aus und drücke auf meiner Tastatur die Taste ***F4*** in der obersten Reihe. Nun erscheint ein Fenster mit Größe und Position meines Objekts. Die Position lässt sich allerdings leichter mit der Maus einstellen.
Bei den Maßen kann ich jedoch leicht die gewünschten Längen eingeben. Kreise kann man gut für Waschbecken oder Klobrillen verwenden. Die Größe kann man wie auch bei den Rechtecken eingeben.
Es kommt vor, dass das Seitenformat irgendwann zu klein ist, dann kann man ganz einfach die Größe zum Beispiel in A3 ändern, indem man im OpenOffice-Fenster in der obersten Leiste auf Format und dann auf Seite klickt.

Ich beschrifte meine Möbel immer, indem ich einmal hineinklicke und die Maße gleich dazuschreibe, so habe ich einen guten Überblick. Sind die Objekte zu klein für die Schrift, kann ich diese bei den Texteigenschaften auch in der Größe ändern. Für meine Wände nehme ich ebenfalls Rechtecke oder Linien. Um die Linie senkrecht einzuzeichnen, halte ich die Großbuchstabentaste gedrückt und sie wird automatisch gerade.

Nun kann ich noch die Größe verändern, diese sieht man übrigens auch im unteren Rand (Position und Größe, rot markiert). Bei meiner Linie kann ich ebenfalls mit ***F4*** eine Breite einstellen und auch einen Basispunkt festlegen, so rutscht sie mir nicht in die falsche Richtung davon.

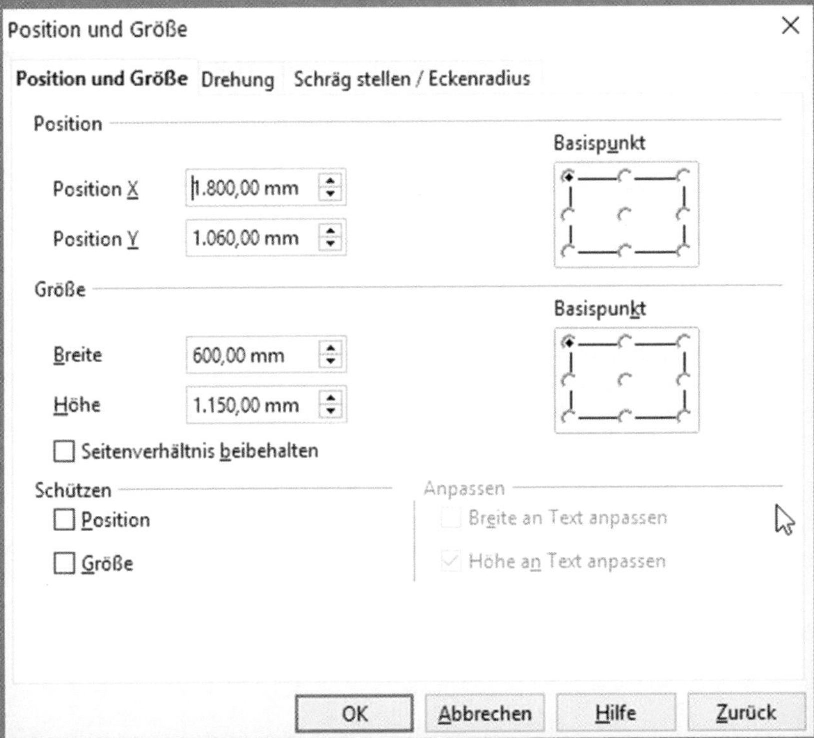

So lassen sich Position und Größen ändern.

Ebenen

In OO kann man mit verschiedenen Ebenen arbeiten (pink markiert). So kann man zum Beispiel die Möbel in eine Ebene zeichnen, die Wasserinstallation und Elektro in eine andere. Je aufwändiger der Aufbau beziehungsweise der Plan wird, desto mehr Ebenen würde ich nutzen.
Wenn ich zum Beispiel Maßlinien einzeichnen will, gehe ich erst einmal auf eine andere Ebene, die schon vorhandene Ebene »Maßlinien«. Dazu klicke ich unter dem Zeichenfenster von OO auf die Ebene »Maßlinien«. Nun kann ich wieder in meiner linken Säule unter den Linien auch die Maßlinien finden und sie an die gewünschte Stelle setzen, diese kann man ebenfalls unter ***F4*** bearbeiten.
Leider gibt es hier auch einen kleinen Fehler, bei vielen Ebenen muss man sie zuerst sichtbar machen. Dazu geht man mit der Maus auf den kleinen Balken zwischen den Ebenen und dem Scrollband für seitliche Bewegung und verschiebt ihn so weit, dass alle Ebenen zu sehen sind.

Am besten lässt sich die Benutzung von OO zur WoMo Planung im Video zeigen, schaue doch in meinem Videokurs auf

www.womoselbstausbauen.com/buchboni

vorbei.

Elemente bearbeiten: Drehen, Gruppieren, Anordnen

Um Objekte, die teilweise oder ganz übereinander liegen, anzuordnen, klicke ich mit rechts auf das Objekt und kann nun unter »Anordnung« auswählen, welche Position das Objekt einnehmen soll, ob unter oder über dem anderen Objekt.

Anschaulicher wird das Ganze dann noch, wenn man den Gegenständen unterschiedliche Farben gibt. Um ein Objekt transparent zu machen, klicke ich wieder mit rechts darauf und wähle »Fläche« aus.

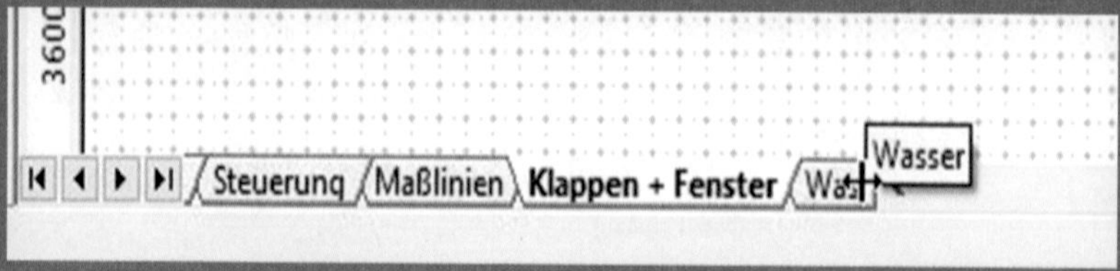

Um eine neue Ebene zu erstellen, klicke ich mit rechts auf eine Ebene und wähle »Ebene einfügen«. Danach benenne ich sie zum Beispiel »Wasserinstallation«.

Will ich einen Wasserlaufplan oder auch einen Elektroschaltplan einrichten, verwende ich meist die einfachen Verbinder (auch wieder linke Säule). In der Symbolleiste etwa in der Mitte kann man auch danach Farbe und Linienstärke verändern.
Der Nachteil für die Wasserwege ist, dass ich die Rohre nur an vier Punkten an einem Objekt ansetzen kann.

Nun kann ich die Transparenz einstellen.

Mit den Pfeiltasten und der gleichzeitig gedrückten ***Alt***-Taste kann man die Gegenstände in kleinen Schritten verschieben. Um ein Bauteil zu drehen, muss man zweimal draufklicken. Nun erscheinen rote Punkte, an denen man das Objekt drehen kann. Um einen schönen geraden Winkel zu bekommen, hält man einfach beim Drehen wieder die Großbuchstabentaste. Alternativ kann man wieder unter ***F4*** den Winkel einstellen.

Um mehrere Objekte gleichzeitig zu verschieben, muss man auf die Großbuchstabentaste drücken und mit der Maus die gewünschten Möbel auswählen. Man kann zusammenhängende Formen auch einfach gruppieren, das heißt sie werden zu einem Element, indem man mit rechts auf die ausgewählten Elemente klickt und »Gruppieren« auswählt. In dieser Weise, kann man auch innerhalb der Gruppierung arbeiten und sie auch wieder auflösen. Unter ***F4*** kann man die Maße von mehreren Elementen gleichzeitig anpassen.

Möbel, die ich aus verschiedenen Teilen zusammengebaut habe, wie zum Beispiel meinen Wasserhahn, kann ich nach dem Rechtsklick unter »Formen« auch zu einem Element verschmelzen. Unter »Formen« kann man auch Formen subtrahieren, das heißt ich kann eine Form von einer anderen abziehen, wie wenn ich eine bestimmte Form aus einer anderen herausschneiden möchte.
Mit einem langen Rechteck zeichne ich meine Achse ein, so weiß ich, wie ich das Gewicht verteilen muss. Das ist wichtig bei der Planung!

Mehrere Elemente bearbeiten, Ebenen und Layouts fixieren und die Infoleiste anpassen

Um Elemente, wie die Wände und den Boden zu fixieren, markiert man erst alles, was nicht in diese Ebene soll und schneidet es mit ***Strg + x*** aus. Nun öffnet man eine neue Ebene (links unten) und fügt es dort wieder ein. Um nun die Möbelebene unsichtbar zu machen, öffnet man mit einem Rechtsklick auf die Ebene das Fenster »Ebene ändern«.

Nun hat man verschiedene Möglichkeiten, mit der Ebene zu verfahren. Man kann auch Ebenen sperren, sodass man sie nicht mehr verändern kann, solange der Haken gesetzt ist.

Unten im Bildschirm kann man die Infoleiste sehen. In ihr kann ich die Maße eines ausgewählten Objekts sehen und auch den Abstand vom Nullpunkt. Dieser befindet sich im linken, oberen Eck der Zahlenleisten. Dort kann ich ihn auch einfach anklicken und woanders hin verschieben.

Nach den Daten zu den Objekten und der Position sieht man die Seitenzahl. Weiter rechts befindet sich der Zoom, der mit dem Plus und Minus reguliert wird.

Ich habe für die aktuelle Planung jeweils Ebenen für Fenster und Klappen, Möbel, Wände, Wasser und Elektrik, Boden, Polster etc. So kann ich immer ein- und ausblenden, was ich gerade brauche.

Für meine Seitenansicht habe ich eine Zeichnung von meinem Auto genommen und sie im Layout hinterlegt. Man muss natürlich die Maße anpassen. Das tue ich, indem ich eine Maßlinie einzeichne, beispielsweise vom Radstand und nun das Bild so groß mache, dass der Radstand des Bildes mit meiner Maßlinie übereinstimmt. Dann lege ich das Bild in den Hintergrund und sperre mit ***F4*** die Maße.

Planungsbeispiel Grundriss

Hier möchte ich zeigen, wie ich den Grundriss einer Pick-up-Hubdachkabine erstellen würde.

Sie soll aus einem rechteckigen Kasten bestehen mit einer Grundfläche von 180 mal 200 Zentimetern. Der Innenraum soll eine Sitzecke, die zum Bett umgebaut werden kann, einen Küchenblock und einen Schrank beinhalten. Der Gang soll zum Schlafen mit Euroboxen ausgefüllt werden, in deren Deckel je eine Multiplexplatte als Liegefläche eingelegt werden soll. Während der Nutzung als Sitzecke bilden die Euroboxen die Rückenlehne.

Nimm diese Planung als Übung für dich, um dich mit OO-Draw vertraut zu machen, dann geht deine eigene Planung später umso einfacher von der Hand.

Dafür öffnen wir OO-Draw und ändern zuerst das Seitenformat auf A3 und Querformat.

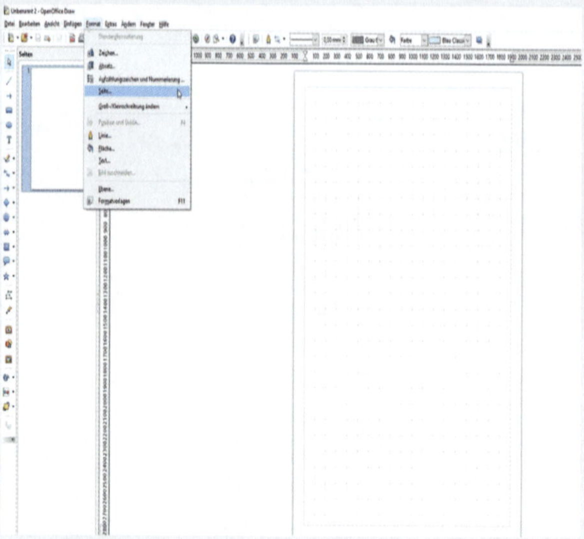

Seitenformat öffnen

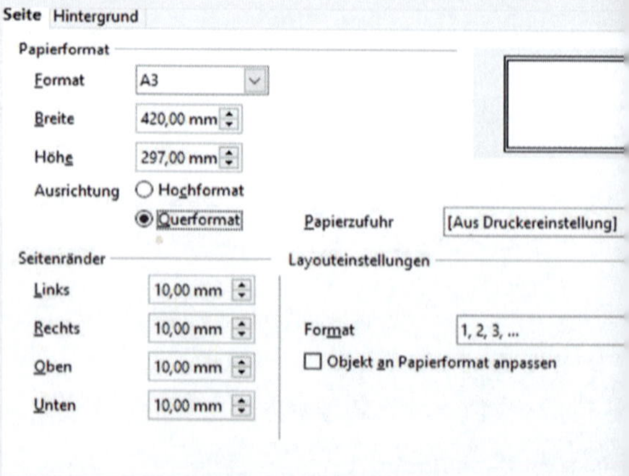

Format auf »A3« stellen und Ausrichtung auf »Querformat«

Dann klicken wir mit der Maus auf das Rechtecksymbol in der linken Symbolleiste und ziehen ein Rechteck auf. Dieses sollte an einem Schnittpunkt des Rasters liegen, um bei den später einzuzeichnenden Elementen die Maße sehen zu können.

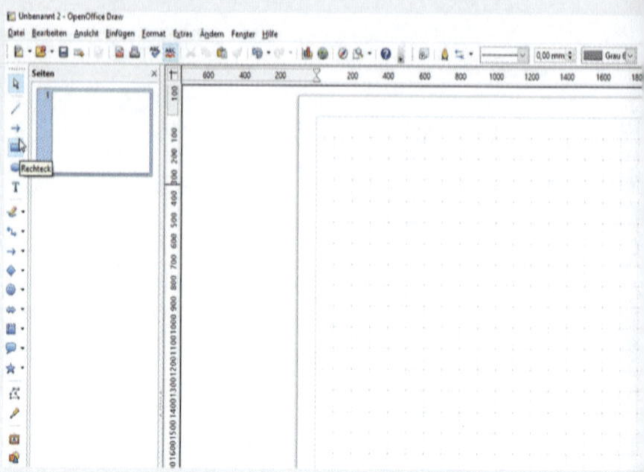

Zeichentool für Rechteck auswählen

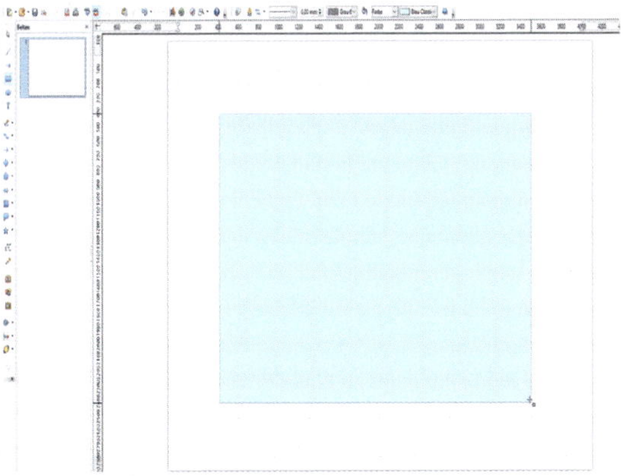

Mit der Maus ein Rechteck aufziehen

Jetzt öffnen wir das Fenster »Position und Größe« mit der Taste ***F4*** und geben die nutzbaren Maße des Innenraumes ein.

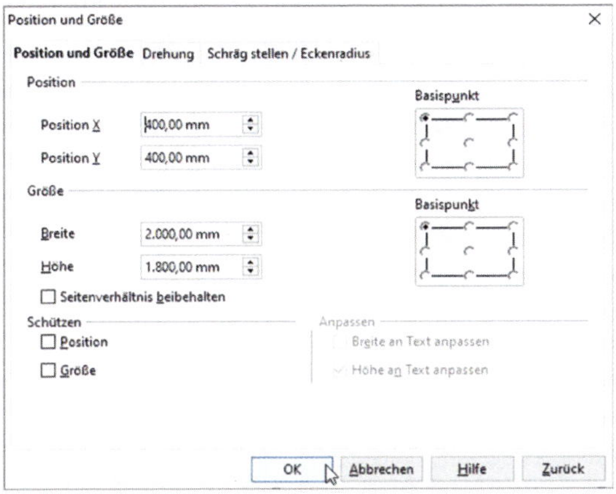

Maße des Innenraumes

Dann erstellen wir die Außenwände bzw. beim Kastenwagen die umgebende Karosserie, indem wir weitere Rechtecke einzeichnen. Um das besser unterscheiden zu können, vergeben wir verschiedene Farben für die Baugruppen bzw. die Freifläche. Alternativ kann man auch einfach nur die Wände, Türen, Radkästen etc. als Konturen einzeichnen und den Boden frei lassen. Dies ist bei einem Kastenwagenausbau die bessere Lösung.

Als nächstes zeichnen wir die Möbel ein, wobei ich für die späteren Einbauten wie Wasser und Elektrik gerne separate Ebenen erstelle. Also klicke ich mit der rechten Maustaste auf die Ebene »Layout« und wähle »Ebene ändern«. In diesem Fensterchen setze ich dann einen Haken bei »Gesperrt«, um eine weitere Änderung dieser Ebene zu verhindern.

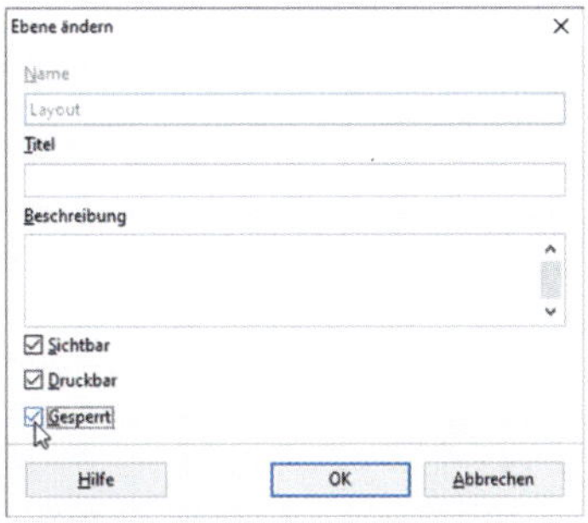

Haken setzen bei »Gesperrt«

Danach erstelle ich wieder mit Rechtsklick die Ebenen Wände, Möbel, Elektrik und Wasser.

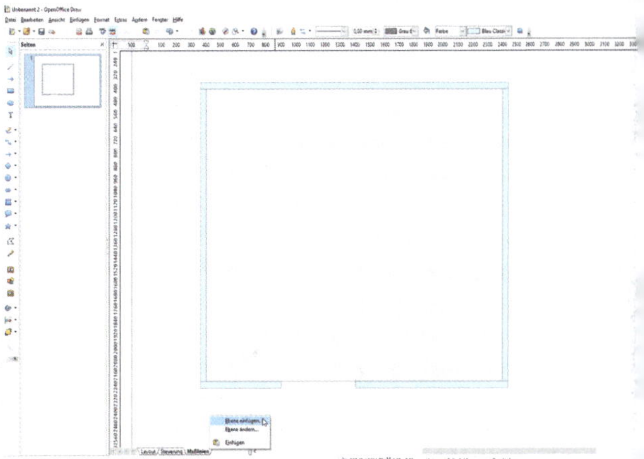

Rechtsklick »Ebene einfügen«

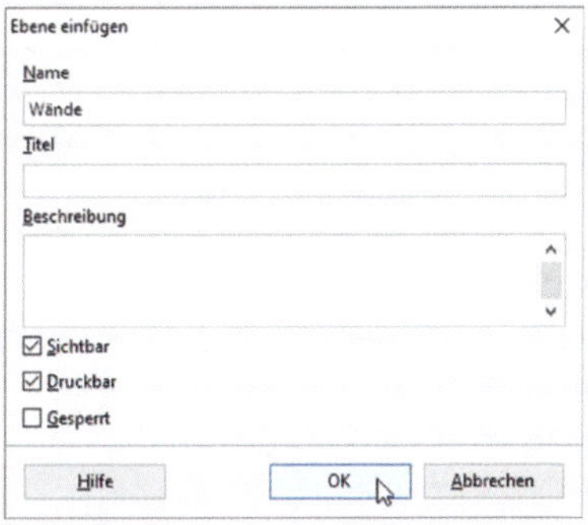

Ebenen benennen und Eigenschaften definieren.

In den Ebeneneigenschaften ändere ich den Namen auf »Wände«. Die Haken bei »Sichtbar« und »Druckbar« bestimmen, ob in der Ansicht beziehungsweise beim Ausdruck diese Ebene zu sehen ist. So kann ich später in die verschiedenen Baupläne einblenden, was zu sehen sein soll, ohne verschiedene Pläne machen zu müssen.

Beim Zeichnen muss ich nur darauf achten, die jeweils richtige Ebene auszuwählen. Dinge, die in der falschen Ebene gelandet sind, kann man später mit Ausschneiden (***Strg*** und ***x***) und Einfügen (***Strg*** und ***v***) in der richtigen Ebene platzieren.

Jetzt fangen wir vom Boden aus an, die Elemente einzuzeichnen. Dabei starten wir am besten mit den Möbeln, um die Raumaufteilung zu bestimmen. Beginnen wir mit dem Bett, das ist die größte Einheit. Es soll auf der linken Seite die komplette Länge des Innenraumes einnehmen und gleichzeitig als Sitzecke und Stauraum Verwendung finden.

So aktivieren wir die Ebene »Möbel« mit einem Klick darauf, nehmen ein neues Rechteck und legen es an die linke und die hintere Wand. Die Farbe ändern wir passend zum Material, um die Möbel gut unterscheiden zu können.

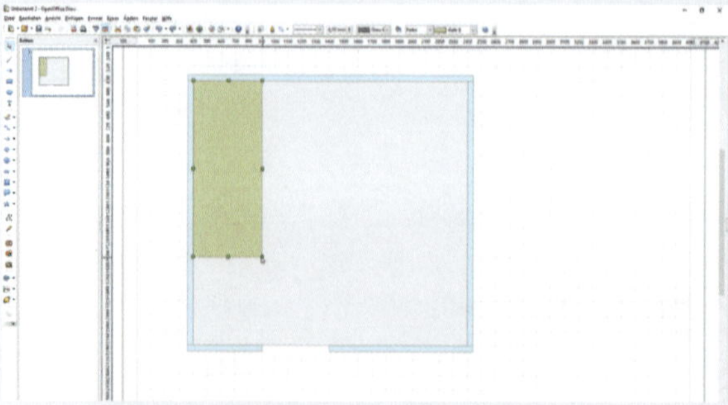

Die hintere Sitzbank ist eingezeichnet.

Jetzt ziehen wir die Sitzbank nach rechts und halten dabei die Strg-Taste gedrückt. Damit kopieren wir das Rechteck für den Tisch, die vordere Sitzbank und den dahinter liegenden Stauraum. Jetzt passen wir die Maße der Rechtecke an und geben ihnen einen Namen. Dafür klicken wir doppelt in die jeweilige Fläche und schreiben den Namen hinein.

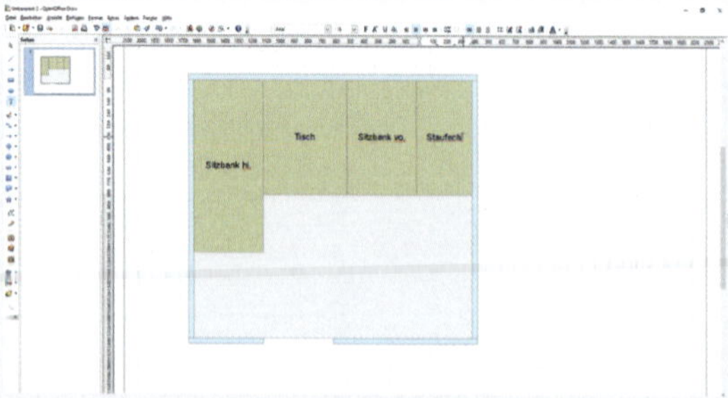

Die ersten Möbel sind eingezeichnet.

Um die Raumaufteilung festzulegen, kann man auch die wichtigen Elemente einzeichnen, passend zurechtschieben und dann jeweils eine Variante speichern. So kann man verschiedene Pläne erstellen und vergleichen. Jetzt zeichnen wir noch den Schrank und den Küchenblock ein. Danach klicken wir in der linken Symbolleiste auf die Raute (Standardformen) und wählen das Rechteck mit abgerundeten Ecken aus.

Rechteck mit abgerundeten Ecken auswählen.

Damit zeichnen wir eine Eurobox und legen die Maße auf 600 x 400 mm fest. Der gelbe Punkt am Rand dient dazu, die Rundung der Ecken einzustellen. Wir wählen einen kleineren Radius und eine entsprechende Farbe.

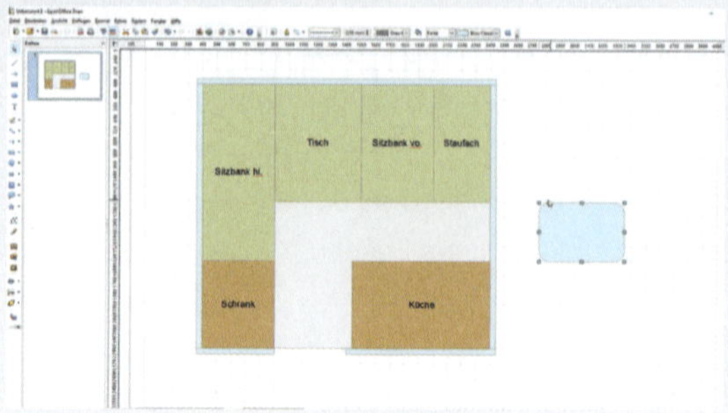

Rundung der Ecken einstellen.

Um eine passende Sitzhöhe zu erreichen, passt die Eurobox 600 x 400 mm in der Höhe 425 mm gut. Mit einer Polsterstärke von 80 oder 100 mm kommen wir damit auf eine Sitzhöhe von circa 50 Zentimeter. Der Platz vor dem Tisch kann mit einem Einlegebrett verschlossen werden oder mit einer weiteren Box. Die kleinen Boxen 400 x 300 mm gibt es nur bis zu einer Höhe von 325 mm. Das ist aber kein Problem, wir benötigen ohnehin einen Kanal für Leitungen, der das vordere Staufach mit der Küche verbindet. Dieser kann die Box auf die fehlende Höhe bringen. Damit ist dann auch die Höhe der Sitze und Staufächer auf 435 mm (Box mit Deckel und 10 mm Multiplex im Deckel) festgelegt.

Jetzt fügen wir eine Ebene für die Polster ein. Sie müssen die Sitzecke ebenso abdecken, wie das Bett. Also müssen sie so aufgeteilt werden, dass sie beide Maße abdecken.
Dafür aktivieren wir die Ebene »Polster« und kopieren der Einfachheit halber eine Eurobox hinein. So können wir zwei Polster 1200 x 500 mm, zwei Stück 800 x 500 mm und zwei in 500 x 400 mm erstellen. Die kleinen Polster verschwinden tagsüber hinter oder auf der Eurobox über dem Staufach.

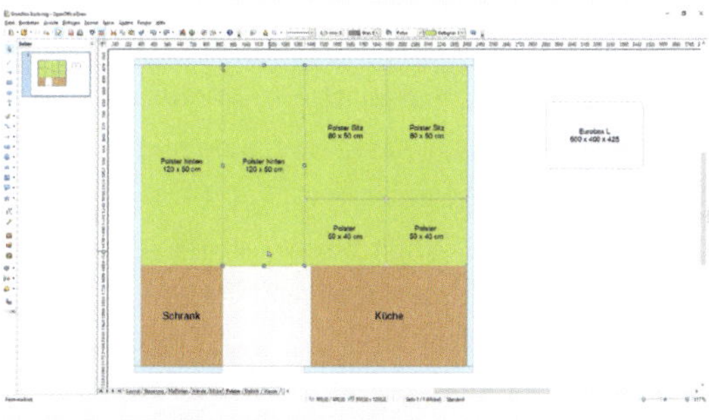

Polster für die Nacht

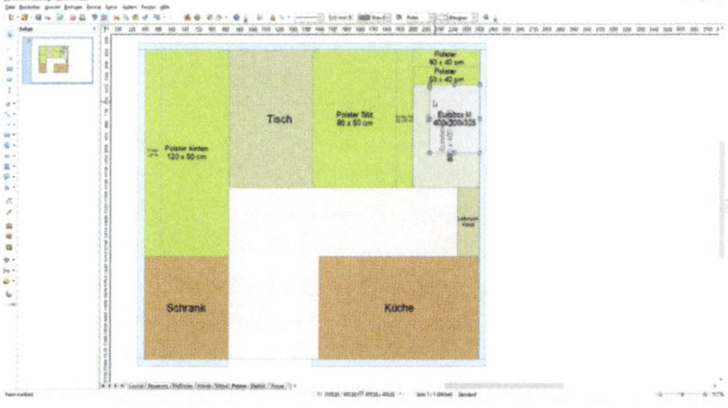

Polster am Tag

Überprüfung für die Praxis

Im nächsten Schritt überprüfen wir die Aufteilung für die Praxis. Dafür verwende ich eine Figur, die den Maßen des größten Reisenden entspricht. Also wählen wir die Ebene »Polster« und nehmen mehrere Ellipsen, um die Figuren neben unserem Grundriss zu erstellen.
Haben wir eine Figur mit zu uns passenden Maßen, selektieren wir die Teile, indem wir mit der Maus ein Rechteck darüber ziehen (darum in einer freien Fläche arbeiten), klicken mit rechten Maustaste darauf und wählen »Gruppieren« aus. Dabei sollte man beachten, dass die Füße im Liegen ausgestreckt sind. Darum ist eine auf dem Rücken liegende Person länger als im Stehen.
Jetzt probieren wir alle Lebenslagen im zukünftigen Wohnmobil aus. Reicht der Platz für alle zum Schlafen? Kann die stehende Figur sich bewegen ohne anzuecken? Wie viel Platz brauchen die Bewohner, um in die Hocke zu gehen und ist dieser Platz vorhanden? Manche Schränke wird man bei kleinen Fahrzeugen nur vom Sitz aus erreichen können, reicht der Platz dafür? Wo müssen die Türen angeschlagen sein, damit sie beim Öffnen nicht im Weg sind?

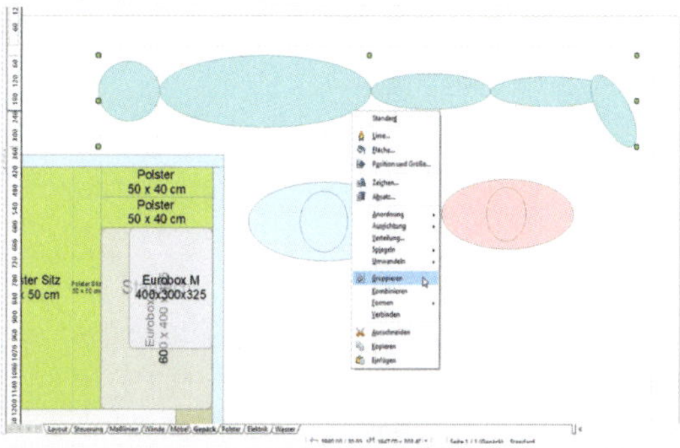

Figuren in der Größe der Mitreisenden

Für die Planung unseres Schredders habe dafür ich gleich zwei Figuren erstellt – in der Größe meiner Frau und meiner eigenen. Nach dem Möbelbau erwiesen sich alle Maße als passend, bis auf zwei Ausnahmen:

- Bei der Sitzhöhe der Dinette hatte ich bei den Maßen die Polster nicht eingerechnet.

Um dies auszugleichen, habe ich den Boden unter dem Tisch um 80 mm erhöht.

- Beim Spülbecken: Die Arbeitshöhe der Küche ist mit 1030 mm passend, nur die Spüle liegt tiefer als üblich und deutlich tiefer als eine Wohnmobilspüle. Dadurch gelangt meine Frau beim Spülen schlecht bis auf den Grund des Beckens, für mich passt es jedoch perfekt.

Vieles kann man in der Zeichensoftware sehen, oft ist aber ein 1:1-Modell aus Stellwänden aber die bessere Lösung, um Planungsfehler auszuräumen. Große Pappkartons oder Schränke, mit denen man die Möbel nachbildet, können eine Möglichkeit zum Testen sein.

Wenn der Grundriss so steht, dass er dir und den Mitreisenden gefällt, ist die Grundrissplanung erledigt und es geht an die Feinplanung.

Möbel Feinplanung

Jetzt klicken wir mit rechts auf die Ebene »Polster« und nehmen die Haken bei »Sichtbar« und »Druckbar« heraus. Ich setze die Haken immer beide um nur das zu drucken, was auch sichtbar ist. Jetzt sollten die Figuren und die Polster unsichtbar sein. Nehmen wir an, die Polster sind danach noch sichtbar, weil wir sie in die falsche Ebene gezeichnet haben. Kein Problem: Wir lassen die Ebene aktiviert und klicken mit gehaltener Umschalttaste (die für Großbuchstaben) nacheinander alle Polster an um sie auszuwählen. Dann Drücken wir ***Strg*** und ***x***, wodurch wir sie ausschneiden und in die Zwischenablage verfrachten. Danach fügen wir sie mit dem Befehl ***Strg*** + ***v*** in die Ebene »Polster« ein. Zu sehen sind sie dann nur, wenn in der Ebene der Haken bei »Sichtbar« gesetzt ist.

Zur besseren Übersicht bei der Elektro- und Wasserplanung fügen wir jetzt die Wände ein, die wir auch für den Plattenschnittplan brauchen. Um das Raster zu nutzen, löschen wir dafür den Boden wieder heraus oder packen ihn in eine meist unsichtbare Ebene wie zum Beispiel »Polster«.

Jetzt planen wir die Wände in Form von schmalen Rechtecken in der Stärke der benutzten Platten (im Zweifel 16 mm). Wir erstellen sie in der Ebene »Wände«. Sie dürfen dabei über den Deckeln sitzen, wir legen sie später in den Hintergrund.

Durch die maßgenaue Planung erhalten wir später die exakten Maße für den Plattenschnitt. Für jedes Plattenteil produzieren wir ein Rechteck. Das geht natürlich am einfachsten mit Kopieren. Also nehme ich meinen Leitungskanal, der hat bereits die passende Farbe und eine kleine Schrift. Dafür ziehe ich das Rechteck mit gedrückter Strg-Taste und lassen es am Zielort los. So einfach ist Kopieren.

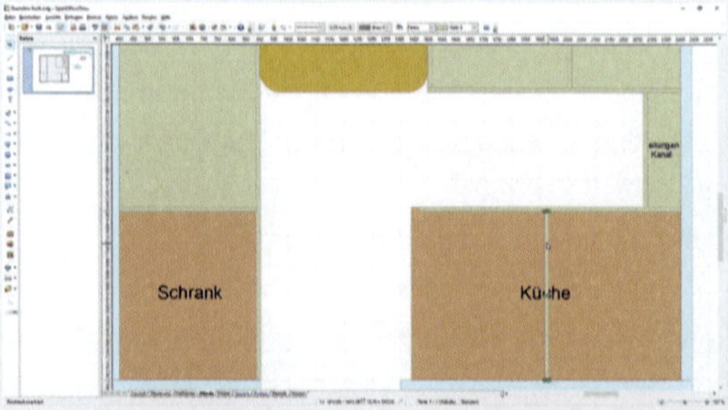

Die Wände sind eingezeichnet.

Jetzt selektieren wir die Deckplatten, um sie über die Wände zu legen. Mit gedrückter Umschalttaste klicken wir alle Flächen an, danach klicken wir mit rechts darauf und wählen »Anordnung« und »Ganz nach vorn«. Jetzt sollten alle Wände hinter den Deckeln liegen und damit unsichtbar sein. Falls noch eine Fläche hinter den Wänden liegt, einfach Vorgang wiederholen.

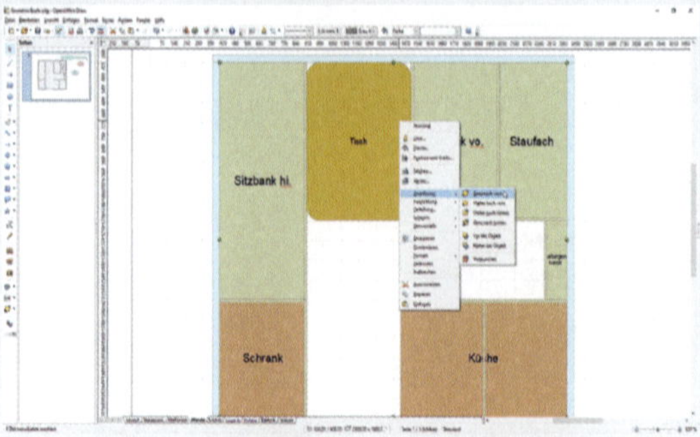

Deckplatten in den Vordergrund legen.

Für eine gute Planung brauchen wir noch eine seitliche Ansicht von links, rechts, vorne und hinten. Das ist jetzt einfach noch ein bisschen Fleißarbeit, die sich später aber sicher auszahlt. Ich beschreibe daher nur noch die Einbauten, du weißt ja jetzt wie es geht.

Für Einbaugeräte wie den Kühlschrank benötigen wir die Maße der Grundfläche, für einen Wemo 66F sind das zum Beispiel die Außenmaße B x L x H: 470 x 460 x 615 mm.

Die Ebene »Möbel« machen wir unsichtbar.

Wir eröffnen eine neue Ebene »Geräte« und zeichnen ein Rechteck mit 470 x 460 mm, das wir mit »Wemo 66F B x L x H 470 x 460 x 615 mm« benennen. So sehen wir bei der weiteren Planung oder beim Vergleichen verschiedener Geräte immer die Bezeichnung und Maße. Für den Schredder habe ich zum Beispiel die Maße verschiedener Kühlschränke ausprobiert, um den zu finden, der am besten passt.

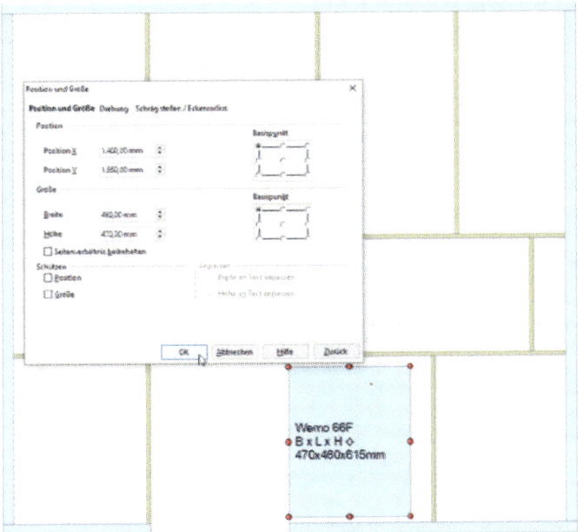

Geräte einzeichnen

Neben dem Kühlschrank haben wir noch Platz, der für eine Abfallklappe ausreichend wäre. Die Wand im Küchenblock können wir jetzt an den Kühlschrank schieben, sie dient zur Stabilisierung des Küchenblocks.

In das Fach dahinter passen zum Beispiel zwei Weithals-Wasserkanister von Reimo mit der Artikelnummer 60013. Ich schreibe auch immer gleich die Artikelnummer mit hinein, dann habe ich es später einfacher bei der Bestellung.

Tipp: *Mit dem endgültigen Möbelbau erst beginnen, wenn alle verwendeten Komponenten da sind. Hat man zum Beispiel das Fach für die Wasserkanister gebaut, und die geplanten Kanister sind nicht (mehr) lieferbar, kann es zum Problem werden, passende Kanister zu finden. Was bei Wasserkanistern noch vertretbar ist, wird beim Kühlschrank jedoch schnell teuer.*

In das Staufach unterm Bett kommen die Batterie und die Standheizung mit dem Boiler.

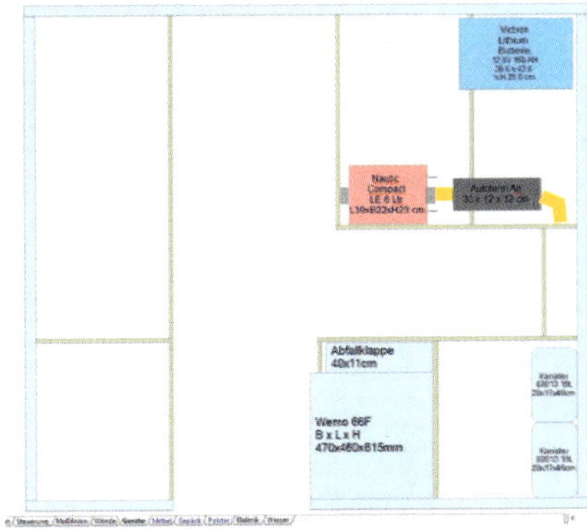

Geräte in Küche und Staukasten

Sind die Möbel so weit, dass wir mit dem Zuschnitt der Platten beginnen können, tragen wir die Maße in die jeweiligen Rechtecke ein. Dazu klicken wir doppelt auf die Rechtecke und tragen die Maße mit der Angabe in cm oder mm ein. Die geplanten Maße werden übrigens jeweils in der Fußleiste in den rot umrandeten Feldern angezeigt.

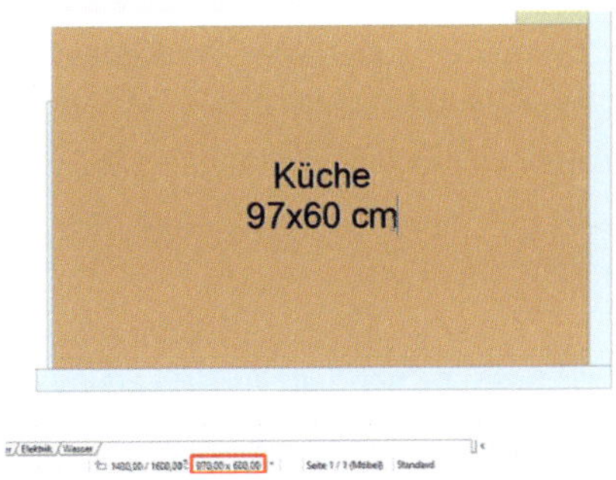

So können wir die Platten später schnell nach Material sortiert in einen Plattenschnittplan hineinkopieren und schon haben wir die korrekten Maße zum Sägen.

Wohnmobil-Maße für die Sitzecke.

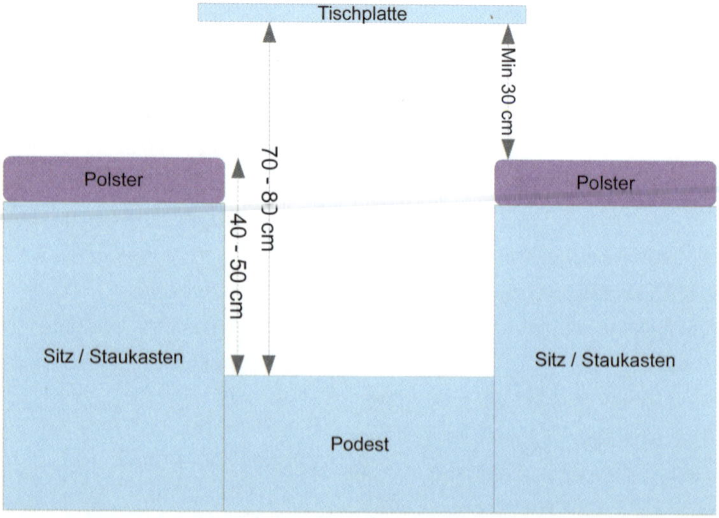

Planung vorbereiten: Welche Maße sind für den Ausbau sinnvoll?

Sitzecke (Dinette) – Maße für Tische und Stühle

Unabhängig davon ob die Reisenden mehr oder weniger gesellig sind, irgendwann wollen alle gemeinsam am Tisch sitzen.

Dabei soll die Höhe so sein, dass man bequem sitzen, aber auch am Tisch essen und trinken kann. Der digitale Nomade wie ich will daran auch arbeiten. Also muss die Höhe passen.

Je nach Quelle wird eine Sitzhöhe zwischen 40 und 50 cm angegeben, der Tisch bekommt zusätzliche 30 cm, also eine Tischhöhe vom Boden von 70–80 cm. Beim Festlegen dieser Maße sind aber auch andere Faktoren einzubeziehen. Ein Esstisch ist höher als ein Schreibtisch, insbesondere für die PC-Nutzung. Empfohlen wird hier ein Maß von 66–70 cm. Also ist ein Maß von knapp über 70 cm anzustreben.

Wir haben uns für einen Tischfuß von Reimo mit 72 cm Höhe entschieden. Also ergibt sich eine Tischhöhe von 73,5 cm, bei einer Tischplatte von 14 mm und 1 mm Filz unter dem Fuß, damit er nicht das Bodenfurnier zerkratzt.

Bei den Sitzbänken habe ich einen gravierenden Fehler gemacht. Die Polster sind ja auch noch da! Also waren unsere Sitzbänke 10 cm zu hoch, weil die Dicke der Polster mit 10 cm dazu kam. Aber als alter Freund des Improvisierens habe ich das Fußpodest um 8 cm erhöht (siehe auch Foto Seite 128), was gleichzeitig zu mehr Stauraum und einer Belüftung desselben führte – also nochmal gut gegangen.

Da die Beifahrerseite meist die Panoramaseite ist, wurde auch die Sitzecke oft dort eingebaut.

Dinette im Heck

Auch im Heck ist dafür ein guter Platz. Meist wird sie dann gleichzeitig als Schlafraum genutzt. Dort kann man mit ausreichend Fensterfläche einen guten Rundumblick genießen. Darunter ist Platz für einen großen Stauraum.

Dinette auf der Fahrerseite

Hier bietet sich beim Kastenwagen ein guter Platz, ist doch rechts die große Schiebetür. Bei einem Wohnkoffer wird diese Stelle seltener genutzt. Denke alles gut durch, dir wird schon ein schöner Schnitt gelingen. Besuche auch das Forum auf WomoSelbstAusbauen.com, dort ist der Platz, um solche Überlegungen zu diskutieren. Aber wenn du eine für dich tolle Idee hast, lass sie dir nicht gleich ausreden. Bau dir ein 1:1-Modell aus Pappe und Stellwänden und probiere es aus.

Meinen Wohnkabinenschnitt konnte sich anfangs auch keiner so richtig vorstellen. Als die gleichen Leute sich das fertige Mobil angesehen haben, waren schließlich doch bewundernde Blicke zu sehen.

Maße für das Bett
Fast ein Drittel seiner Zeit verbringt man in dieser Schlafgelegenheit. Google meint, die Standardmaße für ein Bett seien 70 x 200 cm. Für ein Wohnmobil ist das natürlich sehr komfortabel. Eine Camping-Matte ist 50–60 cm breit, was eher an die Lagerung von Heringen erinnert. Im Wohnmobil wirkt eine Breite von 60 cm schon ziemlich schmal, wenn rechts und links Wände sind.

Das Beste ist, wenn du das mit deinem Partner ausprobierst. Nimm zwei Campingmatratzen und Stellwände und simuliere das neue Schlafzimmer.

Wir haben 147 cm Breite im Schlafraum, 140 cm Matratzenbreite plus jeweils 3,5 cm an der Wand für den Luft-Austausch. Dieser ist wichtig, um Schimmelbildung an der Matratze durch eine gute Belüftung zu verhindern. Zusätzlich sind an der Wand entlang der Liegefläche Lüftungsrohre verlegt, um in der kalten Jahreszeit die Feuchtigkeit abzulüften.

Darüber sollte ausreichend Höhe zum Sitzen sein, damit man sich nicht wie ein Höhlenforscher bewegen muss. Für mich sind das 90 cm, aber ich bin auch ein Sitzriese.

Auf dem Plan habe ich im Bett eine Figur in meiner Größe eingezeichnet. Im Gang sind zwei Figuren als Stellvertreter für meine Frau und mich, um die Bewegungsfreiheit zu testen.
Außer der Liegefläche ist etwas Raum für Bücher, Uhr, Getränk, Brille und was man sonst so braucht, einzuplanen. Dafür nutzen wir den Platz über dem Lenker des Quads. Also den Teil zwischen Bad und Wand, über der Klappe zur Garage.
Besonders Overlander-Mobile sollten so geplant werden, dass man auch zurechtkommt, wenn ein Reisender erkrankt und für Tage ans Bett gefesselt ist. Das ist ein weiteres Argument für eine zweite Liegefläche.

Nach über 80 Nächten im neuen Wohnmobil kann ich sagen, dass das Bett optimal gelungen ist. Ausreichender Platz für uns, Bücher und Kleidung und genug Freiheit über der Schlafstätte. Darüber noch der Luxus eines großen Dachfensters, über das ab und zu eine Sternschnuppe huscht.

Längs- oder Querschläfer?

Ist das Bett so eingebaut, dass es von Wänden begrenzt wird, muss bei einem Querschläferbett immer einer über den anderen klettern. Beim Längsbett ist dafür der Weg ein bisschen länger, aber wenn die Tür wie bei uns am Fußende ist, geht das ziemlich gut.

Stauraum: Schränke, Schubladen, Kästen, Fächer, Regale
Platz für Kleidung, Kochutensilien, Lebensmittelvorräte, Bücher, Computer, Gadgets und Kameras, Werkzeug, Grillsachen, Sport-Ausrüstung, Schuhe, Rucksäcke, Waschzeug, Handtücher und Badematten. Schon bei der Aufzählung der Überbegriffe kommt eine Menge zusammen. Was schleppt der WoMo-Mensch alles mit in den Urlaub? Ich sag's mal so: Viel!

Und alles muss in irgendeinem Fach verschwinden oder einfach verstaut werden. Wir waren mit fünf Personen und Hund im SCAM und Sprinter unterwegs, eine Zeit lang sogar in einem recht kleinen Segelboot. Einmal machten wir im Hafen fest und die Leute am Steg schauten mit offenen Mündern, wer da alles aus diesem kleinen Segelboot herauskam. Und dann noch ein Hund ...

Planung Doppelbett Längsschläfer mit Ablage über Quadgarage

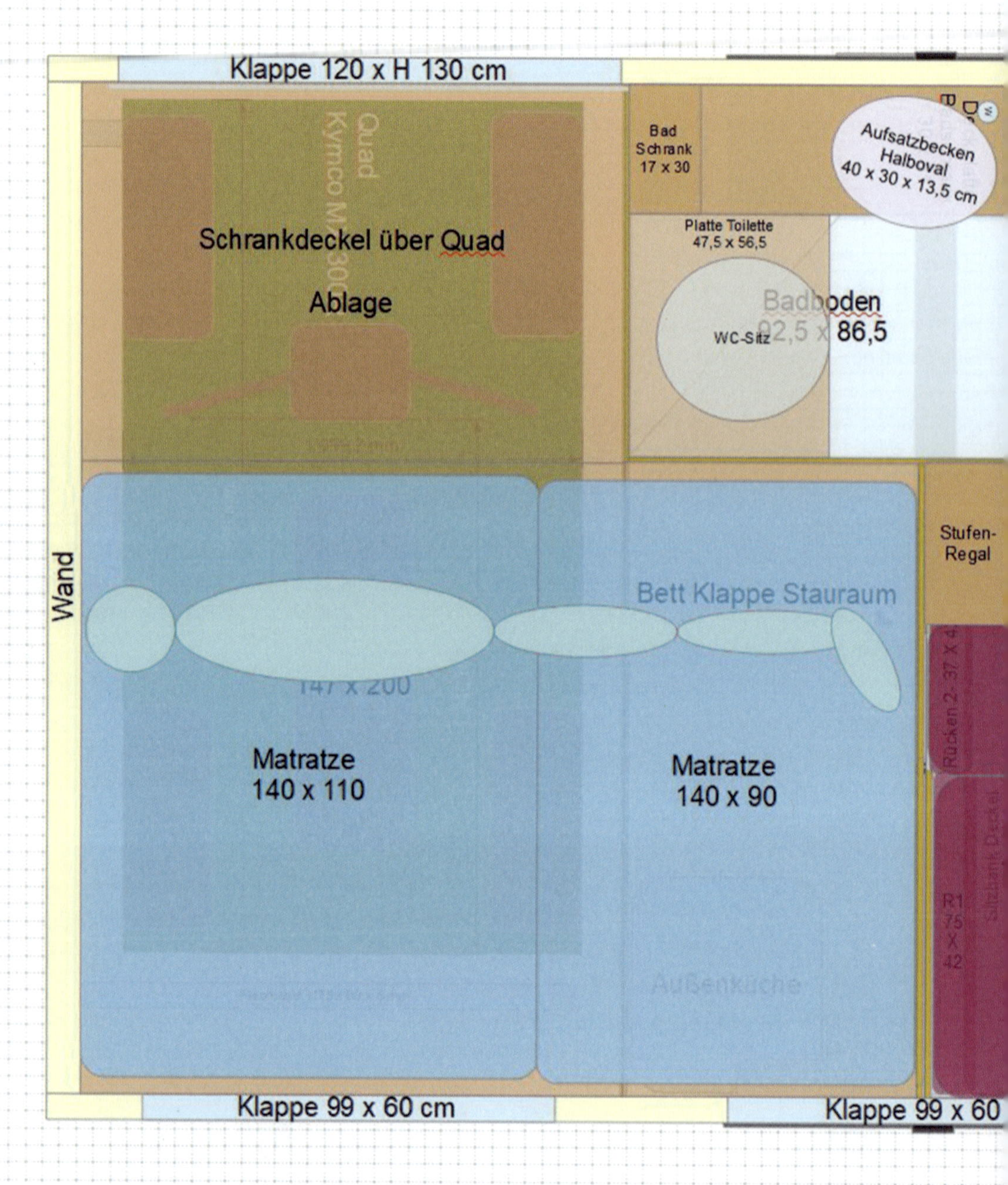

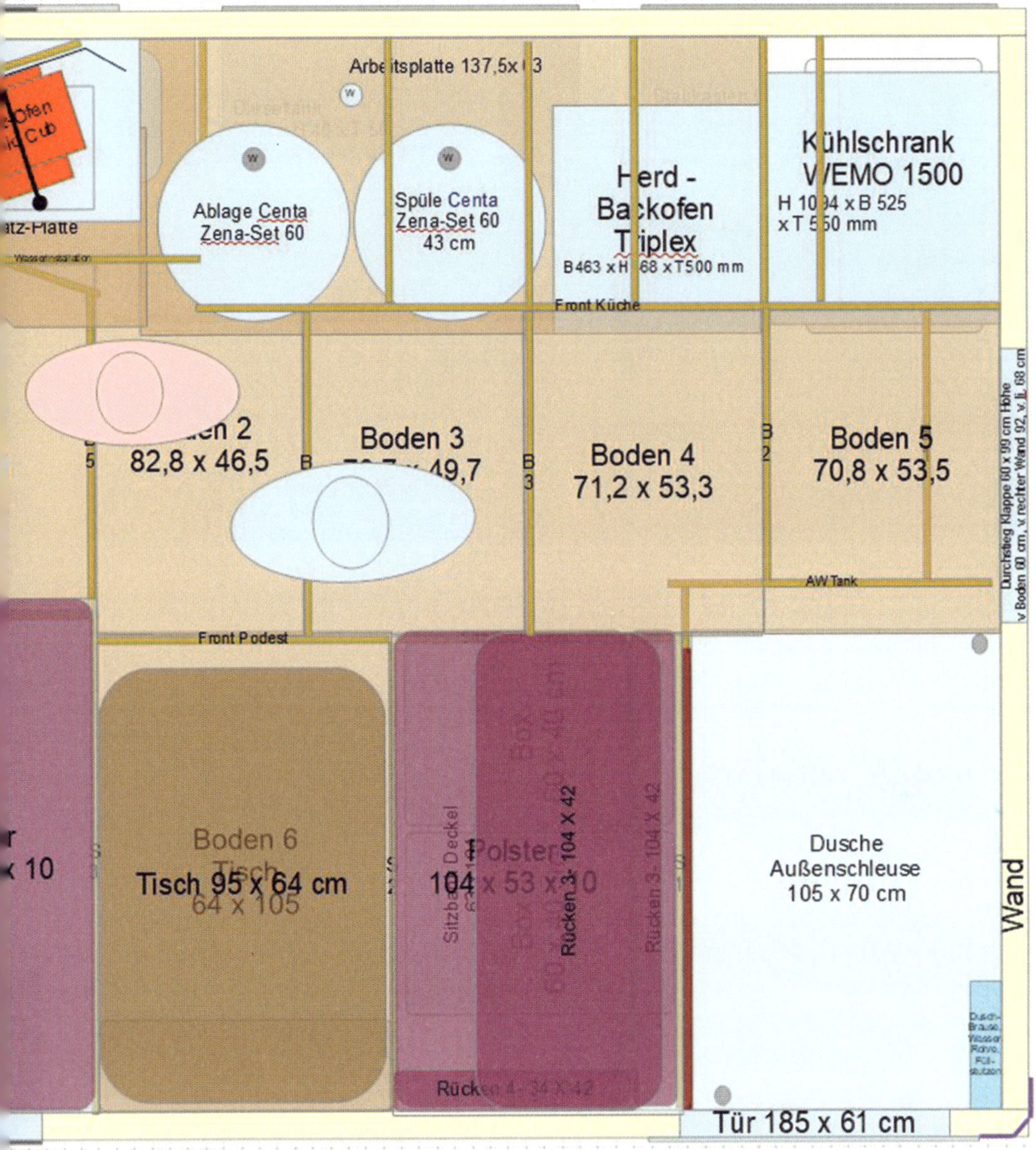
Arbeitsplatte 137,5x63
Ablage Centa Zena-Set 60
Spüle Centa Zena-Set 60
43 cm
Herd - Backofen Triplex
B463 x H 68 x T500 mm
Kühlschrank WEMO 1500
H 1094 x B 525 x T 550 mm
Front Küche
82,8 x 46,5
Boden 3
Boden 4
71,2 x 53,3
Boden 5
70,8 x 53,5
AW Tank
Front Podest
Boden 6
Tisch 95 x 64 cm
64 x 105
Polster
Rücken 3- 104 X 42
Rücken 4- 34 X 42
Dusche
Außenschleuse
105 x 70 cm
Wand
Tür 185 x 61 cm

Stauraum mit Rakoboxen

Zurück zu den Schränken: In der Hubdachkabine auf dem Land Cruiser hatte ich noch einen normalen Schrank, mit Tür und zwei Fächern. Da waren je zwei Kleiderstapel drin, ein mittelhoher hinten und ein sehr hoher vorne. Irgendwann waren es eher formlose Berge. Eine Schubladenbox kann man besser füllen, herausgezogen kommt man an alles gut dran und das, ohne zu wühlen.

Rako-Euroboxen als Basis

Diese Kisten haben sich einfach bewährt. Leicht, stabil und abriebfest sind sie einfach genial. Mit Deckel sind sie sogar Insekten-, Regen- und Staubdicht. Zum Packen nimmt jeder seine Kisten mit ins Haus und trägt sie gefüllt ins Auto. Sogar als Kinderbadewanne haben wir sie schon benutzt. Die Frühstückssachen sind bei uns meist in einer Eurobox vom Format eines kleinen Sprudelkastens untergebracht. So kann man die Box einfach nach draußen nehmen und schon ist fast alles parat. Diese Größe eignet sich auch als Koch-Box. Essig- und Ölflaschen passen stehend hinein, sollten sie auslaufen, bleibt alles in dieser einen Box und verteilt sich nicht im Schrank.

Die Boxen haben durch ihre Form bereits eingebaute Gleitschienen und Griffe an den Schmalseiten. Am besten gleiten sie auf Schienen aus Vierkant-Hölzern. Aluminium schmiert und gleitet lange nicht so gut.

Die Boxen fixieren sich selbst über einen Anschlag vorne unter der Box, das erkläre ich genau im Kapitel Möbelbau. Die Grundmaße der Euroboxen richten sich nach den Euro-Paletten.
Im Prinzip ist es wie beim Papier, immer die Hälfte. Euro-Palette 1200 x 800 mm, dann 800 x 600, 600 x 400 ...

Boxen in den großen Größen sind unhandlich. Daher sind die gebräuchlichsten Größen mit dem Grundmaß 60 x 40 cm und 30 x 40 cm die praktischsten.
Eurobox ist nicht gleich Eurobox. Es gibt im Baumarkt Boxen, die sind recht preisgünstig, aber im Wohnmobil nicht so gut zu verbauen. Ich habe davon welche im Sprinter ausprobiert. Die Stabilität ist schlechter; bei schwerer Füllung wird aus dem Rechteck langsam ein Ei mit Ecken. Die Maßhaltigkeit ist hier auch deutlich schlechter.
Ich habe immer die robusten Boxen von Utz verwendet, die sind seit Jahrzehnten gleich und können daher nachgekauft werden. Daneben ist eine Menge Zubehör erhältlich.

Weitere Stauräume
Da unser Quad inkl. Tank einen knappen Meter Höhe misst, das Bett mit Matratze darüber ca. 20 cm und ich sitzend 90 cm Höhe brauche, haben wir den Wohnkoffer auf eine Innenhöhe von 210 cm bauen lassen. Ich bin 184 cm groß und hätte im Gang locker 25 cm Platz über mir, daher haben wir einfach einen Keller eingebaut. Das ist eine Idee aus dem Schiffbau, wo immer Platz im Rumpf bleibt, wenn der Boden eingebaut ist. Hier sind schwere Dinge optimal aufgehoben. Getränke und Vorräte haben es da unten einigermaßen kühl und der Schwerpunkt des Fahrzeugs liegt tief. Außerdem ist das ein guter Platz für die Wasser- und Abwassertanks. Die einzelnen Fächer sind mit Sikaflex stabil und dicht eingeklebt. Falls mal Wasser oder etwas anderes ausläuft, bleibt es in dem einen Fach und richtet keine weiteren Schäden an. Der Stauraum mit der Elektrik ist selbstverständlich ebenfalls untenherum abgedichtet. Dort werden keinerlei Flüssigkeiten gelagert, so kann es nie zu einer feuchten Elektrik kommen.
Sportutensilien lagern gut in Staukästen unter Sitzbänken, dort ist meist viel Platz. Unter dem Bett noch mehr, weshalb unser Quad dort seine Garage hat. Die Campingstühle und -tische sind in einem Staufach, was von außen gut zu erreichen ist, perfekt aufgeräumt. Jedes Mal aufs Dach zu klettern oder sie in einer Box im Innenraum zu transportieren, ist eine unglückliche Lösung.
Bei einem Kofferaufbau gibt es die Möglichkeit, unter dem Koffer seitlich Staukästen zu montieren. Diese sind perfekt für Lagerfeuerzubehör, Werkzeug und Bergematerial etc.

Ein Geheimversteck für Wertsachen
Auch das sollte man einplanen. Gute Plätze sind unauffällige Räumchen, die zwischen Möbeln entstehen. Die Konsole der Toilette ist sicher nicht unbedingt der Ort, an dem ein Fremder gerne sucht. Oder ein doppelter Boden in einem Fach oder einer Rückwand. Da wird dir sicher auch etwas einfallen.

Badezimmer planen – der Realitätstest für die Mindestmaße
Das Bad soll bei unserem Fahrzeug in die Lücke zwischen Bett, Quadgarage und Küche passen. Dabei sollte man auch noch die Türe aufmachen und entspannt hineingehen können. Im Bad, beziehungsweise der Toilette, bückt man sich, zieht sich an und aus. Hinsetzen und Aufstehen, das alles braucht seinen Raum. Daher muss dafür ausreichend Platz sein, ohne die Tür öffnen zu müssen. Die 96 x 86 cm in unserem Bad sind für mich eben noch passend, da kann ich immerhin nicht umfallen.

Das ist ein wichtiger Punkt, den man auf dem Papier oder PC nicht realitätsnah planen kann. Dazu muss man einfach ein 1:1-Modell des Badezimmers bauen und ausprobieren, ob ausreichend Platz ist.

So habe ich aus ein paar Regalen und Pappkarton unter Einbeziehung der späteren Maße ein Badezimmermodell gebaut und probiert, ob es groß genug ist, um sich darin zu bewegen.

Das Maß der Dusche im Eingang
Bei einer Dusche im Eingang muss man mit den Zentimetern nicht geizen. Für uns hat sich die

Realitätstest für die Maße im Badezimmer

Mehrfachnutzung als Dusche, Wetterschleuse und Trockenraum bereits bewährt. Von Herbst bis Frühjahr ist mit nassen Jacken und schmutzigen Schuhen zu rechnen. Wo trocknen sie besser, als im gut belüfteten Dusch-Eingang?

Kein Duschvorhang klebt an der Haut, die Innentür ist leicht aber fest genug. Bei schönem Wetter und an einsamen Plätzen kann man ebenso gut draußen duschen oder mit offener Außentür. Nach dem Duschen ist schnell gelüftet – Innentür zu und Haustür auf.

Bei Wind und Regen ist das, was von draußen hereinweht, bei uns gleich im Abfluss statt im Wohnraum. Der Innenraum kühlt nicht jedes Mal aus, wenn die Türe geöffnet wird, die Innentür schließt winddicht ab.
Die Duschtasse habe ich so eingebaut, dass ich sie mit geringem Aufwand herausziehen kann, um z. B. an den darunterliegenden Abwassertank zu gelangen. Im Fall eines Abflussproblems komme ich so innerhalb von 15 Minuten an den Tank und die Anschlüsse.

Unter dem Abwassertank ist der wasserfeste Boden der GFK-Kabine, in den ich einen Abfluss für ausgelaufenes Wasser eingebaut habe. So bleibt im Fall der Fälle, selbst bei auslaufendem Wasser, der Innenraum trocken.

Auch wenn die Dusche an anderer Stelle im Innenraum entstehen soll, muss sie groß genug sein, um sich bewegen zu können und auch mal die heruntergefallene Seife aufzuheben. Dafür würde ich mindestens 50 x 70 cm einplanen. Ein Duschvorhang kann übrigens ziemlich nerven, wenn er am Körper klebt und außerdem neigt er zum Schimmeln.

Außenplanung Eingang, Markise, Außenstaufächer
Die Seite des WoMos, an der das Draußen-Leben stattfindet, ist meist die Beifahrerseite, wo üblicherweise der Eingang ist. Sie ist breit, bietet daher viel Platz sowie Sicht- und Windschutz auf der dem Verkehr abgewandten Seite. Da liegt es nahe, hier eine Markise, Sonnensegel oder ein Vorzelt anzubringen.

Wir haben die Tür ganz nach vorne gesetzt. So haben wir viel Platz für die Markise, die auf Höhe der Türmitte angebaut ist. Bei kleineren Wohnmobilen kann man die Markise auch über der Tür anbringen, allerdings wird die Schutzwirkung mit zunehmender Höhe geringer.
Der Platz zwischen Markise und Tür ist der Anbringung der Treppe geschuldet. So ist die Kopffreiheit beim Treppensteigen gewährt.
Die Klappen der Staufächer öffnen sich nach oben, sodass ich darunter stehen kann, ohne mir den Kopf zu stoßen.

Warum nicht die Hecktür?
Die Hecktür ist vor allem bei Kastenwagen vorhanden, also warum sollte man sie nicht nutzen? Wir haben sie meist zum Laden und als Badezimmer benutzt. Zwischen den Türen eines Kastenwagens gemütlich zum Essen zu sitzen, ist meist zu eng und ein Windstoß lässt sie auch mal schlagen. Die Beifahrerseite ist einfach breiter und bietet somit einen größeren Wind-, Sonnen- und Sichtschutz. Eine Schiebetür, wie sie bei den meisten Kastenwagen eingebaut ist, nimmt kaum Platz weg und macht sich nicht selbständig.
Bei Pistenfahrten in Verbindung mit Feuchtigkeit oder Staub wird die Hecktür meist ziemlich schmutzig. Beim Öffnen der Tür gibt es dreckige Finger und auch die Fenster trüben ein. In manchen Ländern machen sich Kinder einen Sport daraus, mit Steinen auf die vorbeifahrenden Fahrzeuge zu werfen, da kann schon mal eine Heckscheibe zu Bruch gehen.

Maße sollten in der Norm liegen
Grundsätzlich empfehle ich jedem, der ein Körper-Längenmaß unter der Norm hat, trotzdem einigermaßen die Norm-Maße einzuhalten. Irgendwann kommt der Zeitpunkt für eine Veränderung und die Chance, ein Wohnmobil für mittel- und große Menschen zu verkaufen ist größer als bei Spezialmaßen für kürzere Leute.

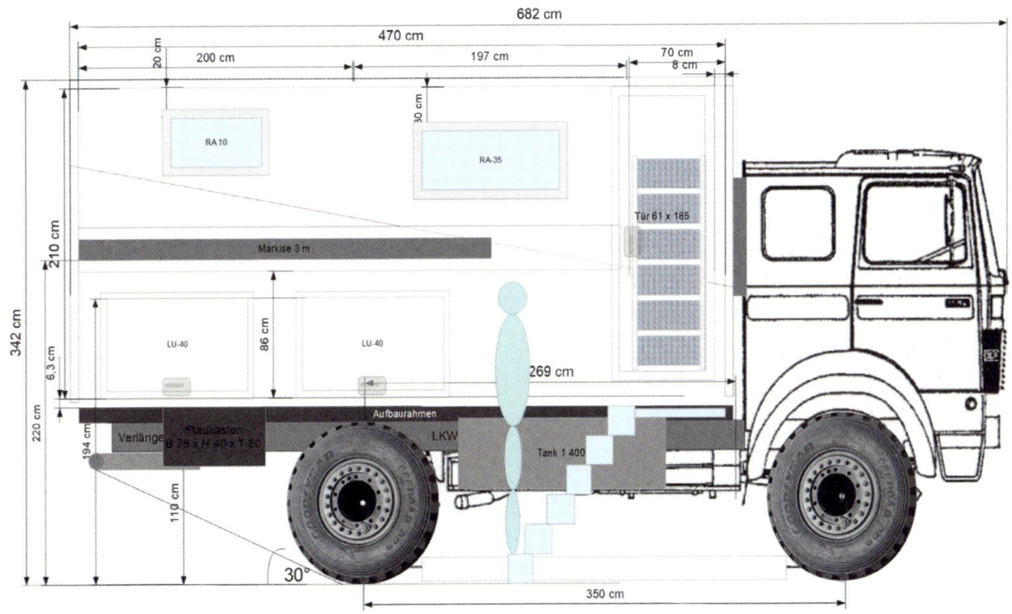

Ansicht der Außenseite mit Markise und Treppe

Einbaugeräte festlegen

Sobald du damit beginnst die Möbelmaße zu planen, wird es Zeit, die Elektrogeräte auszuwählen und dir zu überlegen, wo du sie positionieren möchtest.

Einbaugeräte – Auswahl und Platzierung
Ich würde die Geräte rechtzeitig ordern, da es aufgrund starker Nachfrage immer wieder zu Lieferengpässen kommen kann. So haben wir einige Wochen auf den Herd gewartet und dann kam er mit gesplitterter Glastür: nochmal zwei Wochen warten.
Die Verteilung der Geräte ist wichtig, weil einige schwere Teile dabei sind, alles irgendwie an Leitungen angeschlossen werden muss und auch später in den Möbeln noch erreichbar sein soll. Überlege bei jedem Gerät, ob du es später komplett aus- und einbauen kannst. Irgendwann geht alles mal kaputt oder du musst für den Winter dran, um das Wasser abzulassen. Ich hatte anfangs die Batterien und Ladeelektronik unter dem Kühlschrank eingeplant. Allerdings summierte sich dadurch das Gewicht an dieser Stelle zu stark auf. Daher verlegte ich die Elektronik nach rechts, was auch den Vorteil hat, dass ich eine strikte räumliche Trennung von Wasser und Elektronik erreicht habe.

Links befindet sich die Küche mit den Wasserleitungen und Ventilen sowie der Kühlschrank, der auch irgendwann das Kondenswasser loswerden muss. Rechts ist die Elektronik mit Landanschluss und 230-V-Bordstrom. Hier darf auf keinen Fall Wasser hingelangen.
Im Sprinter floss etwas Kondenswasser aus dem Kühlschrank einmal in den darunterliegenden B2B Ladebooster. Das führte zum unerwarteten Ableben desselben und einer 300-Euro-Reparatur.
Darum machen wir das heute besser. Der Wemo-Kühlschrank hat einen Auffangtrichter innen an der Rückwand. Daran hängt ein Schlauch, der das Kondenswasser nach außen ableitet, bei uns direkt in den Abfluss des Spülbeckens.

Im Schredder sind am Boden die Wände der Staufächer und Rippen eingeklebt, welche die einzelnen Bereiche unterteilen. Auf den Rippen liegen die Bodenplatten, ähnlich wie in einem Segelboot. Die Staufächer sind so wasserdicht abgetrennt und der Bereich der Wasserversorgung hat Abflussrohre nach unten. So kann bei einer Undichtigkeit das austretende Wasser nicht in die Elektrik gelangen und fließt direkt nach draußen ab. Für die Gewichtsverteilung habe ich ebenfalls wieder eine Tabelle in OpenOffice angelegt. Wichtig ist, dass die Achslasten nicht überschritten werden. Also fahre lieber einmal mit jedem Rad auf eine Waage, um zu kontrollieren, dass du die zugelassenen Lasten nicht überschritten hast.

Die schweren Wassertanks liegen direkt über der Achse, das Quad dahinter ist gewichtstechnisch ungünstig, aber anders kaum unterzubringen. Der Abwassertank geht nur leer in die Gewichtskalkulation ein, er nimmt ja Gewicht vom Frischwasser weg und wird nach Möglichkeit geleert.

Auch ist es wichtig, schwere Dinge immer unten zu platzieren, da sie sich sonst schlecht auf die Fahrdynamik des WoMos auswirken. Viele Geräte sind bei uns jeweils in einem Schubladenschrank, so kann man einfach die Boxen herausziehen und an die Geräte herankommen.

Der Wintereinbruch in Marokko war ein besonderes Erlebnis.

Plan Elektrik Einbaugeräte
Wohnkabine »Schredder«, Draufsicht 470 x 235 cm

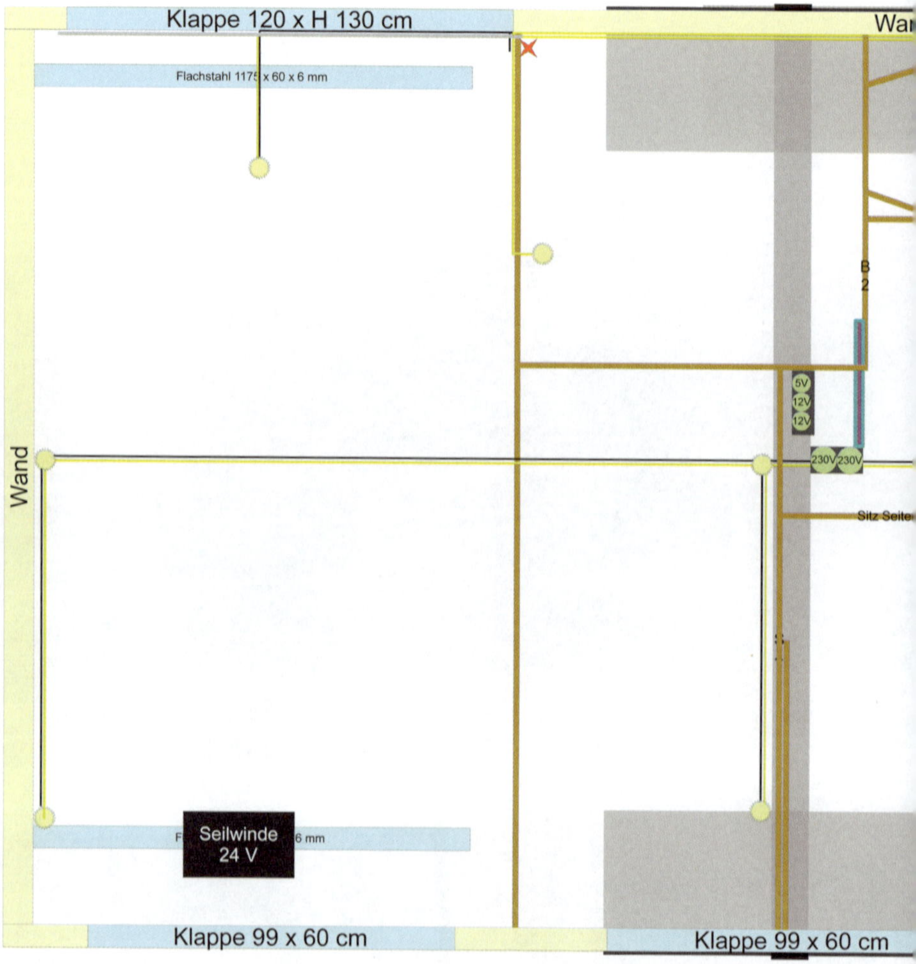

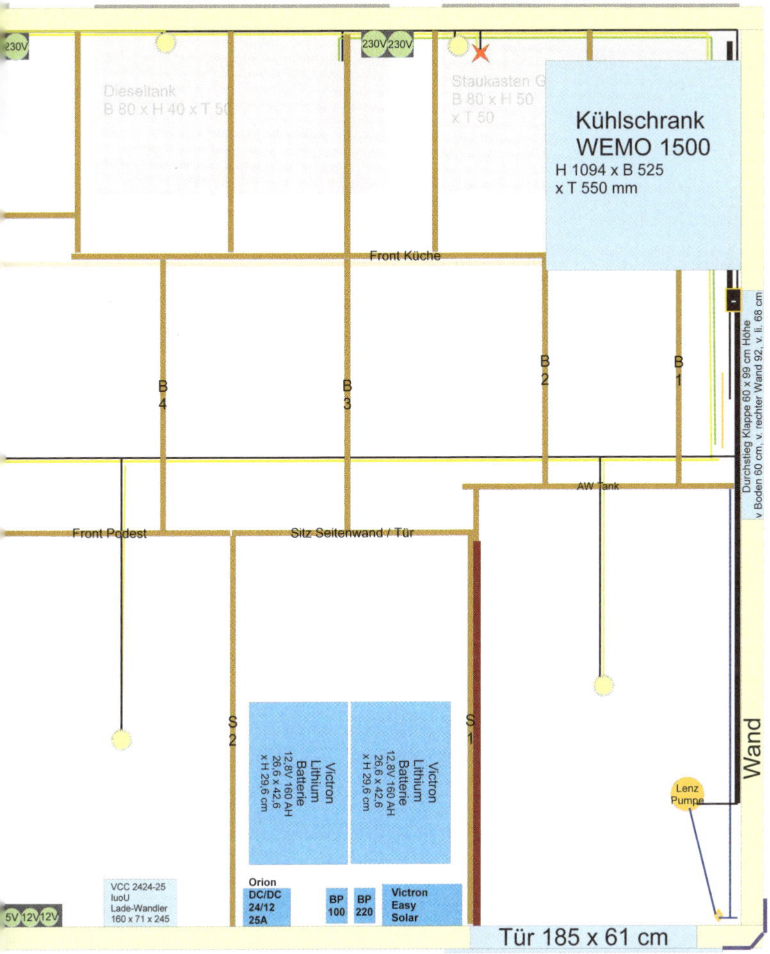
230V
230V 230V
Dieseltank
B 80 x H 40 x T 50
Staukasten
B 80 x H 50
x T 50
Kühlschrank
WEMO 1500
H 1094 x B 525
x T 550 mm
Front Küche
B 4
B 3
B 2
B 1
Durchsteig Klappe 60 x 99 cm Höhe
v Boden 60 cm, v. rechter Wand 92, v. li. 68 cm
AW Tank
Front Podest
Sitz Seitenwand / Tür
S 2
S 1
Victron Lithium Batterie 12,8V 160 AH 26,6 x 42,6 x H 29,6 cm
Victron Lithium Batterie 12,8V 160 AH 26,6 x 42,6 x H 29,6 cm
Wand
Lenz Pumpe
VCC 2424-25 IuoU Lade-Wandler 160 x 71 x 245
Orion DC/DC 24/12 25A
BP 100
BP 220
Victron Easy Solar
5V 12V 12V
Tür 185 x 61 cm

Innenraum planen

Nun starten wir die Planung eines Grundrisses. Als Beispiel zeichne ich eine Wohnkabine mit Innenausbau nach dem Vorbild meiner ersten Wohnkabine mit Hubdach, wie ich sie auf meinem Toyota Land Cruiser hatte.

Der erste Schritt ist, ein neues Dokument in OpenOffice Draw zu öffnen. In den Einstellungen ändere ich das Format meistens zu A3 oder A2 im Querformat, so habe ich genug Platz, um im Maßstab 1:10 zu zeichnen.
Ich beginne in der Folie »Layout« zu zeichnen. Das kann ich unten links auswählen. Ich beginne hier damit, den Grundriss aus den vorgegebenen Maßen der Wohnkabine mit Wänden und Türen einzuzeichnen und sperre diese Ebene dann, damit ich nicht versehentlich etwas daran ändere. Später kommen noch Ebenen für Möbel und Co dazu.
Ich beginne mit dem Boden und »klebe« dann die Wände daneben. Damit die Zeichnung schön übersichtlich bleibt, versuche auch immer, sinnvolle Farbcodes zu wählen.

Meine Achse zeichne ich auch gleich ein. Das ist ganz hilfreich, weil diese bei der Gewichtsverteilung eine große Rolle spielt. Ich kann diese auch in den Ebenen versetzen, damit sie unter meinem Boden liegt und nicht drauf. Das mache ich mit einem Rechtsklick und den Optionen unter »Anordnung«. Nun schaut sie nur noch seitlich ein wenig hinaus, damit sie immer im Blick ist.

Nun füge ich per Rechtsklick eine weitere Ebene hinzu, die ich Möbel nenne. Nun zeichne ich meine Sitzecke und den Tisch ein. Dazu kommen der Kühlschrank, die Küche mit Spülbecken und meine Staukästen, die ich unter den Sitzbänken positioniere.

Innenraumplanung

Zur Innenraumplanung gehört natürlich auch die Elektronik. Am besten ist es, wenn man dafür eine neue Ebene öffnet. Zuerst zeichne ich dann die Batterien, Ladegerät und Energiewandler ein und beschrifte sie auch. Für die Wassertanks, -kanister und -pumpen mache ich das genauso. Wie immer trenne ich Elektronik und Wasser räumlich voneinander, um Unfälle zu vermeiden.
Auf einer neuen Seite kann man eine Seitenansicht zeichnen. So lassen sich mögliche Überschneidungen zum Beispiel vom Waschbecken und darunterliegenden Schränken vermeiden.

Sinn der Planung mit OpenOffice ist, dass man feststellen kann, ob alles so funktioniert, wie man es sich vorgestellt hat. Ob beispielsweise alle Klappen und Schränke sich öffnen lassen, ohne irgendwo anzuschlagen, oder auch, ob man genug Platz hat um sich zu bewegen.
Die Polster in meiner Sitzecke der Hubdachkabine benutze ich nicht nur zum Sitzen, sondern auch zum Schlafen. Zum Sitzen habe ich auf jeder meiner zwei Bänke ein Sitzpolster und ein Rückenpolster. Zum Schlafen kann man den Tisch auf Höhe der Bänke einlegen und die Rückenpolster passgenau als Matratze zum Schlafen darauf legen. Anhand der Planung in OO finde ich ganz schnell meine Maße für die Polster heraus. Man kann gut sowohl den Tagaufbau als auch den Nachtaufbau mit OpenOffice durchspielen.

Was die Kabel und Rohre für die Wasser- und Stromversorgung angeht, empfehle ich wie erwähnt, diese in OO vollständig zu planen, um die ungefähre Menge der benötigten Teile zu ermitteln. Für den Wassertank braucht man außerdem eine Belüftung. Denn beim Füllen wird dieselbe Menge Luft aus dem Tank herausgepresst, wie Wasser hineinfließt, genauso beim Entleeren des Tanks. Ich habe außerdem bei der Verwendung einer Tauchpumpe ein Rückschlagventil eingebaut, damit die Wassersäule bei offenem Hahn nicht zurück in den Tank fließt. Ebenso wichtig ist es, ein Ablassventil einzubauen, damit man im Winter problemlos das Wasser ablassen kann. Was zusätzlich geplant werden muss, sind Befestigungsschellen. Man kann die Schellen aber auch sparen, indem man die Leitungen durch Wände führt und die Leitungen somit fixiert.

Es ist eine Überlegung wert, wo man den Abfluss zum Entsorgen anbringt. Ich habe im Schredder den

Plan Hubdachkabine Polster

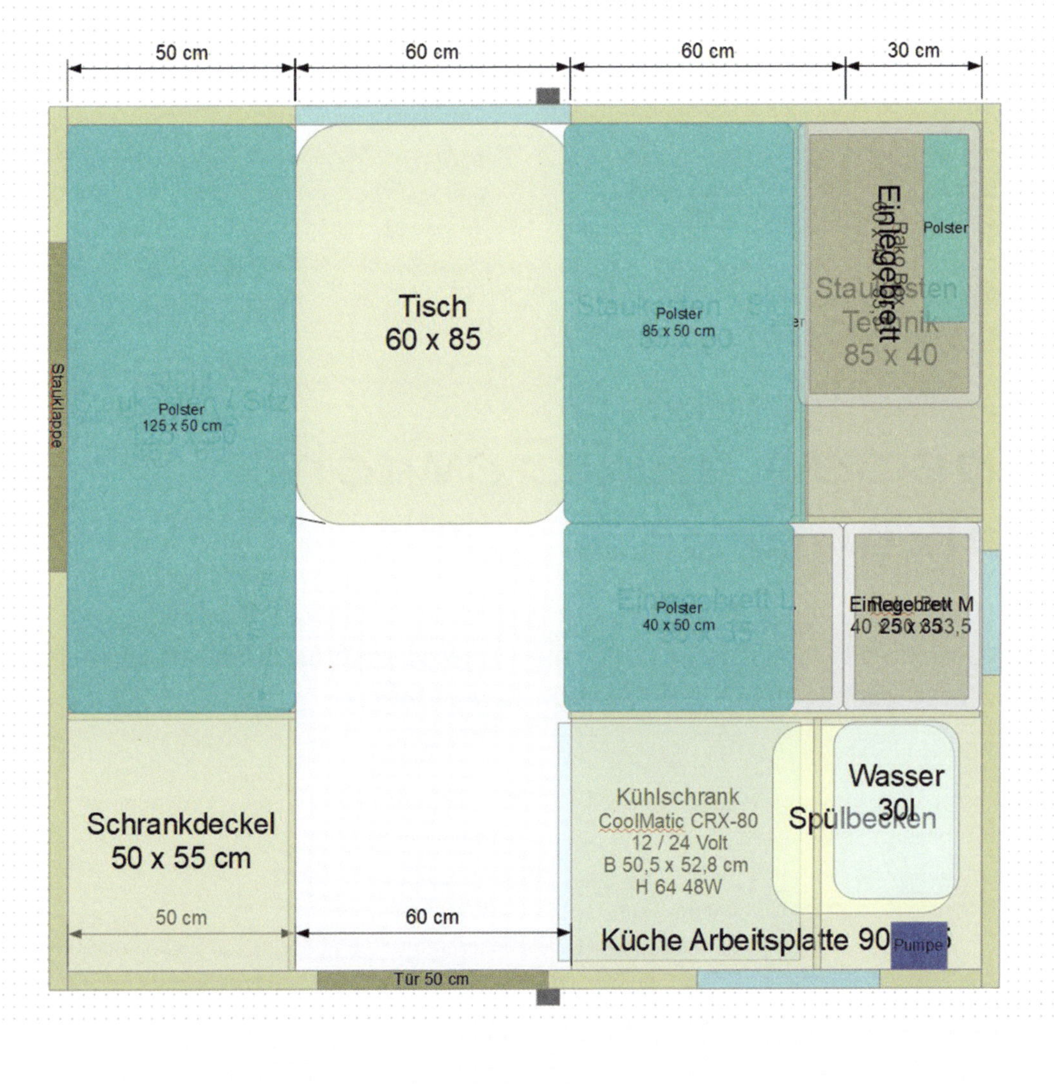

Abfluss neben dem rechten Hinterrad unter der Achse. Meist fährt man an einer Entsorgungsstelle einfach mit dem Rad über den Abfluss, um das Wasser abzulassen. Da die Hinterachse die Hauptlast trägt, rollt das Rad von selbst zur tiefsten Stelle, wo der Abfluss ist.

Tipp: *Manche Möbelmaße, wie Bett, Küchenblock und Sitze sind von vornherein fest, dazwischen sollte man sich einen flexiblen Bereich für beispielsweise den Tisch einplanen, der erst zum Schluss fertig gestellt wird. So kann man Ungenauigkeiten einfach ausgleichen.*

Kosten und Gewicht kalkulieren

Wie du eventuell schon gelesen hast, habe auch ich bereits die Erfahrung gemacht, dass ein 3,5- oder 7,5-Tonner nicht so leicht zu realisieren ist.

Bei meinem WoMo auf SCAM-Basis hatte ich die 3,5 Tonnen schnell erreicht und musste auf 5 Tonnen auflasten.

Der Optimismus beim Einbau und der Gepäckplanung ist schön, aber spätestens auf der Fahrzeug-Waage wird man zurück auf den Boden der Realität geholt. Leider ist es dann zu spät, um gegenzusteuern oder es wird teuer, weil man manches neu kaufen und umbauen muss.

Das kann man mit guter Planung in den Griff bekommen. Die Wahl des Basis-Fahrzeugs für dein Wohnmobil bietet bereits das größte Spar-Potential!

So wiegt ein 9-Tonner Mercedes 914 leer circa 4,5 Tonnen, der luftgekühlte Iveco Magirus-Deutz 90-16 ca. 4,0 Tonnen. Betrachtet man beide Fahrzeuge im Vergleich, bestehen die auffallendsten Unterschiede zwischen beiden Fahrzeugen in der wegfallenden Wasserkühlung beim einen und dem einfacher gebauten Fahrzeugrahmen beim anderen. Mit dem 90-16 hat man so bereits eine halbe Tonne gespart, bevor man den Schraubenschlüssel ansetzt.
Weil unser Iveco 90-16 ein 7,5-Tonner werden sollte (mit 1,5 Tonnen Tragfähigkeitsreserve) und einiges an Spielzeug mit auf Tour geht, habe ich eine Kalkulationstabelle erstellt. Darin sind die einzelnen Bauteile erfasst, sowie Alternativen dazu, das Basis-Fahrzeug und für jedes Teil das Gewicht, sofern verfügbar.

Allein das Möbelholz in unserem Fahrzeug macht es über 130 kg leichter im Vergleich zu beschichteten Spanplatten, ohne dabei die Materialstärke zu reduzieren. Dünneres Plattenmaterial für Fronten und wenig belastete Teile ergibt weiteres Potential.

Schon bei der Trenntoilette sind Unterschiede von einigen Kilogramm zu verwirklichen; eine TomTur Nature Head wiegt knapp 13 kg, unsere Lösung aus Banova-Platten mit Innenleben und Trenn-Einsatz bringt nicht einmal die Hälfte auf die Waage.

Auch sind meine geliebten Euroboxen leichter als eine Schublade aus Multiplex mit Auszugsschienen aus Stahl.
Neben den technischen Daten sind auch die Kosten ein Punkt, den man einkalkulieren muss.

KFZ-Steuer

Die Steuer für das Wohnmobil darf hier natürlich nicht fehlen. Um sie zu berechnen, gibt es den Online-Rechner vom Bundesfinanzministerium unter

---

https://www.bundesfinanzministerium.de/Web/DE/Service/Apps_Rechner/KfzRechner/KfzRechner.html

---

Wohnmobil-Versicherung

Die Versicherung ist natürlich noch individueller, mit Schadensfreiheitsrabatt und je nach zulässigem Gesamtgewicht etc.

Einen guten Service soll die Firma ESV Schwenger unter

---

https://www.wohnmobilversicherungsvergleich.de/

---

bieten.

Schutzbrief

Bei einer Panne, Unfall oder Fahrzeugdiebstahl hilft zudem eine ADAC-Plus-Mitgliedschaft:
Dabei sind in der Zulassungsbescheinigung I eingetragene Wohnmobile geschützt bis zu

- einer Gesamtbreite von 2,55 m,
- einer Gesamtlänge von 10 m,
- einer Höhe von 3,20 m einschließlich Ladung
- und einer zulässigen Gesamtmasse von 7500 kg.

Weitere Infos zu Schutzbriefen:
https://pannenhilfevergleich.de/pannenhilfe-fuer-wohnmobile-bis-7500kg/

Strombedarf berechnen

Um zu berechnen, wie lange wir mit unserer Akkuladung autark stehen können, benötigen wir den hereinkommenden Strom und den entnommenen Strom. Außerdem die Speicherkapazität der gesamten Batteriebank.

Bevor wir den Schaltplan erstellen, sollten wir überlegen, welche Verbraucher und Stromquellen es im Wohnmobil geben soll. Dafür habe ich eine Kalkulationstabelle in OpenOffice erstellt, mit der der Verbrauch berechnet werden kann und die zeigt, wie lange die Bordakkus reichen. Hier gibt man die Werte der Geräte ein und die geschätzte Laufzeit. Ebenso können die Werte der Solarpanels und anderer Stromquellen eingegeben werden. Daraus wird ersichtlich, wie lange man autark stehen kann. Ebenso sind Spalten für die Sicherungswerte und Kabelquerschnitte enthalten für die Installation. Die Tabelle kann unter

www.womoselbstausbauen.com/buchboni zur Nutzung heruntergeladen werden.

So kann der Strombedarf berechnet werden:

Az	Verbraucher	Sicherung A Werte aus Anleitung	Kabel Q Werte aus Anleitung	Kabel länge m	Leistung W	Bord Spannung V	A	Verlust durch Spannungs Wandler	Stunden Laufzeit	Ah	Bemerkung	
	System-Spannung					**25,2**						
	Kühlschrank CoolMatic CRX 110	10	4	5	48	25,2	1,90		6	0,00 Ah		
	COOLMATIC CD-30	10	4	5	30	25,2	1,19		6	0,00 Ah		
	Kühlschr. Isotherm EL 85 12/24V	10	4	5	40	25,2	1,59		6	0,00 Ah		
	Kissmann Gefrierbox LT 30 BT	10	4	5	40	25,2	1,59		6	0,00 Ah		
1	Kompressor-Kühlschrank WEMO 2600 N 12/24V	10	4	5	70	25,2	2,78		6	-16,67 Ah	angenommene Zeit 25% / Tag	
1	Wasserpumpe ShurFlo	15	2,5	4	30	25,2	1,19		0,5	-0,60 Ah		
	Wasserpumpe Tauchpumpe	15	2,5	4	40	25,2	1,59		0,5	0,00 Ah		
1	Heizung Planar Heizen			6	10	25,2	0,40		24	-9,52 Ah		
1	Beleuchtung LED LW1 Außenbeleuchtung			6	5	25,2	0,20		0,5	-0,10 Ah		
3	Beleuchtung LED LumiBeam HP Leselampe			6	2,5	25,2	0,10		1	-0,30 Ah		
1	Beleuchtung LED Lumicoin Precioso Sitzecke			8	5	25,2	0,20		1	-0,20 Ah		
1	Beleuchtung LED Lumicoin Lilu Bad			8	2,8	25,2	0,11		1	-0,11 Ah		
2	Beleuchtung LED Miniflex Spot FHS			8	1,5	25,2	0,06		1	-0,12 Ah		
1	Abzugshaube 12V 2,8A	10	2,5	6	35	25,2	1,39	10%	1	-1,53 Ah		
1	Lüftung Toilette 12V			7	2,5	25,2	0,10	10%	24	-2,62 Ah		
1	Tablet laden				0,4	25,2	0,02	10%	1	-0,02 Ah		
1	GPS oder Foto laden				0,4	25,2	0,02	10%	1	-0,02 Ah		
1	Notebook an 230 V Netzteil				65	25,2	2,58	10%	4	-11,35 Ah		
1	Fernseher				100	25,2	3,97	10%		0,00 Ah		
1	Warmwasser Boiler Nautic-Compact Luft an 230 V				500	25,2	19,84	10%		0,00 Ah	Betrieb bei ausreichender Ladung	
	Die folgenden Geräte laufen nur bei Bedarf:											
1	Mini-Waschmaschine 230 V / 1500 W				1600	25,2	63,49	10%	1	-69,84 Ah	Läuft 1h / Woche	
1	Seilwinde Quad	50	10	4		25,2	25,00		0,1	-2,50 Ah	pro Verladung	
	Zur Simulation nur im grünen Bereich Daten ändern!							**Summe / Tag:**		**-43,14 Ah**		
		Leistung/Stück										
1	X 300 WP Solar-Panel		300		300	25,2	11,90			0,00 Ah	Gewicht	48 Kg
2	**X 190 WP Solar-Panel**		**190**		**380**	**25,2**	**15,08**		**6**	**90,48 Ah**	**Gewicht**	43,5 Kg
	Windgenerator									**0,00 Ah**		
1	**Honda Stromerzeuger 230 V 1000W**				**1000**	**230**	**4,35**	**15%**		**0,00 Ah**		
	Fahren (Durchschnittswert wg. Stromaufnahme)	B2B Wandler 25 A				25,2	25,00			**0,00 Ah**		
								Ertrag / Tag:		**90,48 Ah**		
								Verbrauch / Tag		**-43,14 Ah**		
								Summe / Tag:		**47,33 Ah**		

	BatterieLeistung	**Ah (Stück)**	**Ah**	**Maximale Entnahme**		**Negativ = Tage ohne Ladung Positiv = Überschuss**	
2	AGM 110 Ah	110	110 Ah	50,00%	55,00 Ah	Laufzeit Tage	1,
2	Lith.EisenPhosph.12V110Ah	110	110 Ah	90,00%	99,00 Ah	Laufzeit Tage	2,
1	Victron Batterie LiFePO4 24 V / 100 Ah	100	100 Ah	90,00%	90,00 Ah	Laufzeit Tage	1,
1	**Victron Batterie LiFePO4 2 x 12 V / 160 Ah**	**160**	**160 Ah**	**90,00%**	**144,00 Ah**	**Laufzeit Tage**	**3,**

Zwei wichtige Formeln:
Leistung (W) / Spannung (V) = Strom (A)
und
Strom (A) x Zeit (H)/d = Stromverbrauch (Ah) /d (pro Tag)

Arbeiten vor dem Wohnmobil

Elektro-Schaltplan erstellen

Einen Schaltplan für die elektrische Anlage eines Wohnaufbaues zu erstellen, stellt für die meisten eine größere Herausforderung dar.

Eine Schaltung mit nur wenigen Farben aufzubauen, funktioniert, so habe ich das bei meinen ersten Fahrzeugen auch gemacht. Damals hatte ich in meinem WoMo jedoch noch weniger Geräte. Darin waren alle 24-V-Leitungen in Rot, alle 12-V-Leitungen Gelb und Masse immer in Schwarz gezeichnet. In einem komplexeren Schaltplan allerdings einen Fehler zu finden, wenn man nur drei Farben benutzt, bedeutet einen deutlich größeren Aufwand, hier sollte man die Kabelenden mit Etiketten versehen.

Bord-Akkus (Batterien)

Plant man Lithium-Ionen Akkus für die Bordstromversorgung, ist die Ladetechnik wichtiger und damit in der Installation aufwändiger als mit Bleibatterien wie Gel oder AGM. Lithium-Ionen Akkus sind zwar teurer in der Anschaffung, aber die Vorteile überwiegen deutlich und machen den Aufpreis wett.

Li-Ion Akkus vertragen einen deutlich höheren Ladestrom als die herkömmlichen Stromspeicher. Dadurch können sie in wesentlich kürzerer Zeit geladen werden. Mehr dazu im Kapitel 3.

Schaltplan zeichnen

Um einen Schaltplan zu zeichnen, gehen wir ähnlich vor wie bei der Grundrissplanung.

Die Geräte und Schalter zeichnen wir als Rechteck oder Kreis ein.

Um die Leitungen darzustellen, zeichnen wir Verbinder, die in der linken Symbolleiste zu finden sind, gekennzeichnet durch zwei mit einem Strich verbundenen Quadraten.
Da sie nur an bestimmten Punkten eines Objekts oder einer Gruppierung haften, habe ich zum Beispiel beim Kühlschrank einen Plus- und einen Minuspol als Kreis eingefügt. Das ist besonders beim Ladebooster oder dem Anzeigepanel wichtig, da hier mehrere Anschlüsse mit verschiedenen Bezeichnungen vorhanden sind.

Verbinder verhalten sich beim Zeichnen manchmal etwas »zickig«, je nach Lage der Objekte bestehen sie nur aus zwei Geraden und zeigen beim Draufklicken nicht sofort die roten oder grünen Punkte (»Anfasser«) zum Verschieben.

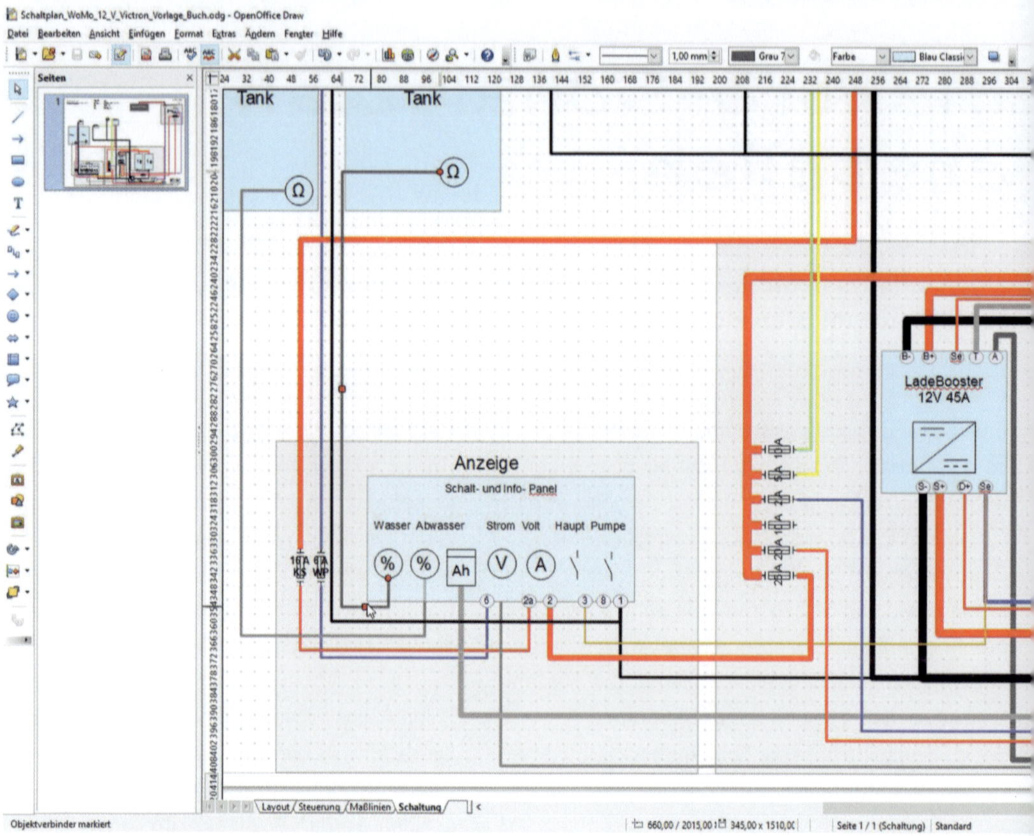

Anfasser an der Leitung zwischen Tankanzeige und Infopanel

Die Anfasser an den Enden der Geraden werden mit der Maus angeklickt und an ein vorhandenes Objekt angedockt. Über die Anfasser in der Mitte der Geraden werden sie verschoben. In der Symbolleiste können die Eigenschaften der Verbinder eingestellt werden: Enden, Linienart, Stärke und Farbe.

Einen solchen, neu erstellten Schaltplan nutzt man am besten am PC oder auf dem Tablet, um jederzeit hineinzoomen zu können, um alle Details zu erkennen. Diesen Schaltplan kannst du unter

www.womoselbstausbauen.com/buchboni kostenfrei herunterladen.

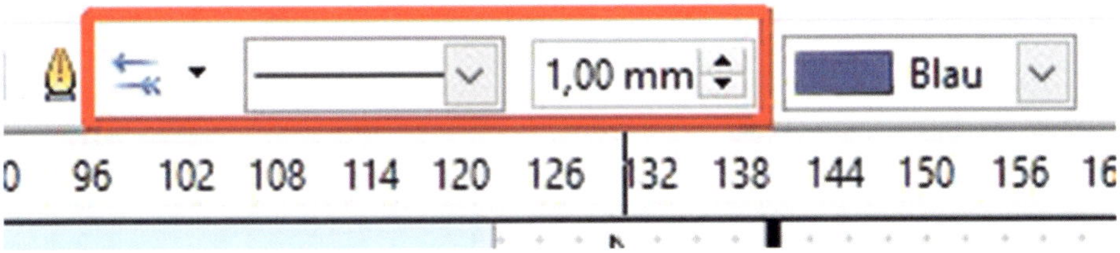

Eigenschaften der Verbinder einstellen.

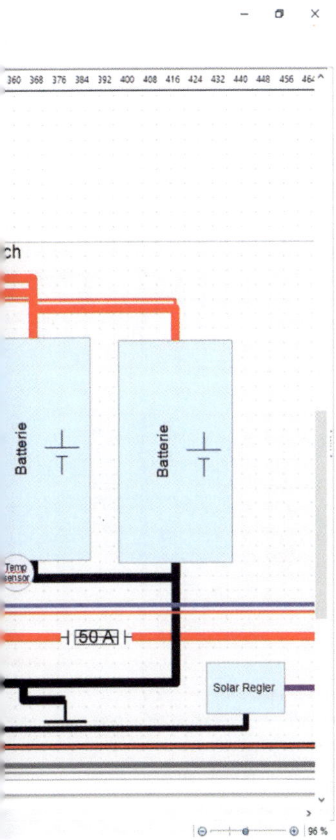

So kannst du Schaltzeichen im Plan einfach kopieren.

Bezugsquellen für farbige Kabel in deiner Wunschlänge und -stärke findest du dort ebenfalls.

Ebenso wie die Elektroanlage solltest du auch die Planung der Wasserinstallation auf dem Papier oder PC starten. Wenn es sich dabei nur um einen Kanister mit Tauchpumpe handelt, ist es einfach, doch baust du einen Tank, Pumpe und Boiler ein, wird es schon aufwändiger. Außerdem ist die Planung für die Bestellung der Teile wichtig. Hier kommen einige Anschlüsse zusammen, die auch passen sollen und auch die Länge der Leitungen ist relevant, damit es hinterher hinhaut.

So kann man mit der Planung den Weg des Wassers visualisieren und sieht, ob man etwas vergessen hat. Ein Beispiel für einen Wasserversorgungsplan findest du auf S. 290, den Schaltplan für unser Weltreisemobil »Schredder« auf S. 158/159.

Schaltplan Sprinter

Im Beispiel ist ein einfach aufgebauter Plan für ein 12-V-Mobil mit Solarpanel, Regler, Ladebooster, AGM-Batterien, Shunt, Kühlschrank, Wasserpumpe, Licht und Steckdose mit 12 V und USB-Anschluss. So ähnlich war mein Sprinter aufgebaut.

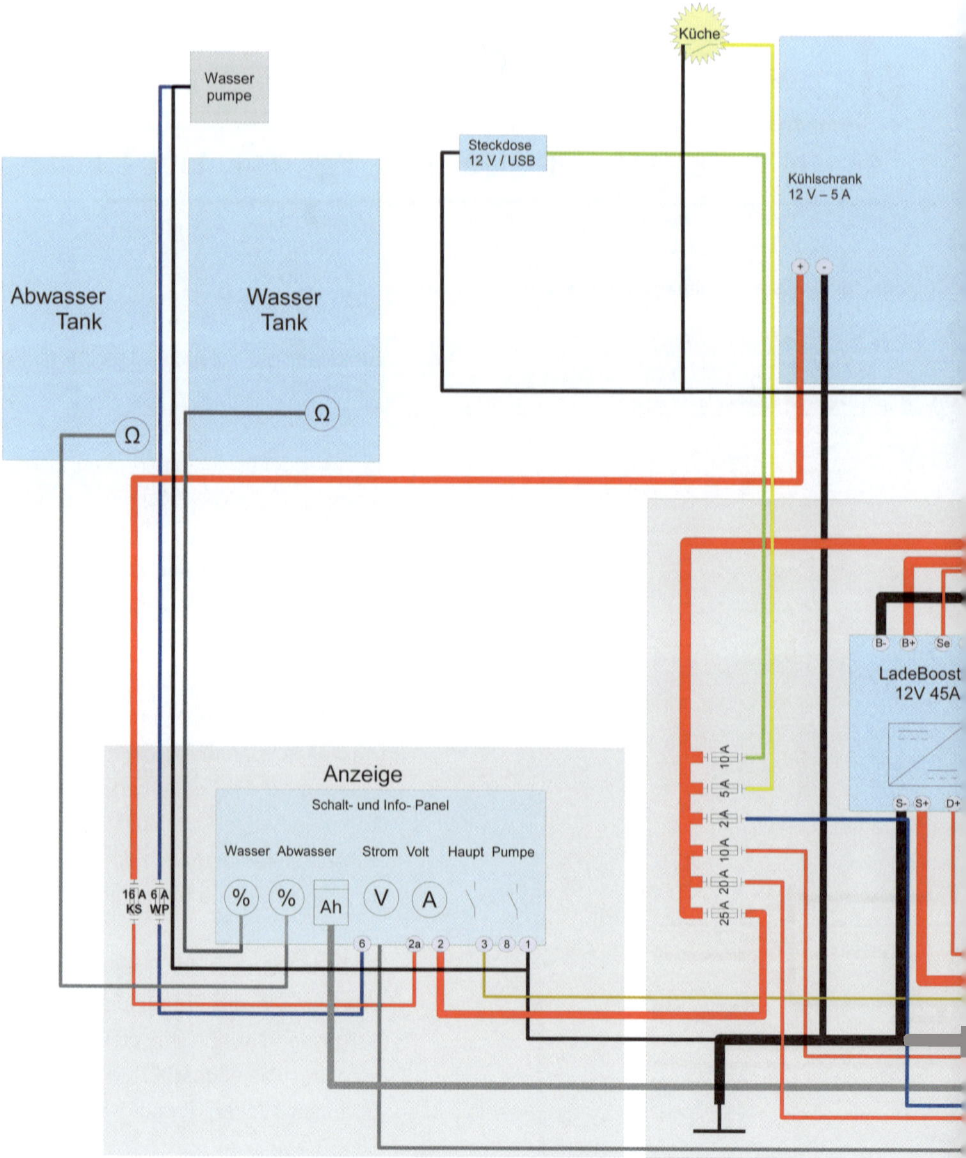

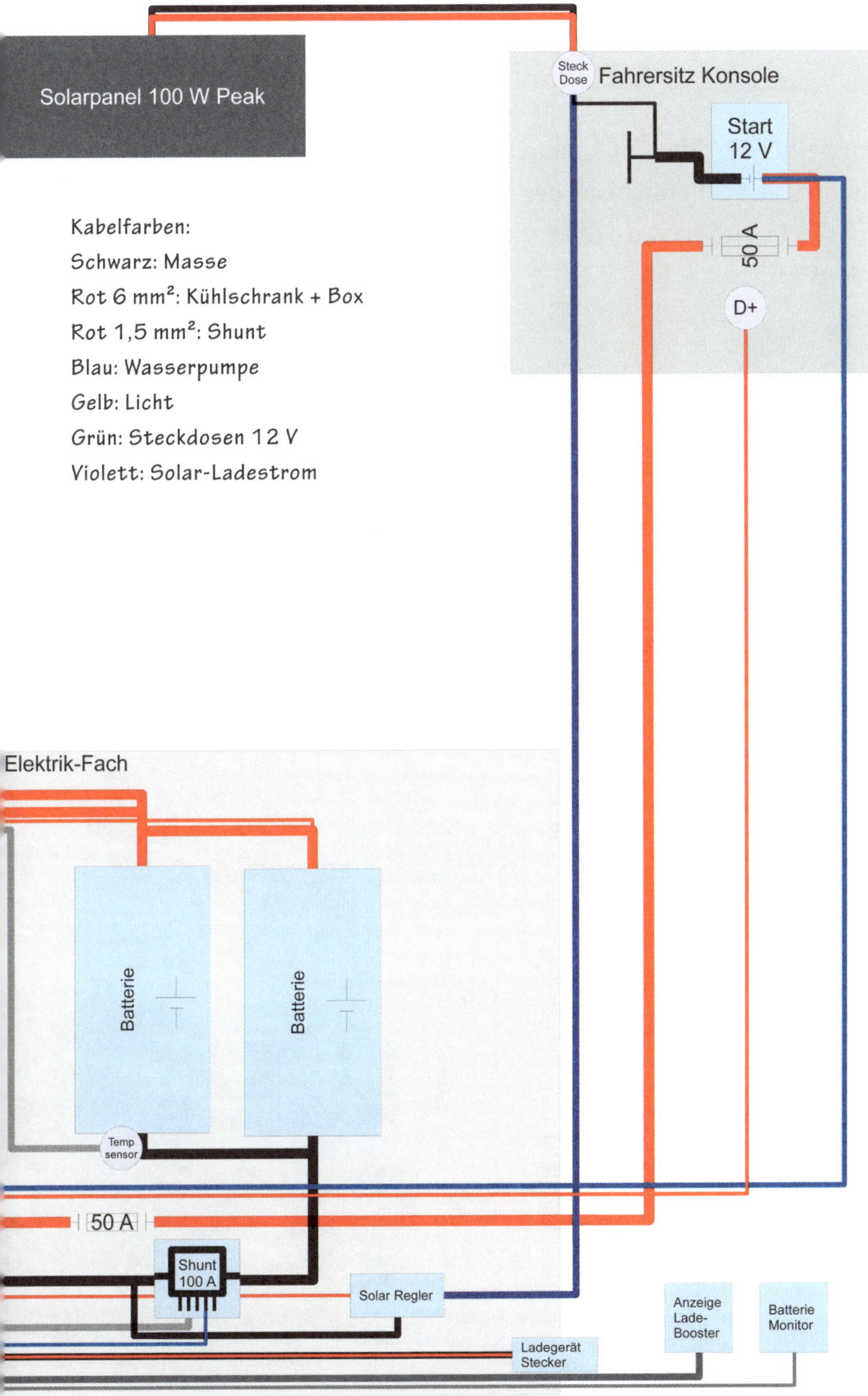
Solarpanel 100 W Peak
Kabelfarben:
Schwarz: Masse
Rot 6 mm²: Kühlschrank + Box
Rot 1,5 mm²: Shunt
Blau: Wasserpumpe
Gelb: Licht
Grün: Steckdosen 12 V
Violett: Solar-Ladestrom
Steck Dose
Fahrersitz Konsole
Start 12 V
50 A
D+
Elektrik-Fach
Batterie
Batterie
Temp sensor
50 A
Shunt 100 A
Solar Regler
Ladegerät Stecker
Anzeige Lade-Booster
Batterie Monitor

Grundlagen für die Order des Kofferaufbaus

Achtung: Bevor du deinen Koffer zum Ausbauen orderst, musst du dir 100% sicher sein, wie er aussehen soll. Schließlich soll der Koffer ganz deinen Wünschen entsprechen und nicht für die Tonne! Hast du die Raumplanung gemacht und alle Maße für den Koffer festgelegt?

Verstärkungen für Möbel und Wände

Wenn das Bett und die Schränke an der Innenwand des Koffers festgeklebt werden sollen, braucht es Verstärkungen, um die Last aufzunehmen und damit sich bei Pistenfahrten die Deckschicht nicht vom Sandwich löst. Mancher Hersteller klebt dafür eine Schicht aus Multiplex zwischen Schaum und Deckschicht, bei mir sind 3 mm starke Aluminiumplatten laminiert.

Für die Möbel brauchst du Verstärkungen in der Sandwich-Wand, zum Beispiel für das Bett, Tisch, Kühlschrank, Arbeitsplatte und falls Innenwände eingebaut werden sollen, eventuell auch dafür. Sollen Leerrohre für Stromleitungen verlegt werden, zum Beispiel für die Deckenlampe? Oder soll der Hersteller gleich Zwischenwände einbauen?

Zedernwald in Marokko

Wichtig ist, dass vor dem Baubeginn klar ist, wo die Verstärkungen gebraucht werden. Gehe deinen Innenplan durch und füge die Verstärkungen hinter den Möbeln ein.

Anbauten an der Außenwand
Außen gilt dasselbe, hast du genau überlegt, was außen noch alles angebaut werden soll? Staukästen unter dem Kofferboden können meist an den Verstärkungen zur Verbindung des Koffers mit dem Zwischenrahmen befestigt werden. Kläre mit dem Hersteller, wie das Innere des Kofferbodens im fertigen Zustand aussehen soll.

Willst du eine Markise, Sonnensegel, Sandbleche oder einen Fahrradträger anbauen? Auch hier sind Verstärkungen nötig, sonst musst du später durch das komplette Sandwich bohren und baust damit Kältebrücken ein.
Die auftretenden Kräfte sollten nicht unterschätzt werden. Bei Markisen und Sonnensegeln kommt einiges an Winddruck auf, wenn es mal kräftiger bläst.

Ein Fahrradträger am Heck eines geländegängigen WoMos muss auch einige Kräfte aushalten. Wie groß ist das Gewicht der Fahrräder, die mit sollen? Wie weit sind die Ausladung und damit der Hebelweg, der auf die Befestigungen wirkt? Selbst ohne Geländeeinsatz bei Fahrten auf schlechten Fahrbahnen, wie sie in abgelegenen Gebieten an der Tagesordnung sind, treiben Schwerkraft und Massenträgheit ihr Spiel.

Bodenverstärkungen
Sind in deinem Wohnmobil schwere Teile oder Gepäck untergebracht, gilt es auch hier, einen Blick darauf zu werfen. Bei uns ist es die Quadgarage, die mir schwer im Magen lag, bis sie fertig geplant war. Zum einen braucht es Verstärkungen im Boden, um die Last in den Hilfsrahmen einzuleiten und zum anderen muss das Quad auch während der Fahrt sicher befestigt sein.

Um die Stabilität der Heckgarage zu gewährleisten, haben wir zu den Querträgern im kompletten Boden weitere unter den Rädern des Quads eingeplant. Der Hilfsrahmen geht sowieso über die komplette Länge des Kofferbodens. Weiterhin wurde der LKW-Rahmen verlängert, damit der Hilfsrahmen komplett aufliegt.

Um das Arbeiten der Seitenwände zu vermeiden, sind die Innenecken hinten zusätzlich mit 100 x 100-mm-Aluwinkeln verstärkt.

Im Boden liegen Flachstahl-Elemente, um die Winde und die Ringschrauben für die Befestigung der Spanngurte zu befestigen.

Maße und Abstände von Türen, Klappen und Fenstern
Ein wichtiges Detail, das es zu beachten gilt, sind die Abstände der einzelnen Bauteile zueinander. So kann man, wie weiter vorne schon erwähnt, in einen Sandwich-Koffer nicht einfach die Tür ganz an der Ecke einbauen. Der Koffer ist aus Sandwichplatten zusammengeklebt. Das Sandwich besteht meist aus der äußeren und inneren Deckschicht, im Bild rechts oben hellgrau und einem Kern aus Schaum, hier hellgelb.
Die Ecken werden meist zu einem Profil gefräst, so dass die Klebefläche ein Z beschreibt und mit Winkeln aus GFK (Glasfaserverstärkter Kunststoff) oder Aluminium verstärkt wird (im Bild hellblau). Dabei kann auch zusätzlich ein Innenwinkel verarbeitet werden (hellgrau).

Der Rahmen der Tür besteht auch wieder aus einem GFK- oder Aluminiumprofil, im Bild dunkelgrau. Damit es ausreichend Klebefläche hat, um mit der Sandwichwand zusammengeklebt zu werden, braucht es auch dafür eine Fläche.
So ergibt sich in dem Beispiel aus dem Bild ein Abstand von der äußeren Ecke zum Durchgang im Türrahmen von 215 mm.

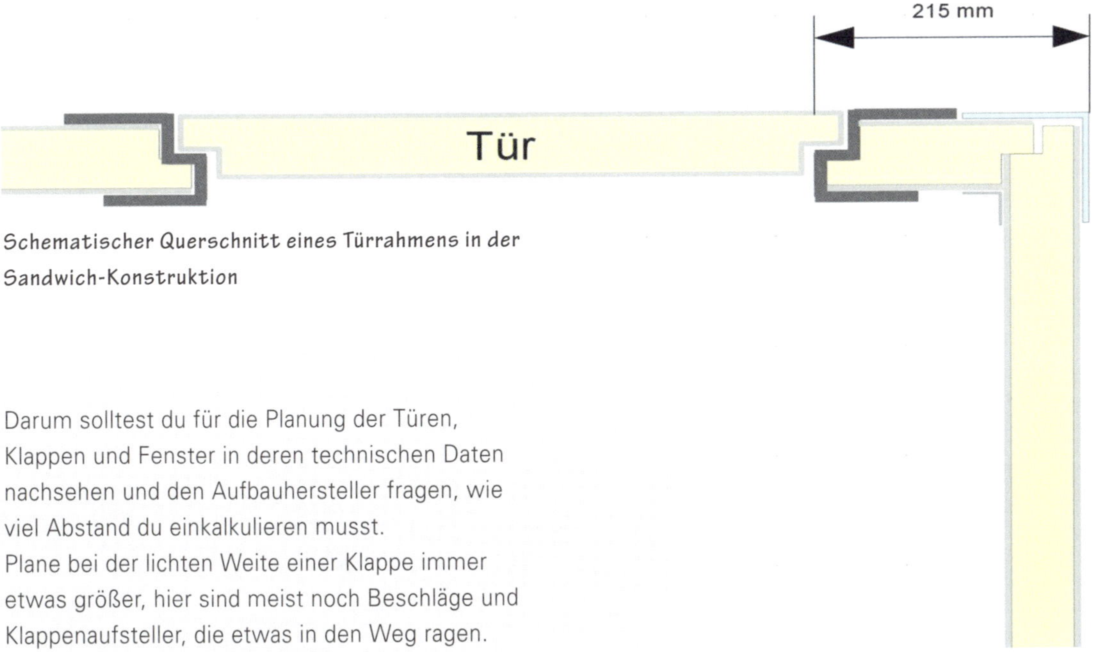

Schematischer Querschnitt eines Türrahmens in der Sandwich-Konstruktion

Darum solltest du für die Planung der Türen, Klappen und Fenster in deren technischen Daten nachsehen und den Aufbauhersteller fragen, wie viel Abstand du einkalkulieren musst.
Plane bei der lichten Weite einer Klappe immer etwas größer, hier sind meist noch Beschläge und Klappenaufsteller, die etwas in den Weg ragen. So sind bei meiner Quadgarage auf beiden Seiten Dämpfer, die die Klappe hochdrücken. Die Winkel, an denen sie fixiert sind, kommen beim Verladen den Kotflügeln meines Quads ziemlich nahe.

Umrissbeleuchtung
Da ein Koffer den Fahrzeugumriss deutlich verändert, benötigt er eine eigene Umrissbeleuchtung. Bei den meisten Herstellern ist sie von Anfang an inklusive. Wo soll dann das Kabel dafür aus dem Koffer herauskommen, damit es auf kurzem Weg angeschlossen werden kann?
Sprich am besten alle Punkte mit dem Kofferhersteller durch und fixiere alles schriftlich. Missverständnisse können hier teuer werden.

Schredder mit Umrissbeleuchtung

Ablaufplan für den Selbstausbau

Arbeitsplanungen mache ich bevorzugt mit einer Mindmapping-Software wie XMind. Darin kann man alles in ein Baumdiagramm packen und sehr einfach Dinge abhaken, verschieben, einfügen und vieles mehr.

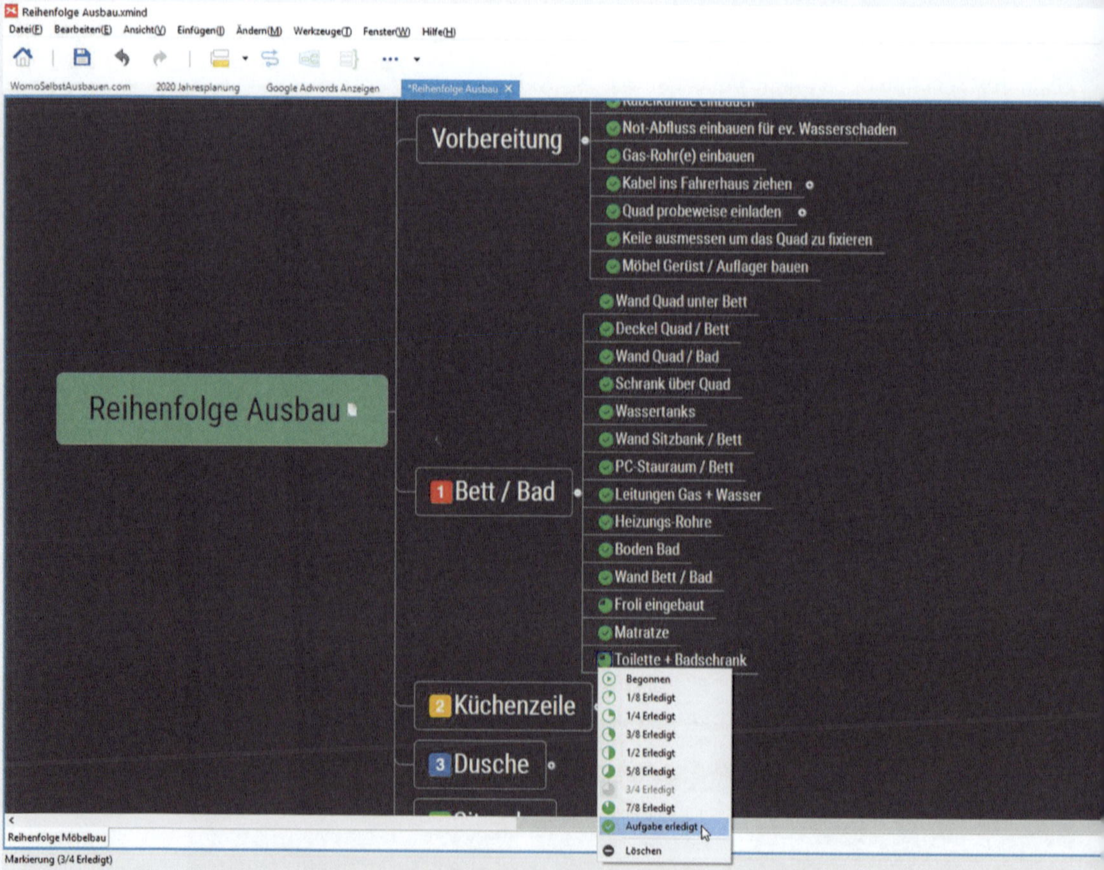

Beispiel für einen mit XMind erstellten Planungsablauf

Grundsätzlich würde ich mit den Leitungen, Einbaugeräten und Möbelwänden beginnen. Sind die Möbel erst mal eingebaut, ist es viel schwieriger, beispielsweise eine Standheizung einzubauen.

So habe ich zuerst an der Decke entlang Kabelkanäle an den Wänden befestigt, um die Leitungen für Rückfahrkamera, Beleuchtung und alle oben angebrachten Verbraucher zu legen. Das hat sich bewährt, denn so kann ich einfach eine

weitere Leitung einziehen oder bei Problemen einen Fehler finden.
Bei der Planung habe ich bereits einen Korridor für Leitungen im Boden und Küchenblock eingeplant, Wasserleitungen und Kabel zu großen Verbrauchern sollten nicht unnötig lang sein und finden dort ihren optimalen Platz. Arbeitsplanungen mache ich bevorzugt mit einer Mindmapping-Software, wie Xmind. Darin kann man alles in ein Baumdiagramm packen und sehr einfach Dinge abhaken, verschieben, einfügen usw. Wie ich das angehe, zeige ich im Video in meinem Onlinekurs und meinen Plan gibt es da als Download-Vorlage für Dich.

Als Nächstes habe ich die Geräte, die am Boden eingebaut werden, die Gasleitung und die Wassertanks zumindest mal an ihren zukünftigen Platz gelegt, um zu sehen, ob alles passt.

Die Wassertanks habe ich mit lösbaren Verbindungen versehen, damit ich sie zum Reinigen oder bei Problemen einfach herausnehmen kann.
Ebenso kann ich den Kühlschrank, den Herd, die Duschwanne und den Abwassertank jeweils mit wenigen Handgriffen entfernen.

Danach habe ich von hinten angefangen zu bauen, da das Quad und das Bett feste Maße vorgeben. So baute ich bis zur hinteren Sitzbank.

Als nächstes begann ich mit dem Bad, Küchenblock und der Dusche. Zuerst der Küchenblock, dann musste ich nicht immer mit den Bauteilen durch die Dusche. Danach kamen die Wand der Dusche und die vordere Sitzbank. Die Breite des Tisches ergab sich danach aus dem freien Raum zwischen den Sitzen.

Als letztes wurden der Abwassertank, Duschkonsole und die Duschwanne, also alles was im Eingang Platz findet, eingebaut.

Die Leitungen wurden jeweils vor dem Einkleben der Möbel verlegt, manchmal auch später, wenn es einfach zu machen war.

03

An der Transalpina, der höchsten befahrbaren Straße Rumäniens

Camp am Allier, französisches Zentralmassiv

Komponenten

Anders als in einem Haus haben wir beim Wohnmobil keine ständig angeschlossenen Zuleitungen, die unsere Verbraucher versorgen. Also müssen wir Wasser und Strom selbst vorhalten. Dafür benötigen wir Tanks für Frisch- und Abwasser und eine Speichermöglichkeit für Strom.

Wasservorrat
Um an einem schönen Platz ein bisschen länger bleiben zu können, müssen wir ungefähr wissen, wie viel Strom und Wasser wir pro Tag verbrauchen. Dies lässt eine Schätzung zu, wie lange wir später autark sind.

Zwei Leute verbrauchen zum Duschen circa 20 Liter Wasser. Rechnen wir weitere zehn Liter zum Trinken, Kochen und Spülen dazu, kommen wir auf ca. 30 Liter pro Tag. Duschen wir nur alle zwei Tage, kommen wir mit 20 Liter pro Tag aus. Das sind dann bei 300 Liter im Tank fünfzehn Tage Autarkie. Wir selbst brauchen bei sparsamer Nutzung noch weniger Wasser und kommen so auf eine längere Nutzungsdauer von circa drei Wochen.

Strombedarf
Ebenso können wir den Strombedarf berechnen, nur gibt es hier mehr Verbraucher und Variablen, wie zum Beispiel beim Stromertrag aus den Solarmodulen, der sich nach dem Sonnenstand und Wetter richtet.

Die größten Verbraucher sind im Sommer Boiler und Kompressor-Kühlschrank und im Winter die Heizung sowie die Beleuchtung, falls es keine LED-Lampen sind. Dazu kommen die ganzen Kameras, Computer und Gadgets, die man so dabei hat.
Im Sommer gibt es meist ausreichend Solarertrag, dafür läuft aber auch der Kühlschrank auf Hochtouren, um trotz Hitze den Inhalt kalt zu halten. Im Winter können wir den Kühlschrank meist ausschalten, dafür bringt die Sonne kaum Ertrag, da sie im flacheren Winkel auf die Solarpanels auftrifft.

Ausbauplatten für Wohnmobile
Das Möbelmaterial für deinen Wohnmobil-Ausbau soll leicht, stabil und einfach zu bearbeiten sein. Multiplex-Platten sind ähnlich wie Sperrholz aufgebaut, bestehen aber aus einer ungeraden Zahl von kreuzweise verleimten, gleich starken Furnierlagen. Dadurch sind sie wesentlich steifer als Sperrholzplatten.
Am häufigsten wird dabei Pappel-Multiplex eingesetzt. Pappel ist ein sehr fein gemasertes, relativ leichtes Holz.

Unbeschichtete Pappel-Multiplexplatte

Das Gewicht der Holzarten wird in Kilogramm pro Kubikmeter angegeben. Pappel wiegt ca. 460 Kilo pro Raummeter, Buche 680 Kilo. Zu einer Multiplex-Platte verarbeitet, wird es durch den Leim-Anteil noch etwas schwerer.

Pappel-Multiplex-Platten bekommt man im Holzhandel unbeschichtet oder mit HPL Beschichtung, das ist die Oberfläche, die bei Küchenmöbeln verwendet wird.
Bei Reimo gibt es Pappel-Platten mit Folienbeschichtung, die deutlich leichter sind. Allerdings ist die Folie nicht so robust wie HPL.
Bei der Firma Vöhringer in Trochtelfingen werden Plattenwerkstoffe für Wohnmobilhersteller produziert. Dort gibt es immer wieder Restposten im Fabrikverkauf. Schau einfach auf der Website unter www.v-group.com, was gerade angeboten wird.
Wenn es dir nicht so auf das Gewicht ankommt und du ein Freund von Massivholz bist, sind Dreischichtplatten eine gute Wahl.
Auch als Brettsperrholz bezeichnet, bestehen sie aus drei Schichten Nadelholz, meist Fichte. Sie sind in Stärken von 19 Millimeter, aber auch von 13 oder 27 Millimeter im Holzfachhandel zu bekommen. Dreischichtplatten lassen sich sehr gut verarbeiten, ob durch Schrauben oder Verleimen. Mit 470 Kilogramm pro Raummeter ist Fichte im Mittelfeld.

Es gibt verschiedene Qualitäten. Die beste Stufe ist A, dann kommen B und C. Du solltest A/B nehmen, wobei die A-Seite die sichtbare Seite werden sollte. C hat Astlöcher und unschöne Stellen und ist für die unsichtbaren Teile der Konstruktion gedacht.
Da es sich um rohes Holz handelt, muss es später gestrichen oder mit Wachs behandelt werden.

Dreischichtplatte

Bei den Plattenwerkstoffen solltest du darauf achten, dass die später zur Verwendung kommenden Beschläge zur Stärke der Platten passen. Topfscharniere sind für eine 13-mm-Platte unbrauchbar.

Ich habe in unserem Schredder Banova verbaut, das ist sehr leichtes mehrschichtiges Balsaholz mit HPL-Beschichtung. Allerdings ist das nicht so druckstabil und auch schwierig zu verschrauben. Außerdem ist es inzwischen nicht mehr lieferbar.

Plattenaufbau einer Ausbauplatte am Beispiel Banova

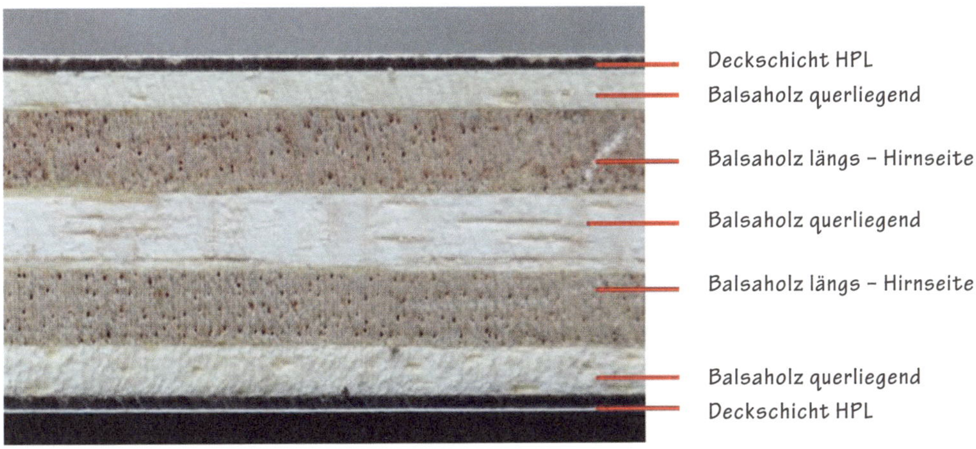

Dreischichtplatten Bambus

Dämmung des Fahrerhauses mit Xtrem Isolator

Für die Arbeitsplatten und den Boden haben wir Dreischichtplatten aus Bambus verwendet. Das ist sehr stabil aber auch mit 700 kg Raumgewicht recht schwer.

Tipp: *Für den Boden lässt sich auch wasserfest verleimte Siebdruckplatte verwenden. Sie wird von vielen Unternehmen sowohl beim Bau vom Wohnkabinen, als auch beim Bau von Anhängern, Transportern und LKW-Aufbauten als robuste und wasserresistente Bodenplatte eingesetzt.*

Für die Wand zwischen Dusche und Sitzecke habe ich eine Kunststoff-Stegplatte in Milchglasoptik verwendet. Das ist absolut wasserfest und bringt bei geöffneter Tür Helligkeit in den Wohnbereich sowie in die Dusche. Dort habe ich auch zwei LED-Lampen angebracht, die die ganze Platte zum Leuchten bringen.

Freie Blechflächen mit aufgeklebten Anti-Dröhnmatten

Dämmung für Kastenwagen und Blechkoffer

Hat man sich für einen Kastenwagen entschieden, muss das nackte Blech verkleidet werden, wenn es darin wohnlich werden soll. Dabei sollte auch eine Wärmedämmung Einzug ins zukünftige Wohnmobil nehmen. So im Sommer die Wärme länger draußen und in kühleren Zeiten länger drinnen.
Außerdem dröhnt so eine leere Blechkiste ziemlich stark, daher sollten freie Blechflächen daran gehindert werden, indem man eine Schicht aus Anti-Dröhnmatten aufklebt.

Eine gute Möglichkeit der Dämmung sind PE-Schaumplatten, die es zum Beispiel bei Reimo als X-trem Isolator Platten gibt.
Dazu ist zu sagen, dass die Innenfläche der Blechkarosserie der Kondensationspunkt für Luftfeuchtigkeit ist, wenn das Blech kalt ist. Darum sollte er entweder luftdicht vom Innenraum getrennt sein oder

einen Abstand zur Dämmung haben, der gewährleistet, dass entstehendes Kondensat abfließen kann. Im PKW ist das Konzept so, dass die Blechkarosse die Außengrenze des Fahrzeugs darstellt und jeweils am unteren Rand der Karosserie Öffnungen sind, aus denen kondensiertes oder eingetretenes Wasser abfließen kann. Sind diese verschlossen, beginnt der Zerfall in Form von sich sammelnder Feuchtigkeit und Rost.

Für ein Mobil, das von Frühjahr bis Herbst und vielleicht mal im Winter zum Wohnen genutzt werden soll, würde ich die Blechflächen zuerst genau auf Roststellen überprüfen und auf jeden Fall vorsorglich Rostschutz und Hohlraumschutz auftragen. Dann die dröhnenden Flächen mit Anti-Dröhnmatten beruhigen.

Danach würde ich die Segmente zwischen den Säulen mit den Xtrem-Matten auskleiden, wobei das Optimum wohl wäre, die Dämmung hinter der Verkleidung einzubringen, um einen Abstand zum Blech zu halten. Da man aber wenig Platz verschenken und keinen großen Aufwand betreiben möchte, wird das Blech meist beklobt bis die Hohlräume mit dem Dämmmaterial ausgefüllt sind.

Um die Kältebrücken der Karosseriesäulen und -streben abzudecken, wäre es sinnvoll, ein Gitter aus fünf bis sechs Zentimeter breiten Multiplexbrettchen in der Stärke der Dämmmatten anzubringen. Dafür würde ich selbstbohrende Blechschrauben zur Fixierung benutzen und die Abstände zwischen den Brettchen so wählen, dass sie zwei bis drei Millimeter kleiner sind als die Hälfte oder ein Drittel der Breite der Dämmmatten.

Danach würde ich die Dämmmatten mit dem Cuttermesser der Länge nach in zwei oder drei Teile schneiden und diese Teile zwischen die Brettchen

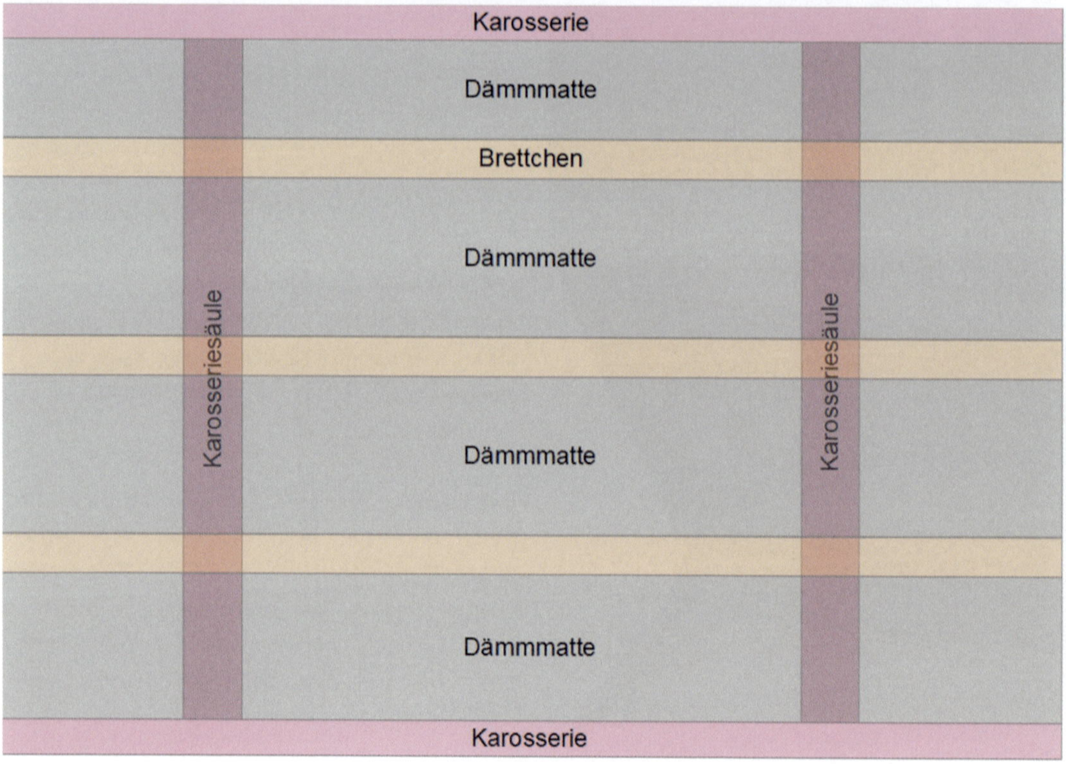

Prinzip der Kastenwagen-Dämmung

»Nut und Feder«-Verbindung im Wohnmobil

klemmen. Das ist dasselbe Prinzip wie die Aufsparren-Dämmung in Häusern.
Nun kann man die sichtbare Deckschicht aufbringen, zum Beispiel aus Verkleidungsplatten, Sperrholzplatten oder »Nut-und-Feder«-Hölzern. Nut-und-Feder-Bretter würden im Falle eines Unfalles aufreißen und splittern, so dass spitze Stücke entstehen, die zu schweren Verletzungen führen können. Das kann sogar zur Verweigerung der Wohnmobil-Zulassung führen.

Aus diesem Grund und weil Nut-und-Feder-Bretter schwer und dick sind, würde ich für das Wohnmobil aus 3- oder 5-Millimeter-Sperrholz die Federn schneiden und ebenso die »Bretter«. Dabei lassen sich auch die Abstände variieren und auch ganz weglassen, dass nur kleine Nuten zwischen den Brettern zu sehen sind.
Bei der Oberflächenbehandlung kann man sogar verschiedene Farben benutzen, hier sind der Kreativität keine Grenzen gesetzt. Für die Fixierung auf einem Holzgerippe kann man Nägelchen verwenden, auf Karosserieteilen Blechschrauben.

Ich würde eine helle Farbe benutzen, zum Beispiel Wachs von Osmo mit weißen Pigmenten. Damit wird es im WoMo heller und man sieht Moskitos besser.

Fenster
Fenster sollen Licht und Luft ins Wohnmobil bringen, aber auch Wind und Wetter draußen halten. Es gibt Fenster aus Kunststoff oder Glas. Da im WoMo Menschen befördert werden, müssen sie bestimmte Kriterien für Splitterschutz einhalten, um für den Einbau zugelassen zu sein.
Kunststoff ist leicht und damit optimal für den mobilen Betrieb. Allerdings verkratzt es auch ziemlich schnell, daher erobern immer mehr Hersteller von Glasfenstern den Markt.

Die bekanntesten Fenster sind die der Marke Seitz. Sie sind in vielen Mobilen zu finden und haben Scheiben aus Kunststoff. Inzwischen gibt es sogar einen Hersteller, der als Ersatz für die Kunststoffscheiben von Seitz passende Glasscheiben anbietet. Dadurch lassen sich die Fenster leicht zur kratzfesteren Variante aufrüsten.

Wir haben im Schredder Glasfenster von Outbound eingebaut, einem niederländischen Hersteller. Sie sind ganz gut, aber inzwischen gibt es auch eine Handvoll neuer Glasfenster verschiedener Hersteller.

Beim Kauf solltest du darauf achten, dass die Fenster eine Stellung zur Belüftung haben, in der sie sich nicht von außen öffnen lassen. So kannst du nachts lüften ohne die Gefahr, unerwünschten Besuch zu bekommen. Der innere Rahmen besteht meist aus einer Rollo-Kombination aus Moskito- und Verdunklungsrollo. Hier solltest du darauf achten, dass seitlich keine Moskitos hineinkommen können. Kaufe am besten gleich die komplette Kombination aus Fenster und Innenrahmen, ich hatte schon den Fall, dass die Innenrahmen nicht lieferbar waren und dann aus dem Programm genommen wurden. So hatte ich selbst eine Lösung basteln müssen.

Stromversorgung

Für die Zusammenstellung der Elektronik gibt es eine riesige Auswahl an Komponenten. Bei den bisherigen WoMos habe ich immer selbst das kombiniert, was ich aus Katalogen und Anleitungen für gut befand. Meistens hat es gut funktioniert, aber nie perfekt.

Oft war der bekannte Wurm drin, es gab mal wieder Strom-Notstand und wir mussten einen Fahrtag einlegen, um die Batterien zu laden.
Für unser Weltreisemobil war es mein Ziel, dass dies nicht mehr vorkommt. Über die Herstellerfirma Victron kam ich zu deren deutschem Importeur TransWatt. TransWatt baut seit 1980 Akkusysteme für die vielfältigsten Anwendungen.

Diesmal habe ich ein Konzept vom Profi und Elektronik, die zusammen funktioniert. So konnte ich gemeinsam mit den Männern von TransWatt den Schaltplan entwickeln und meine Anlage selbst einbauen.
Danach bin ich zur Werkstatt nach Soest gefahren und habe die Anlage von den Profis durchchecken lassen. Dort haben wir gemeinsam die Inbetriebnahme vollzogen und einen Fehlercheck gemacht.
Was hast du davon? Du kannst deine Anlage anhand von den von uns gemeinsam entwickelten Schaltplänen zusammenbauen und dabei lernen wie sie funktioniert. Später kannst du die Anlage ebenfalls vor der Inbetriebnahme bei TransWatt durchchecken lassen. Und für die Teile bekommst du sogar noch Sonderkonditionen beim Einkauf.

Falls du dich gar nicht mit der Elektroinstallation befassen willst, kann TransWatt auch alles für dich einbauen, allerdings fehlt dir dann das Know-how, um deine Anlage im Notfall selbst reparieren zu können. Weitere Infos dazu und zu den anderen Komponenten findest Du auf

www.womoselbstausbauen.com/buchboni

Selbstverständlich gibt es auch andere Hersteller, die gute Anlagen und Komponenten anbieten, doch ich kann nur beschreiben, was ich kenne.

Vergleich Lithium-Akku und AGM-Batterie
Da ich kein Elektroniker bin, hier die Rechnung von TransWatt als Fallbeispiel:

Vergleicht man nun einen Lithium-Ionen-Akku, z. B. eine Transwatt-Hochleistungsbatterie Typ TH 12-300 mit einer wartungsfreien Bleibatterie (GEL/AGM), die ebenfalls eine entnehmbare Kapazität von 3180 Wattstunden (Wh) haben soll, gilt folgende Rechnung: (2 x 12 V x 220 Ah x 50%) = 2640 Wh.

Da die wartungsfreien Bleibatterien nur um 50% entladen werden sollen, sind 2 Blöcke mit je 12 V-220 Ah notwendig. Diese Kapazität ist allerdings nur dann verfügbar, wenn die Batterie mit Nennstrom (11A) entladen wird. Tatsächlich sind die Entladeströme aber deutlich größer, so dass nach der Peukert-Gleichung, die Wilhelm Peukert 1897 nach Versuchen an Bleiakkumulatoren aufstellte, die entnehmbare Kapazität noch einmal abnimmt. Temperaturen unter 25 °C führen ebenfalls zu einer Kapazitätsabnahme. Werden diese Punkte angemessen berücksichtigt, ist

!	die verfügbare Kapazität eher weniger als 2150 Wh
!	das Gewicht ca. 132 kg
!	die Zyklenzahl (Lebensdauer) ca. 600 Zyklen (bei 50%)

Portables Solarpanel am Sprinter

Beim Lithium-Ionen-Akku (hier TransWatt – Hochleistungsbatterie TH 12-300) entfällt hier der Peukert-Effekt. Das bedeutet, dass die verfügbare Kapazität von der Entlade-Stromstärke unabhängig ist. Außerdem ist der Temperatureinfluss fast zu vernachlässigen. Unter diesen Bedingungen (eine Entladetiefe von 80% angenommen) ist:

+ die verfügbare Kapazität 3180 Wh,
+ das Gewicht ca. 34 kg,
+ die Zyklenzahl (Lebensdauer) über 2000 Zyklen,

Weitere Vorteile der Lithium-Batterie sind:

+ geringeres Volumen,
+ geringe Selbstentladung,
+ sehr kurze Ladezeit (Voll-Ladung in 2–3 Stunden),
+ kein Memory-Effekt – d. h. Teilladungen sind zulässig,
+ keine Sulfatierung.

Die höheren Kosten beim Kauf relativieren sich sehr schnell, wenn man die um ein Vielfaches

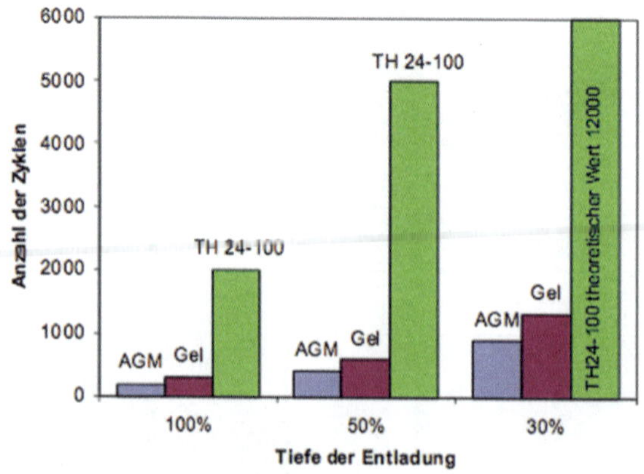

Vergleich der Zyklenzahlen.

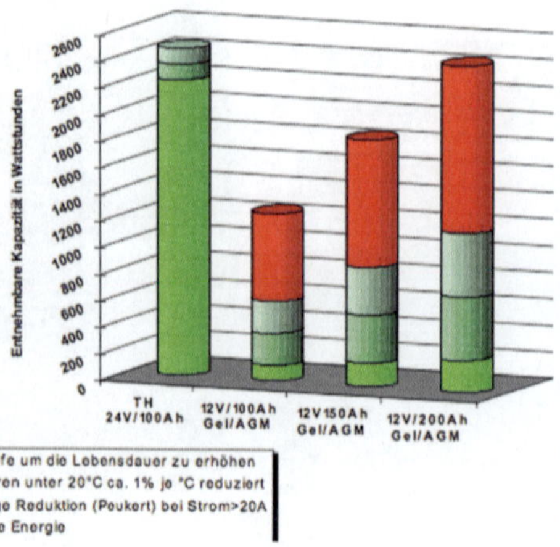

Vergleich der verfügbaren Kapazitäten (Quelle: www.transwatt.de)

Camp am Mittelmeer Kroatien

höhere Einsatzzeit berücksichtigt. Zusätzlich kann ein entsprechendes »Batteriesystem« mit deutlich geringeren Amperestundenzahlen ausgelegt werden, da die Kapazität ja praktisch unabhängig vom Endladestrom und der Temperatur ist.
In den beiden Diagrammen 1 und 2 sind die Verhältnisse grafisch dargestellt. Dabei wird deutlich, dass das Preis-Leistungsverhältnis bei der TransWatt-Batterie bereits dann besser ist als das einer AGM- oder GEL-Batterie, wenn man nur die Lebensdauer (Zyklenzahl) berücksichtigt.

Soweit die Theorie, ich erkläre es hier nochmal in der Praxis, so verstehe ich das auch besser.
In unserem Sprinter waren zwei AGM-Batterien parallel geschaltet eingebaut mit jeweils 110 Ah bei 12 V Systemspannung. Eine AGM-Batterie kann man bis auf ca. 50% entladen, darüber hinaus sinkt die Lebenszeit der Batterie deutlich, wie man in der Grafik »Vergleich der Zyklenzahlen« sieht.

Entlädt man sie öfter darüber hinaus, sinkt die Lebensdauer gravierend. Rechnen wir mit 50 % Entladung, ist der Akku leer. Die Spannung fällt unter
12 V. Das sind bei zwei Akkus á 110 Ah 110 Ah, die wir nutzen können oder besser 100 Ah um die Batterielebensdauer nicht überzustrapazieren.

Einmal sind wir quer durch Frankreich gefahren, bei aktivem B2B-Wandler. Dieser brachte maximal 45 A, was rechnerisch die Batterien in drei Stunden locker gefüllt hätte. Das Problem aber ist die Lade-Kennlinie. Nach circa 80 % wird der Ladestrom immer weiter minimiert, damit er die Batterie nicht zerstört. Also sa-

hen wir am Anfang der Fahrt auf dem Display um die 40 Ampere, nach kurzer Zeit fiel der Ladestrom kontinuierlich. Nach zwei Stunden Fahrt war der Ladestrom noch einstellig, wir hätten noch viel weiter fahren müssen um 100 % Ladezustand zu bekommen. Heute, mit Lithium-Akkus ist die Lade-Kennlinie deutlich anders und das sieht man auch auf dem Display. Liegen meine 25 A von der Lichtmaschine an, dann werden auch 25 A in die Batterie geladen. Fahren wir in der prallen Sonne, kommt der Solarstrom noch dazu.

Erst wenn die Akkus ca. 95 % geladen sind wird die Kennlinie flacher, das heißt der Ladestrom reduziert. So ist die Bordbatterie in deutlich kürzerer Zeit gefüllt.

Beim Entladen kann der Akku bis auf 20% der Kapazität genutzt werden. Damit haben wir ungefähr doppelt soviel Strom zur Verfügung wie bei einer AGM-Batterie mit gleicher Ah-Angabe, die maximal bis zur Hälfte entladen werden soll.
Denken wir noch mal über das Gewicht nach, haben wir mit den Lithium-Akkus in dem von TransWatt erklärten Fall 99 kg gespart.

Lithium-Eisenphosphat-Batterien und Kälte
Achtung: Sinkt die Temperatur der Akkuzellen unter 0 °C, dürfen sie nur noch mit einem minimalen Ladestrom von 0,5 A geladen werden, beziehungsweise bei dauerhaft angeschlossenem Landstrom auf voller Ladung erhalten werden.

Batterie-Typen im Vergleich

In Reisemobilen werden fast ausschließlich verschlossene Batterien verwendet, VLAR Valve Regulated Lead Acid. Diese sind wartungsfrei, ein nachfüllen von Wasser ist nicht erforderlich bzw. nicht mehr möglich. So sind die gebräuchlichsten Bauformen Gel- oder AGM-Batterien.

Bei Bleiakkus, die unter anderem als Starterbatterie eingesetzt werden gibt es ein Auge auf den Lade- und Entladestrom zu werfen. Eine Starterbatterie muss hohe Ströme in kurzer Zeit liefern um selbst im Winter ausreichend Energie für den Starter zu geben, damit der Motor gestartet werden kann. Dafür verträgt eine Starterbatterie auch einen höheren Ladestrom.
Anders ist dies im Wohnbereich eines Wohnmobils, hier wird ständig Strom in geringerer Stärke abgenommen und von der Solaranlage hoffentlich bald nachgeliefert. Die Einheit dafür ist C, die die Kapazität eines Akkus in Verhältnis zur Stromstärke angibt. Also bei einer 100-Ah-Batterie entspricht 1 C 100 Ah Entladestrom.

Für unsere Versorgungsbatterien im Wohnmobil können wir uns an der Tabelle orientieren:

Batterie-Typ	Entladestrom	Ladestrom
Lithium-Batterie (LFP)	3 C	0,5 C
Solarbatterie (herkömmlich)	0,3 C	0,2 C
AGM-Akku	0,3 C	0,2 C
Gel-Akku	0,2 C	0,1 C

Bei AGM-Batterien ist der Elektrolyt in einem Glasflies gebunden (Absorbent Glass Mat). Bei Gel-Batterien ist der Elektrolyt in Gel gebunden. AGM-Batterien sind aufgrund Ihrer Bauform gut geeignet für höhere Strombelastungen.

Gel-Batterien sind für größere Zyklenzahlen gebaut. Seit einigen Jahren bekommen die Bleiakkus starke Konkurrenz von den Lithiumbatterien. Die Lithium-Eisenphosphat (LiFePO4 oder LFP-)Batterie ist dabei der sicherste der regulären Lithium-Eisen-Batterietypen. Diese bestehen aus drei oder sechs einzelnen Zellen für 12 V beziehungsweise 24 V Batterien.

Ebenso wie bei Bleiakkus gibt es aber auch hier Grenzen, in denen sie sich »wohlfühlen«
Wichtige Fakten dabei sind:

1. Eine LFP-Zelle wird versagen, wenn die an der Zelle anliegende Spannung auf einen Wert unter 2,5 V fällt.
2. Eine LFP-Zelle wird versagen, wenn die an der Zelle anliegende Spannung auf einen Wert über 4,2 V ansteigt.
3. Die Zellen einer LFP-Batterie führen am Ende des Ladezyklus keinen automatischen Ausgleich durch.

Die Zellen in einer Batterie sind nie zu 100 % gleich. Aus diesem Grund sind einige Zellen beim zyklisieren früher voll aufgeladen bzw. entladen, als andere. Diese Unterschiede werden stärker, wenn die Zellen nicht von Zeit zu Zeit ausgeglichen werden.
Es ist daher ein Batterie-Management System erforderlich das abgesehen vom Zellenausgleich noch folgende Funktionen erfüllt:

- Schutz der Zelle vor einer Unterspannung durch das rechtzeitige Abschalten der Last.
- Schutz der Zelle vor einer Überspannung durch Reduzierung des Ladestroms bzw. Abschalten des Ladevorgangs.
- Abschalten des Systems im Falle einer Übertemperatur.

Daher ist ein Batterie-Management (BMS) ist für die Verhinderung von Schaden an Lithium-Ionen-Batterien unverzichtbar. Zu den Bauteilen für das BMS kommen wir nachher.

Lithium

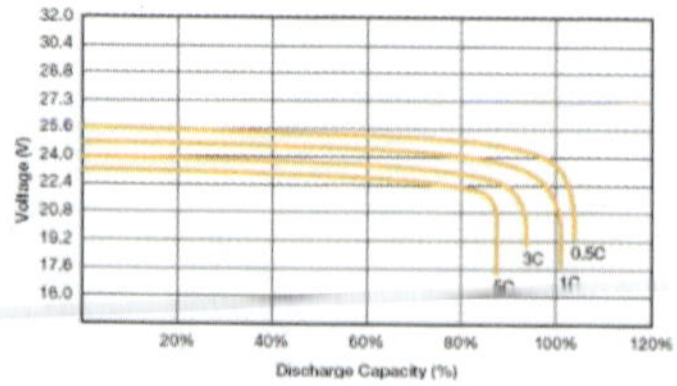

AGM/ Gel

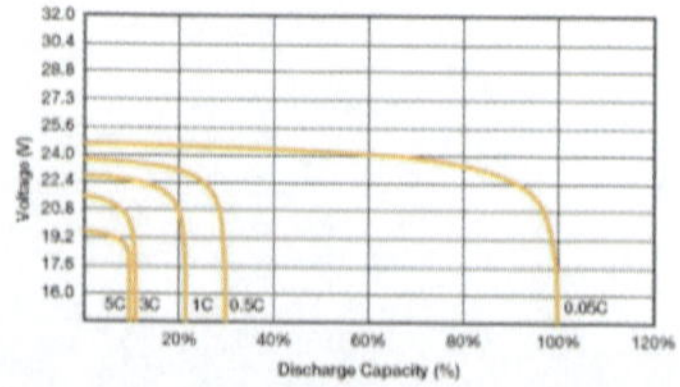

Entladekapazität im Vergleich LFP-Blei

Vergleich der Entladekapazitäten von LFP und Bleiakkus bei 24 V

Die LFP-Akkus können also bis zu 80% der Kapazität entladen werden. Aber damit nicht genug, haben die LFP-Akkus noch weitere Vorteile:

- Geringes Gewicht (bis ca. 1/3 gegenüber Blei)
- Energiedichte ca. 90 Wh/kg (Blei ca. 30 Wh/kg)
- Zyklen auf 20% der Kapazität
- Kapazität kaum Entladestrom abhängig (Peukert)
- Längere Lebensdauer (mehr Zyklen)
- Keine Abhängigkeit der Kapazität von der Umgebungstemperatur

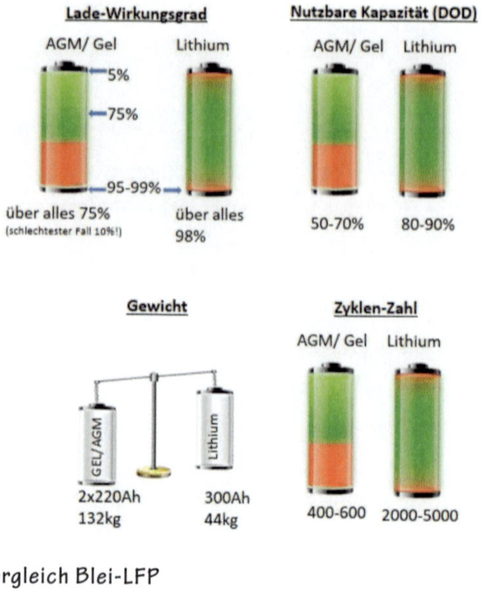

Vergleich Blei-LFP

Ladekennlinie

Das Problem, was wir auf unserer Tour durch Frankreich hatten, erklärt sich, wenn man die Ladekurve der AGM (Blei-)Akkus betrachtet.
Der Ladestrom (blau) ist am Anfang hoch und wird dann dann stark abgesenkt, wodurch die Vollladung erst nach knapp sechs Stunden erreicht ist.

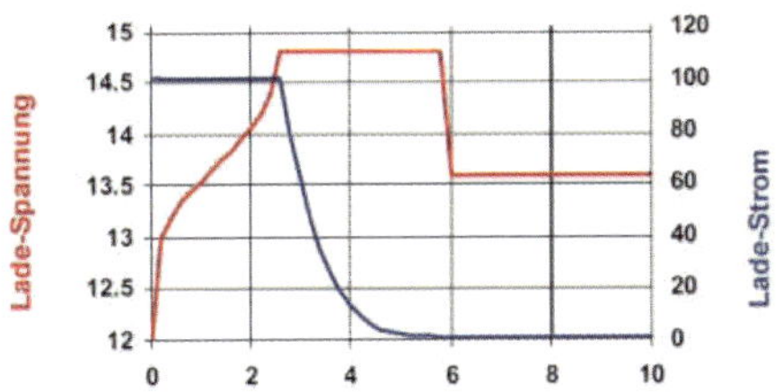

Ladekurve Blei-Akku

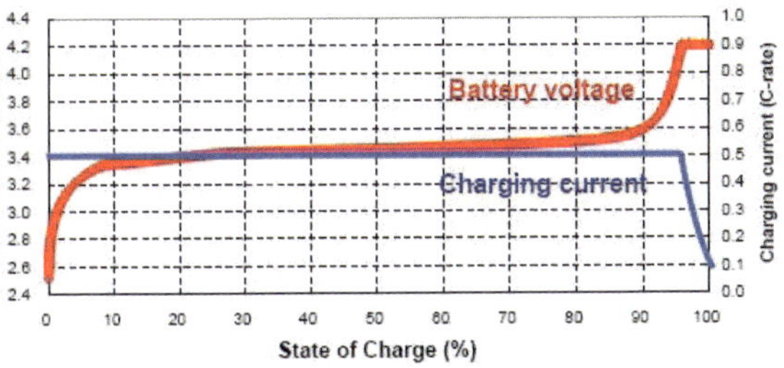

Ladekurve LFP-Akku

Dagegen sieht es bei einem LFP-Akku ganz anders aus. Der Ladestrom ist bis fast zum Schluss konstant, erst ab circa 95% der Vollladung wird er herunter geregelt. Auch können höhere Ströme aufgenommen werden.

Dafür ist der Kaufpreis einer erst-Investition deutlich höher als bei Bleibatterien. Zum Preis der Akkus kommen noch die Teile des Batterie-Managements hinzu.

Außerdem sollten die Akkus nicht sehr hohen oder tiefen Temperaturen ausgesetzt werden, am besten sind sie im Innenraum untergebracht.

Lade-Elektronik exemplarisch erklärt am Beispiel meiner Victron-Anlage

Das gilt im Prinzip für alle Schaltungen in Wohnmobilen, wobei die Komponenten variieren können. An der Lade-Seite können verschiedene Stromquellen angeschlossen werden, die parallel laden können. Ebenso wie auf der Entlade-Seite mehrere Verbraucher nuckeln.

Keine Angst vor der Technik

Anfangs hatte ich einfach mal gemacht, was mir die Leute von TransWatt vorgegeben haben ohne sofort alles zu verstehen. So viele kleine blaue und schwarze Kästchen und noch mehr Kabel, wer blickt da schon auf Anhieb durch? Aber kein Problem. Mit meinem Schaltplan, den ich gemeinsam mit TransWatt entwickelt habe, baust du einfach alles zusammen, OHNE die Anschlüsse an Bord- und Starter-Batterien anzuschließen. So passiert erst mal nichts. Dann fährst du zu TransWatt (vorher einen Termin machen) und zeigst ihnen das Ganze, am besten bevor du die Möbel drumherum baust. Hier bekommst du auch dicke Kabel auf Maß zusammengestellt, so ersparst du dir, das Werkzeug dafür zu kaufen. So habe ich das ebenfalls gemacht. Dann zeigst du ihnen die Anlage, woraufhin sie dir die Fehler erklären, die du eingebaut hast. Dann wird alles richtig gestellt, was zu machen ist und angeschlossen. Jetzt hast du eine profimäßig installierte Anlage zu einem günstigen Preis und weißt auch noch Bescheid, was zu tun ist, wenn ein Fehler auftaucht.

Die Komponenten findest du inklusive Datenblättern und Anleitungen auf https://www.victronenergy.de/.

Auf den folgenden Seiten ist der komplette Schaltplan unseres Wohnmobils »Schredder« beschrieben:

Schaltplan »Schredder« mit allen Komponenten der Ladeelektronik

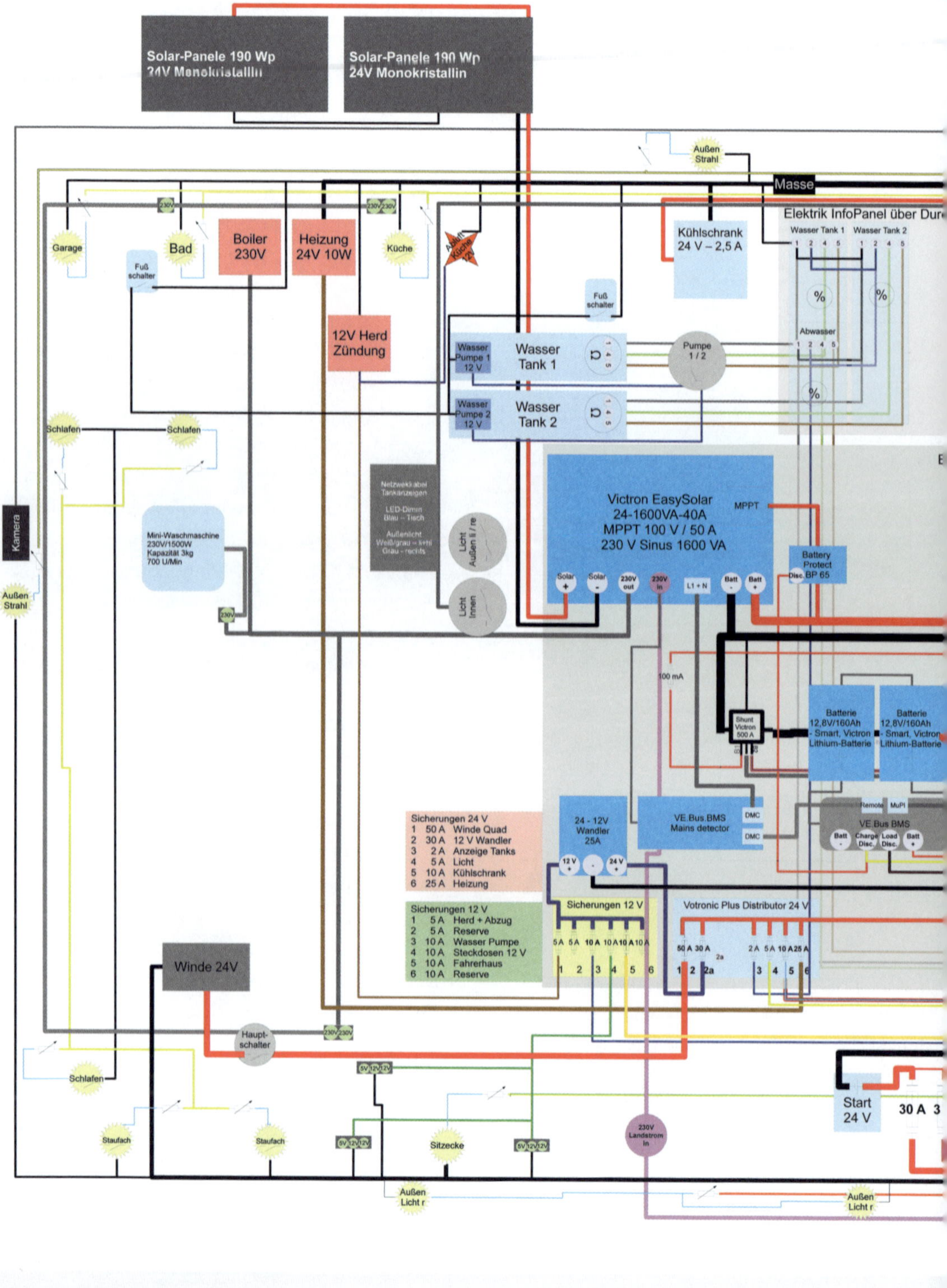

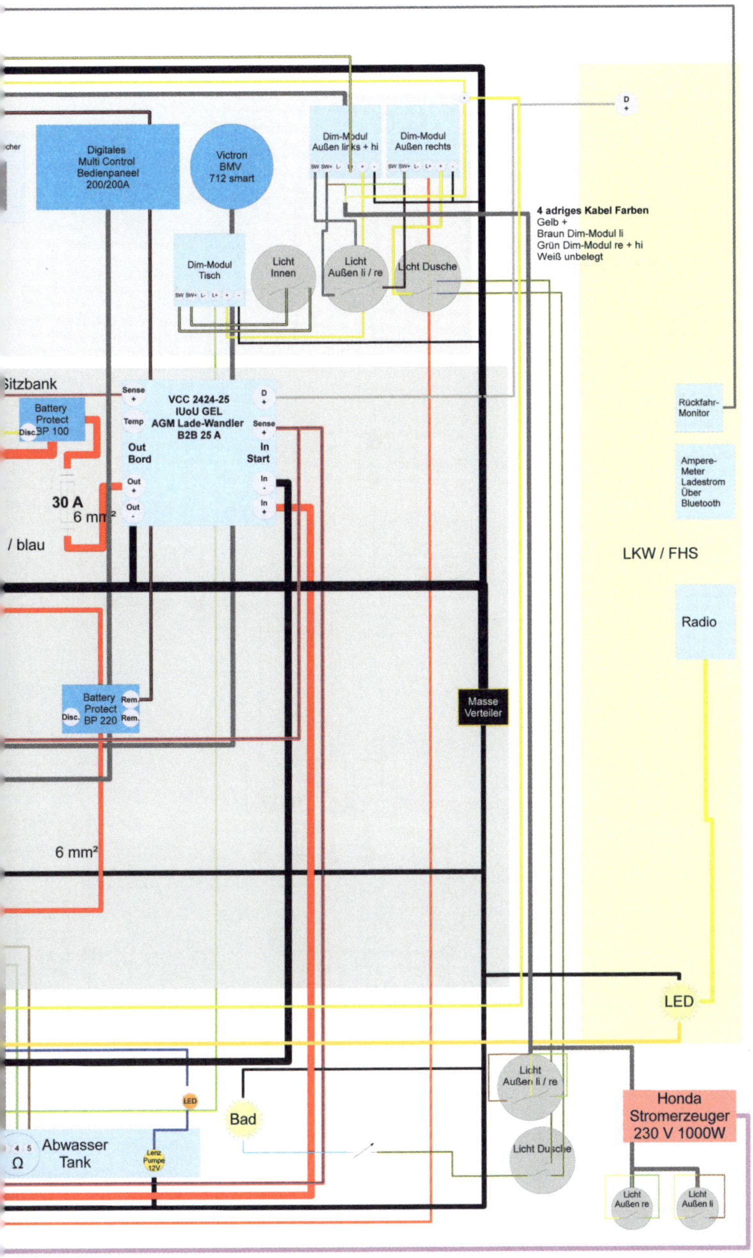

Kabelfarben:

Schwarz: Masse

Rot 6 mm²: Kühlschrank + Box

Rot 1,5 mm²: Shunt

Rot/Schwarz: Wechselrichter

Blau: Wasserpumpen

Braun: Relais Hauptschalter

Gelb: Licht

Grün: Steckdosen 12 V

Hellgrau: Boiler

Weiß: Heizung

Braun 2,5 mm²: Lüfter Küche + Bad

Grau: diverse Steuerkabel, 230 V

Gelb: Licht Dauerstrom, 0,75 mm², 20 m

Gelb / blau: Licht Dusche, 0,75 mm², 5 m

Gelb / grün: Licht Tisch, 1,5 mm², 5 m

Grün / gelb: Licht außen links + hinten, 0,75 mm², 10 m

Rot / gelb: Licht außen rechts, 0,75 mm², 10 m

Schwarz-gelb: Taster Tisch, 0,5 mm², 10 m

Schwarz-weiß: Taster außen li, 0,5 mm², 15 m

Schwarz-rot: Taster außen re, 0,5 mm², 15 m

Rot / blau: Sense B2B, 5 m

Systembild der Ladeelektronik

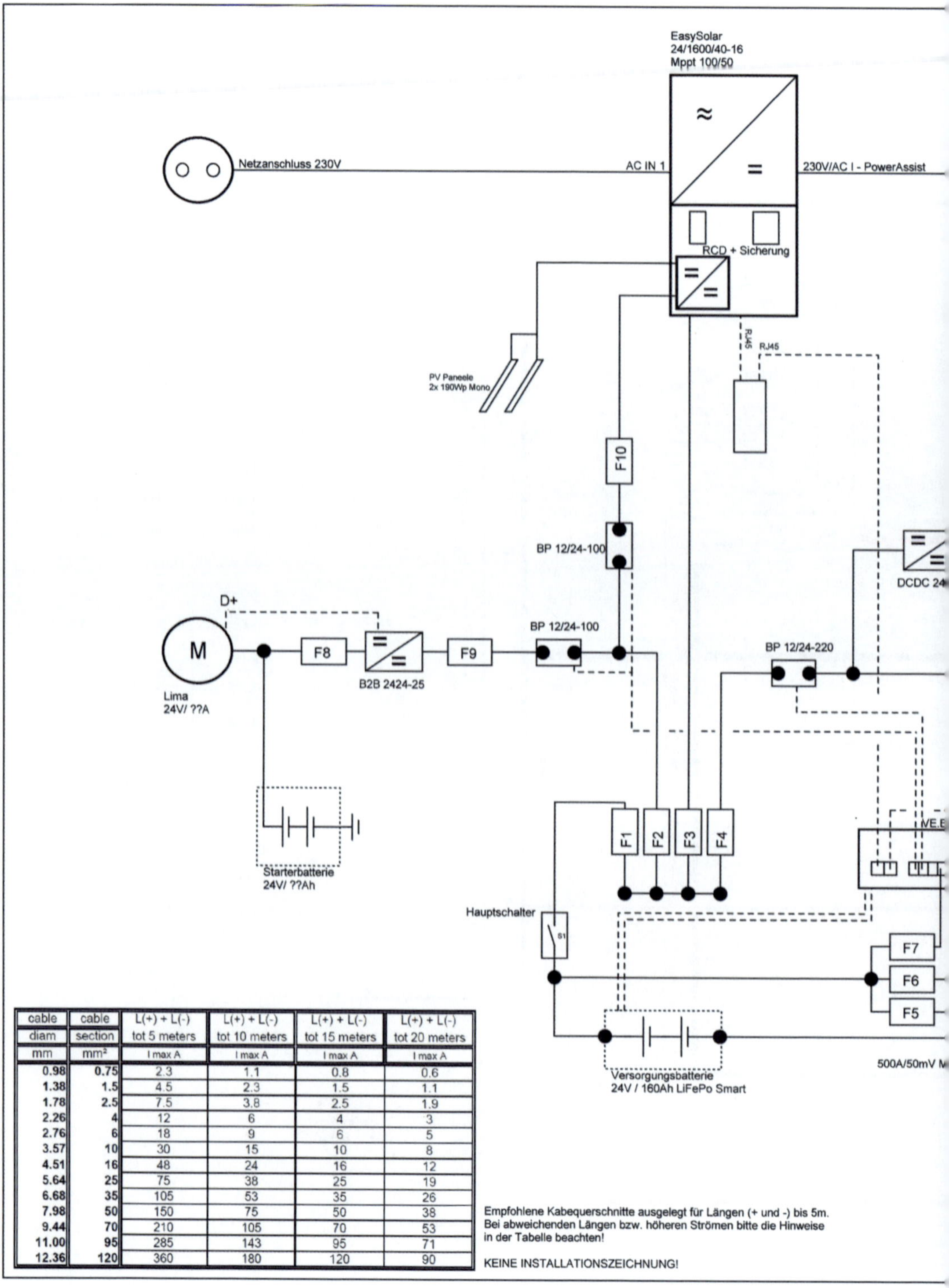

cable diam mm	cable section mm²	L(+) + L(-) tot 5 meters I max A	L(+) + L(-) tot 10 meters I max A	L(+) + L(-) tot 15 meters I max A	L(+) + L(-) tot 20 meters I max A
0.98	0.75	2.3	1.1	0.8	0.6
1.38	1.5	4.5	2.3	1.5	1.1
1.78	2.5	7.5	3.8	2.5	1.9
2.26	4	12	6	4	3
2.76	6	18	9	6	5
3.57	10	30	15	10	8
4.51	16	48	24	16	12
5.64	25	75	38	25	19
6.68	35	105	53	35	26
7.98	50	150	75	50	38
9.44	70	210	105	70	53
11.00	95	285	143	95	71
12.36	120	360	180	120	90

Empfohlene Kabequerschnitte ausgelegt für Längen (+ und -) bis 5m. Bei abweichenden Längen bzw. höheren Strömen bitte die Hinweise in der Tabelle beachten!

KEINE INSTALLATIONSZEICHNUNG!

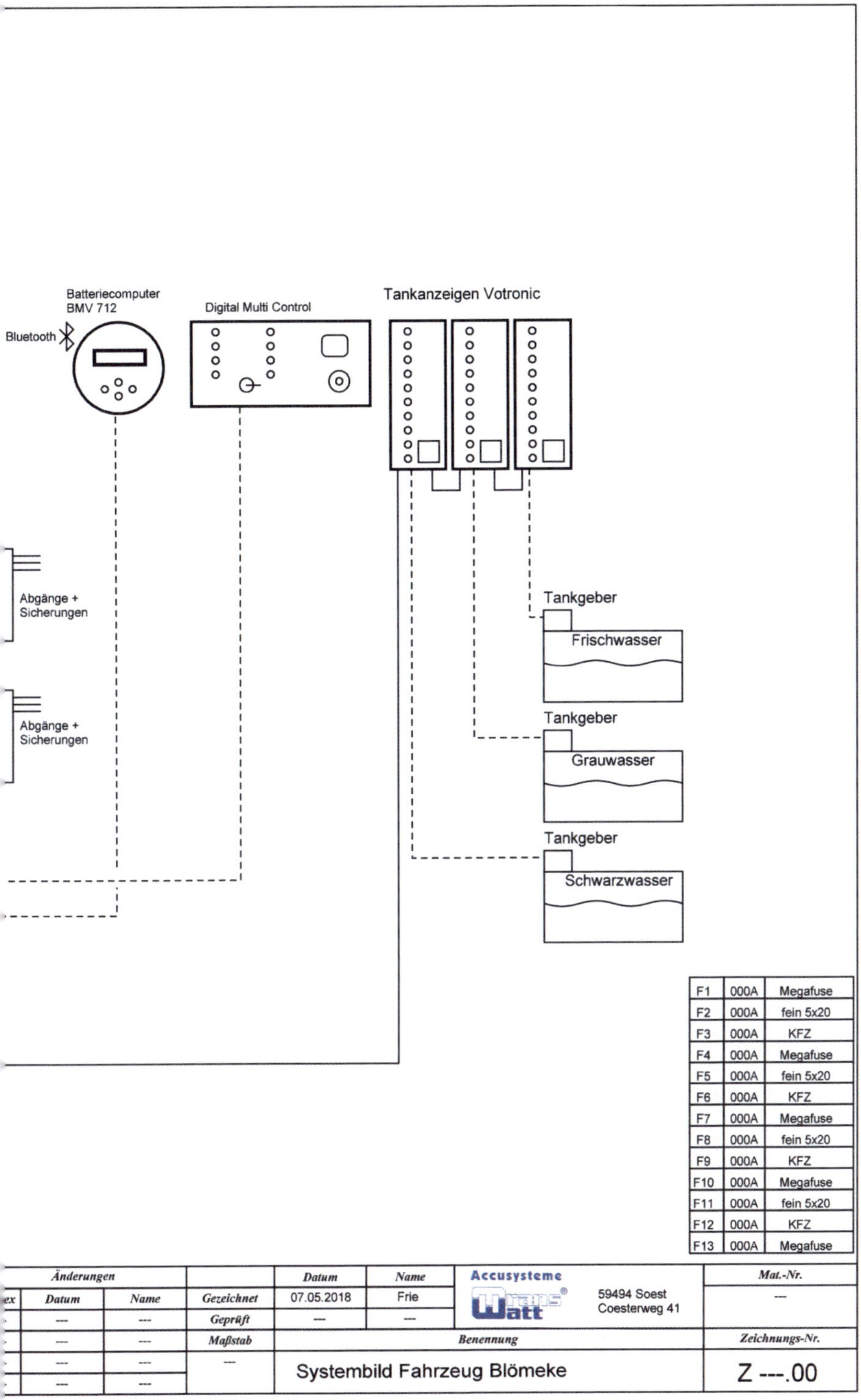

Dieser Plan von TransWatt bildete die Grundlage für die Elektrik im »Schredder«.

Die einzelnen Komponenten der Lade-Elektronik will ich hier im Zusammenhang erklären. Ich hoffe das vereinfacht dir das Verständnis der Materie. Es ist auch gut für die räumliche Planung der einzelnen Elemente geeignet.
Auf meinem YouTube Kanal findest du ein Video, in dem ich mit den Profis von TransWatt die Anlage durchgehe und alles erklärt wird. Der direkte Link zum Video:

www.womoselbstausbauen.com/twvid.

Akkus

Am Anfang ist die Energie – also die Akkus als Energiespeicher. Bei der parallelen Schaltung mehrerer Akkus in einer Batteriebank müssen alle Kabel gleich lang sein und den gleichen Querschnitt haben, damit der Widerstand zu allen Batterien gleich ist. Alle Blei-AGM- oder Gel-Akkus in einer Batteriebank müssen gleich sein, vom gleichen Typ, vom selben Hersteller und derselben Charge. Bei einem Defekt müssen immer alle gleichzeitig getauscht werden. Hier gilt das gleiche wie bei einer Kette, das schwächste Glied bestimmt die Leistungsfähigkeit.
In diesem Fall bedeutet das, dass die älteste Batterie die anderen auf den gleichen Zustand »altern« lässt. Auch bei Lithiumbatterien sollten die Akkus vom gleichen Typ und Hersteller sein.
Daraus ziehen die Verbraucher ihren Strom. Damit sie nicht übermütig werden und den Lithium-Eisenphosphat-Batterien das Letzte abverlangen, brauchen wir hier eine Regelung, die im Notfall abschaltet. Das ist im vorliegenden Fall ein BatteryProtect 220, also ein Batterieschützer, der maximal einen Strom von 220 A verträgt.

Der BatteryProtect

Der BatteryProtect schützt vor zu starker Entladung, Unter- und Überspannung. Direkt verbunden mit dem VE.BUS BMS wird von diesem der fließende Strom überwacht und bei Bedarf abgeschaltet. Zusätzlich kann ein Alarmgeber angeschlossen werden.

Ein BatteryProtect wird jeweils in der Plus-Leitung angeschlossen, wo er den Stromfluss unterbrechen kann. Ich habe je einen BatteryProtect in die Leitung vom B2B-Wandler, in der Leitung vom Solar-Regler und in der Leitung zu den Verbrauchern montiert.

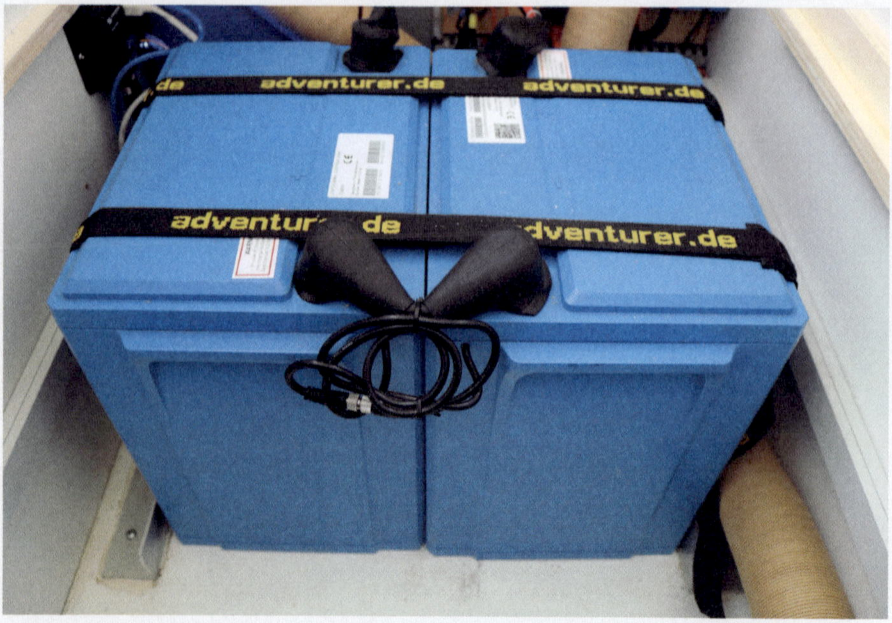

Batteriebank im Schredder, bestehend aus zwei LiFePO-Akkus. Die kleinen Kabel verbinden die Batterien mit der Zentrale, dem VE.Bus BMS, um die Messwerte weiterzugeben.

Der »Batterieschützer« BatteryProtect 220

So wird nur die jeweils überlastete Seite abgeschaltet und die anderen arbeiten normal weiter.
In Verbindung mit einem Schalter zur Fernsteuerung dient der an die Verbraucher angeschlossene BatteryProtect als Hauptschalter.

Der VE.Bus BMS – Die Schaltzentrale der Anlage

Der VE.Bus BMS verknüpft alle Teile der Victron-Anlage miteinander. So gewährleistet er die Kommunikation der einzelnen Geräte. Hier werden direkt die Akkus angeschlossen, die BatteryProtect, das DMC und der Batterie-Monitor BMV.

Der Shunt misst den Strom

Irgendwie muss nun unser Batterie-Monitor »wissen« wieviel Strom geladen wird oder die Batterie wieder verlässt. Ein Messgerät, das wie ein Pegelmesser im Tank den Inhalt einer Batterie quantifizieren kann, gibt es nicht.

VE.Bus BMS – die »Zentrale«

Der Shunt aber kann den fließenden Strom messen. Daher wird er als einzige Komponente (!) am Minus-Pol der Batterie angeschlossen. Alle anderen Minus Anschlüsse kommen an die andere Seite des Shunt.
So muss der ganze Strom hindurchfließen und kann gemessen werden. Geht das Ladesystem in die Lade-Erhaltung, kalibriert sich das System auf 100%.

Der Shunt ist beim BMV712 im Lieferumfang enthalten.

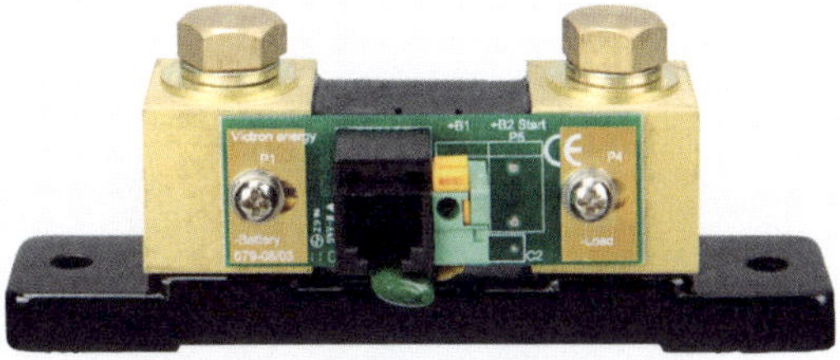

Der Shunt misst den Stromdurchgang.

Batterie-Monitor

Der Batterie-Monitor zeigt den fließenden Strom und einige andere Werte an.
Der bei uns verwendete BMV-712 Smart zeigt abgesehen vom aktuell fließenden Strom in Ampere und Watt auch Systemspannung, Ladezustand in Prozent, berechnete Rest-Laufzeit, Spannung der Starter-Batterien, verbrauchte Amperestunden und Restlaufzeit bei aktueller Entladerate.

Außerdem enthält er ein Bluetooth Modul, über das er mit anderen Teilen der Anlage kommunizieren kann. Über die Victron-App können alle Daten auf dem Smartphone angezeigt werden.

BMV 712

Die VictronConnect App zur Gerätesteuerung

Die App verbindet sich mit dem BMV-712 Smart und zeigt die Daten daraus an. So kann ich während der Fahrt sehen, wie die Batterien geladen werden.

Bei Unter- oder Überspannung zeigt das Smartphone einen Alarm an, wenn es verbunden ist.

Mit der App kann man aber auch Programmierungen im System vornehmen und das Smart-Network zwischen den Bluetooth Geräten aktivieren.

Anzeigenscreen der App

Das Digital Multi Control (DMC) zur Landstrom-Kontrolle

Bei meiner Anlage werden 230 V als Ladestrom (Landstrom) und auch für den Verbrauch im WoMo genutzt. Das DMC kann den Landstrom begrenzen, hängt man an einer Steckdose mit schwacher Leistung. Das kann eine Verteilerbox in einem italienischen Campingplatz sein oder auch ein Stromaggregat, um die Batterien im Winter zu unterstützen.

Digital Multi Control

Daneben werden im EasySolar 1600 auch 230 V erzeugt (1600 VA), die man am DMC aktivieren kann. Ist man an Landstrom angeschlossen und schaltet einen Verbraucher ein, der mit 2500 W über dem eingehenden Strom (z. B. 1500 W) liegt, kann der DMC den EasySolar zuschalten. So werden 1000 W aus der Batterie produziert und zum Landstrom von 1500 W »hinzugefügt«.

Die Leistung eines Wechselrichters ist jedoch unter anderem von der Temperatur abhängig, bei hoher Temperatur sinkt daher die Leistung.

Das EasySolar 12 oder 24/1600/40-16 MPPT100/50

Das EasySolar besteht aus mehreren Komponenten, die in einer Box zusammen gefasst sind.

Die erste Zahl 12 oder 24 bezeichnet die Spannung des Bord-Systems, bei uns 24 V.

1600 VA besagt, dass der eingebaute Inverter aus der Bordspannung 230 V mit einer maximalen Leistung von 1600 VA (1300 W bei 25 °C) liefert.

Die 40 beziehen sich auf das Ladegerät, das aus anliegendem Landstrom mit maximal 40 A die Bordbatterien lädt.

Schlussendlich haben wir die 16, das ist die Zahl der Ampere, die vom Landstrom maximal durchgeschaltet werden.

Easy Solar 1600

Die Bezeichnung MPPT100/50 deutet auf den enthaltenen Solar-Laderegler mit Maximum Power Point Technik hin. Der MPPT 100/50 liefert bei einem maximalen Anschlusswert von 100 V einen Ladestrom von maximal 50 A zur Batterie. MPPT ist Stand 2020 die effektivste Technik für Solar-Laderegler.

Aus der Bezeichnung ist nicht ersichtlich, dass das Gerät weiterhin die komplette 230-V-Verteilung beinhaltet. Die Wechselstromverteilung (AC) besteht aus einem Fehlerstromschutzschalter (FI 30 mA/16 A) und vier AC-Ausgängen, die durch zwei 10-A und zwei 16-A-Sicherungen abgesichert werden.

Ein 16-A-Ausgang wird durch den AC-Eingang gesteuert: Er schaltet sich nur dann ein, wenn Landstrom zur Verfügung steht. Diesen kann man z. B. für einen Wasserboiler etc. nutzen.

So können bei Landstromanschluss bis zu 3,6 kW durchgeleitet werden und man kann über den Landstromeingang einen Generator anschließen, wobei der Eingangsstrom über den Landstrombegrenzer des DMC geregelt werden kann, damit der Generator nicht überlastet wird.

Blue Solar Laderegler

Den Solar-Laderegler aus dem EasySolar gibt es selbstverständlich auch einzeln. So kann jeder, der keinen 230 V Landstromanschluss oder Inverter einbauen möchte, seinen Solarstrom regeln. Ebenso kann man für größere Solarleistung einen oder mehrere Solarregler in das System einbinden.

Es sind verschiedene Regler von Victron verfügbar, wenn du einen größeren benötigst, schau bitte bei Victron / TransWatt im Shop.

Für Reisen in große Höhen bitte die doppelte Leistung der Solarpanels einplanen! (Nennleistung der Solarpanels mal zwei)

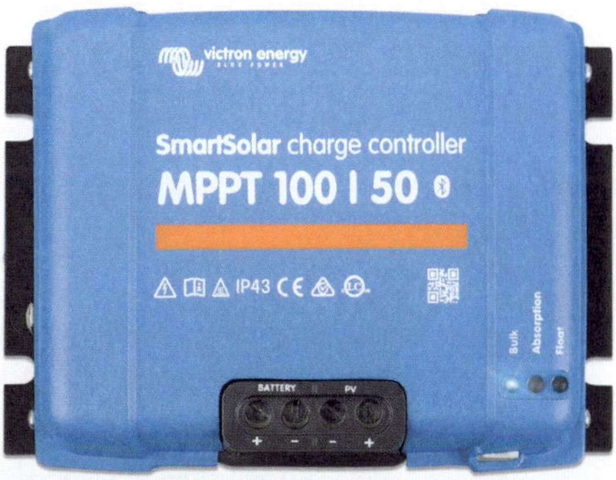

SmartSolar-MPPT-Regler

VE.BUS BMS Mains Detector

Jetzt muss natürlich unser System noch wissen, ob das EasySolar auch 230 V Landstrom bekommt oder nicht. Dafür gibt es den VE.BUS BMS Mains Detector, eine kleine Box, die mit dem 230 V Land-Anschluss gekoppelt wird. Liegt die entsprechende Spannung an, gibt er über das blaue Netzwerkkabel ein Signal an den VE.BUS BMS.

Daher sollten die Akkus in der thermischen Hülle des Aufbaus platziert sein.
Im Fall meines WoMos ist es allerdings so, dass es im Winter je nach Wetter mal mehrere Tage oder gar Wochen keine Sonne und damit Solarladung abbekommt. Wenn die Sonne wieder höher steht und auf die Solarpanels scheint, was bei uns im tiefen Winter der Fall ist, würde auf einmal eine deutlich höhere Ladung an den Akkus ankommen. Ebenso wäre es fatal, für die Akkus den Motor zu starten und der B2B-Lader pumpt plötzlich 25 A hinein.
Das würde für die sich im Winterschlaf befindlichen Zellen den Schocktod bedeuten. Daher ist ein zusätzlicher Temperaturfühler in der Batterie angebracht, der seinen Messwert über den BUS an die Zentrale gibt. Diese erkennt damit, dass der Strom nicht in den Akku fließen darf und schaltet darum keinen Ladestrom durch. Erst wenn die Temperatur am Sensor wieder über 5°C steigt, wird der Ladestrom durchgelassen.
Um die Akkus schnell aufheizen zu können, habe ich daher eine Warmluftleitung von der Standheizung durch den Stauraum unter dem vorderen Sitz durchgeleitet.

Die Ladegeräte im Wohnmobil
Landstrom bekommen wir ja schon über das Easy Solar, aber um längere Zeit autark sein zu können, brauchen wir noch netzunabhängige Möglichkeiten.

Solarpanels

Das Sonnenlicht ist nach meiner Erfahrung beim freien Stehen die beste Energiequelle. Die Solarpanels wandeln das Licht in Strom um, den wir in die Batterien leiten können.

Allerdings muss dieser Strom noch geregelt werden, damit er die Akkus nicht überlädt oder bei Dunkelheit entlädt. Dies macht der Solar-Laderegler, der bei uns im EasySolar integriert ist. MPPT Laderegler sind aktuell die beste Lösung.

Solar ist vor allem im Sommer eine gute Energiequelle, aber auch im Winter, solange die Sonne scheint. Im Winter sollte man die Panels ausrichten können, da die Sonne »tiefer steht« und daher der Einstrahlwinkel suboptimal ist.

Monokristallines Solarpanel

Die Leistungsangaben der hier verfügbaren Solarpanels gelten jeweils für mittlere Sonneneinstrahlung in Mitteleuropa. Für Reisen ins Hochgebirge (Alpen, besonders aber Himalaya, Anden) ist es wichtig, für den Solarregler eine Reserve einzuplanen, da bei großer Höhe die Sonnenstrahlen weniger durch die Atmosphäre gefiltert werden und die gute Kühlung den Wirkungsgrad zusätzlich anhebt. So kann die Leistung der Solarpanels locker auf das Doppelte ansteigen!

Auch ist es kein Fehler, die Leistung eines weiteren monokristallinen Solarpanels beim Kauf einzukalkulieren. So kann man ohne den Regler auszutauschen nachrüsten, sollte die Leistung nicht reichen.

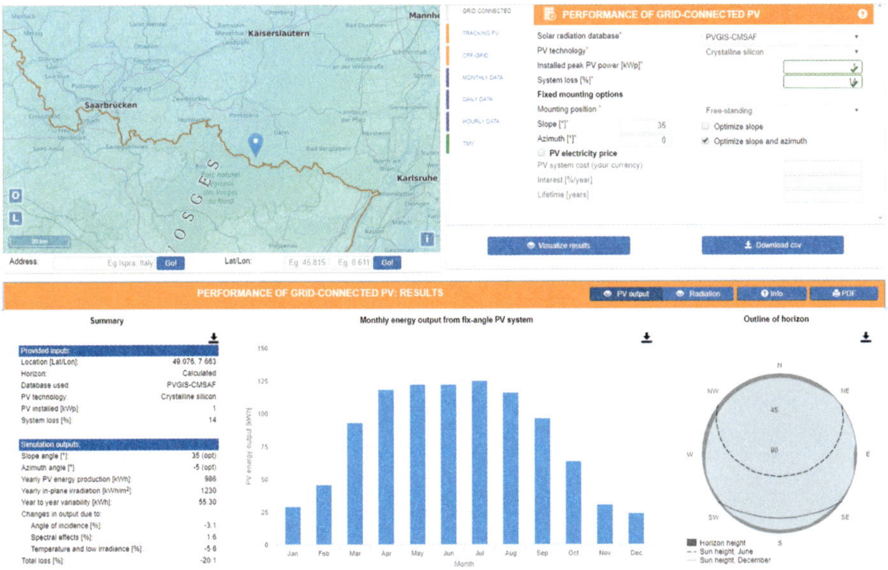

Solar-Ertrag in der Südpfalz

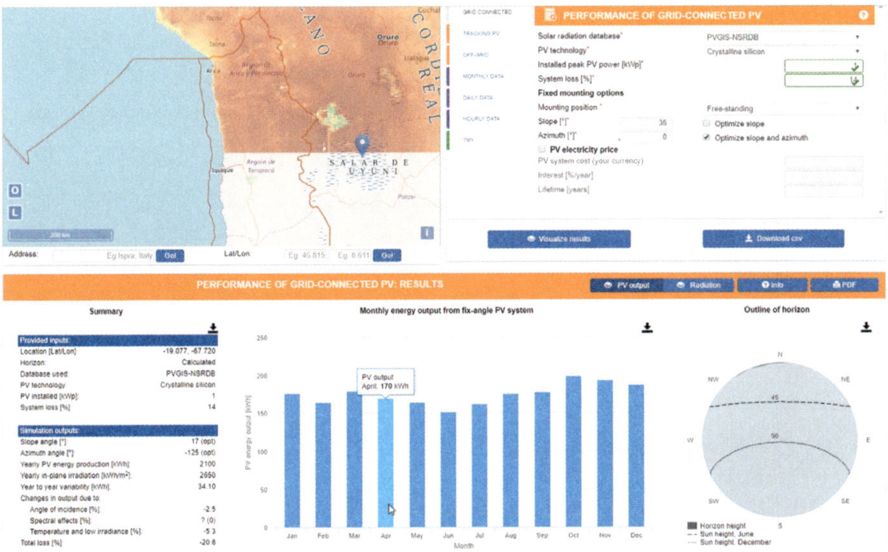

Solar-Ertrag auf dem Salar de Uyuni, Bolivien

Strom von der Lichtmaschine

B2B Ladewandler, hier Lade-Wandler VCC 2424-25 IUoU

Der B2B-Ladewandler nutzt die Energie der Lichtmaschine und lädt von Batterie zu Batterie, abgekürzt B2B. Dabei kann er auch Spannungsunterschiede kompensieren, indem er die Spannung ausgleicht, außerdem lädt er mit einer dreistufigen Ladekennlinie die Akkus optimal auf. Eine Lichtmaschine bringt nicht immer die korrekte Spannung, die für die Akkuladung nötig ist. Auch ein Verlust, etwa durch die langen Kabel, wird im B2B-Wandler ausgeglichen.

Über den D+-Anschluss der Lichtmaschine bekommt der B2B das Signal, dass die Lichtmaschine Leistung liefert. Nach einer Wartezeit von etwa zwei Minuten aktiviert er die Ladung der Bordbatterien. Dadurch wird vorrangig die Starter-Batterie geladen. Es gibt Versionen in 12 und 24 V, auch gemischt, um zum Beispiel eine 12-V-Bordbatterie an einer 24-V-Lichtmaschine zu laden.

B2B-Wandler (weiß) mit BatteryProtect (blau)

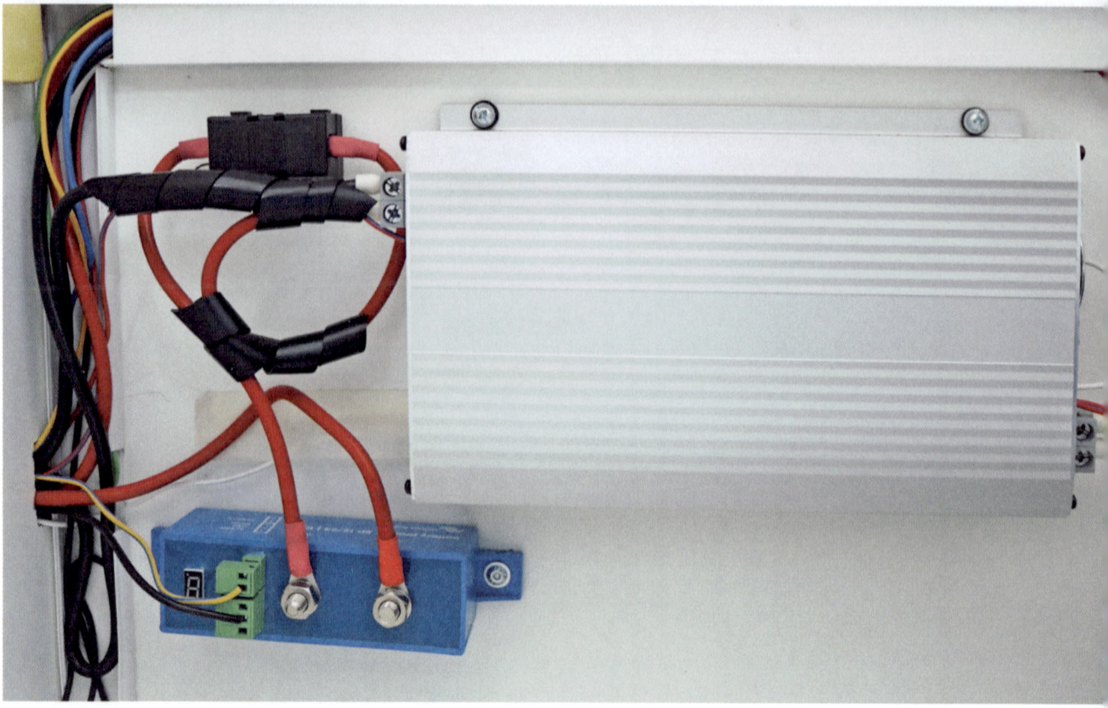

Achtung bei Euro-6-Fahrzeugen!
Da die Laderegelung nicht mit D+ gesteuert wird, gibt es dafür spezielle B2B-Ladewandler.

Trennrelais

Ein Trennrelais ist nicht die beste Lösung, um die Zweit-Batterie zu laden.
Erstens sind die Leitungen von der Fahrzeug-Batterie zur Bordbatterie eventuell recht lang und daher der Spannungsabfall recht groß.
Zweitens sind die Ladespannungen je nach Batterie-Typ unterschiedlich.

Lediglich in älteren Fahrzeugen mit einfacher Ladeelektrik und Bordbatterien gleicher Ladespannung direkt nahe der Starter-Batterie kann ein Trennrelais Sinn machen.

Ein Trennrelais ist daher für die meisten Einsätze die falsche Wahl.

Handlicher Stromgenerator

Strom-Generator

Ein Strom-Generator ist ein weitere Möglichkeit, die Batterien bei anhaltend trübem Wetter wieder zu füllen. Auch kann man damit die Energie für ein Elektro-Werkzeug für Reparaturen am Fahrzeug bereitstellen. Wenn man einmal mehr Leistung braucht, lässt sich der Generator am Landstrom-Anschluss betreiben und über den EasySolar dann die Mehrleistung nutzen. So kann ich zum Beispiel 1000 Watt vom Generator einspeisen, um aus dem 230-V-Bordnetz die 1300 W des Wechselrichters plus die 1000 Watt des Generators, also insgesamt 2300 Watt zu entnehmen.
In diesem Fall passt die Leistung des Generators optimal zur Ladeleistung des EasySolar.

Brennstoffzelle

Im Sprinter hatten wir eine Brennstoffzelle von Efoy. Der Grund war, dass wir im Sommer mit dem nicht gedämmten Fahrzeug im Schatten stehen wollten und trotzdem Strom erzeugen.

Die Brennstoffzelle läuft recht leise und produziert nur etwas Abwärme mit Feuchtigkeit. Dafür braucht sie allerdings recht teuren Treibstoff, der von zuhause mitgenommen werden muss. Unterwegs kann man den Spezial-Sprit nur in Campinggeschäften erhalten. Einfach Methanol zu nehmen, empfiehlt die Firma ausdrücklich nicht aufgrund von eventuellen Zusätzen und Verschmutzung. Probiert habe ich das Gerät nur mit dem Efoy-Sprit.

Irgendwann habe ich das Kistchen wieder verkauft, das Ergebnis hat mich nicht begeistert. Der Stromertrag war nicht ganz ausreichend, um den Verbrauch des Kühlschranks auszugleichen. Eine Solaranlage rechnet sich besser.

Windrad

Ein Windgenerator fürs Wohnmobil ist sicher eine gute Idee, ich hatte auch das schon mal probiert. Für den SCAM hatte ich ein Windrad bestellt, das mit einem Mast, der durch das Vorderrad fixiert wurde, den Wind »einfing«.

Der Aufbau war ein ziemlicher Aufwand, nichts um nur ein paar Tage zu stehen. Das Windrad machte ziemlich starke Geräusche, die sich bei einem Anbau an der Karosse noch verstärkt hätten. Leider waren die drei ausprobierten Windräder damals in kürzester Zeit defekt und ich sandte sie jeweils wieder zum Lieferanten zurück. Danach unternahm ich keine weiteren Versuche mehr in diese Richtung.

Vielleicht gibt es inzwischen eine gute Lösung, wenn du eine kennst, sende mir bitte eine Mail.

Wasserversorgung

Was ist ein brauchbarer Wasserbehälter? Welche Wasserpumpe taugt was? Wie sollte ich die Leitungen auslegen? Wozu brauche ich einen Wasserfilter?

Da gibt es eine riesige Spanne, vom Billigkram bis zu hochpreisigen Teilen vom Yacht-Ausrüster. Alles zu beschreiben wäre wohl eine Lebensaufgabe, daher will ich hier auf die wichtigsten Aspekte eingehen. Dabei gebe ich meine persönliche Meinung wieder, das mag mancher anders sehen.

Wasserversorgung über Kanister

Bei einem kleinen Wohnmobil oder ausgebauten Offroader würde ich Kanister benutzen, anstatt Tanks einzubauen. Kanister sind einfach in der Handhabung und preisgünstig. Ist er leer, nimmt man den Kanister zur Wasserstelle, füllt ihn auf und trägt ihn wieder ins Auto. Auch sind Kanister überall erhältlich und somit einfach zu ersetzen. Für das fließende Wasser kann man die Schwerkraft nutzen oder eine einfache Tauchpumpe.

Wassertanks im Selbstausbau-Wohnmobil

Es gibt Kunststoff-Tanks oder solche aus Edelstahl. Ein Wassertank aus einer Serienproduktion ist immer günstiger zu haben. Daher ist es für einen Kofferaufbau mit vielen geraden Wänden und rechten Winkeln relativ einfach, passende Behälter zu finden. Wir haben drei rechteckige Tanks aus HDPE verwendet, die unseren Ansprüchen genügten. Zwei Mal 146 Liter für das Frischwasser und einen 80-Liter-Tank für das Abwasser.

Die Wassertanks eingebaut im Staukasten

Bei einem Kastenwagenausbau ist es eventuell schwieriger, einen Wassertank unterzubringen, da die Karosse viele Kurven und Sicken hat. Im Handel sind allerdings viele speziell an Kastenwagen-Karosserien angepasste Tanks erhältlich. Falls du nicht fündig wirst, findest du auf meiner Website in den Bezugsquellen ein paar Links zu Produzenten von Sonderanfertigungen.

Wichtig für die Unterbringung des Wasser-Vorrates ist es, das Gewicht gut zu platzieren, damit es möglichst auf der Hinterachse oder direkt davor liegt. Außerdem muss ein Tank sehr gut fixiert werden können, weil sie sehr schwer sind. Nicht nur im Fall eines Unfalles, sondern auch im normalen Fahrbetrieb wird der Inhalt ein heftiges Eigenleben entwickeln. Fährst du auf einer kurvigen Strecke mit einem halb gefüllten Tank von 150 Litern sind das 75 Kilogramm, die unkontrollierbar hin und her schwappen.

Ich hatte mal eine Tanksonde von außen in einen solchen Tank eingeschraubt und das Gewinde hielt nicht richtig. Beim nächsten Halt bemerkten wir das Wasser im WoMo, die Sonde war in einer Kurve hinauskatapultiert worden und das Wasser durch das 40 mm große Loch herausgeschwappt.

Details und Anleitungen zum Einbau findest du im Kapitel 6.

Wasserpumpen

Tauchpumpen

Tauchpumpen sind preisgünstig und einfach in der Funktion. Wichtig ist, dass die Pumpe entweder leicht zu erreichen ist oder wenn nicht, auf jeden Fall einen festen Anschluss an den Schlauch bietet. Ich hatte im Sprinter eine einfache Pumpe, auf deren Stutzen der Schlauch gesteckt wird. Der Tank war unter der Karosserie aufgehängt.

Auf einer Slowenien-Reise hatten wir frisch Wasser gebunkert, standen auf einem schönen Platz an der Soca und die Wasserpumpe heulte nur auf, ohne Wasser zu fördern. Also Wasser ablassen, Tank ausbauen und Schlauch wieder befestigen. Danach wieder eine Wasserstelle zum Bunkern aufsuchen und den Tank neu füllen. Das nervte und es musste eine bessere Lösung her!

Ich fand eine Pumpe mit einer Überwurfmutter für Schläuche mit 10 mm Innendurchmesser von der Firma Reich.

Bei der Reich-Pumpe steckt man den Schlauch auf den Stutzen und dreht die Überwurfmutter fest, um ihn zu fixieren.

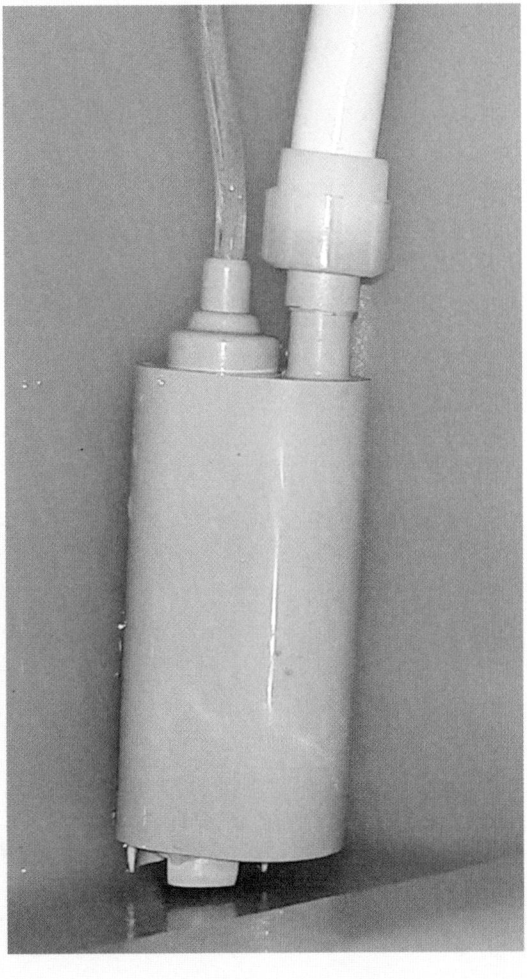

So kann die Pumpe sich nicht mehr vom Schlauch lösen und bleibt dauerhaft fixiert. Die Befestigung mit der Überwurfmutter ist schnell und einfach.

Ich hatte im Schredder in beiden Tanks je solch eine Pumpe. Das hatte außerdem den Vorteil, dass ich einfach mit einem Wechselschalter vom einen auf den anderen Tank umschalten konnte. Die Pumpen-Leitungen waren über Rückschlagventile an einem Y-Verbinder angeschlossen, damit das Wasser nicht von der einen Pumpe in den anderen Tank gepumpt wird.

Betätigt wurden die Pumpen jeweils über einen Fußschalter oder einen separaten Schalter im Fall der Dusche. Weil das System zu viele Probleme machte, wechselte ich auf eine Druckpumpe.
In den Fußschaltern schmorten die Kontakte an und die Pumpen gingen kaputt, wenn jemand sie zu lange bei geschlossenem Wasserhahn laufen ließ.

Druckpumpen

Druckpumpen bieten einen höheren Druck und Wasserdurchlauf, was sich besonders beim Duschen bemerkbar macht.

Sie liegen preislich bei ca. 100 EUR, sind also teurer als Tauchpumpen und aufwändiger in der Installation. Auch der Stromverbrauch ist etwas höher.

Aktiviert wird die Pumpe durch den Druckabfall in der Leitung, der durch das Öffnen einer Entnahmestelle entsteht. Dabei sorgt ein Ausgleichsbehälter für einen gleichmäßigen Wasserdruck und -fluss. Leider wird sie auch aktiviert, wenn ein Leck auftritt, das ist ein Nachteil bei Druckpumpen. Daher muss die Installation gut ausgeführt werden und dauerhaft dicht sein.

Daher benötigt man für eine Druckpumpe einen Ein- und Aus- Schalter, der meist an einer zentralen Stelle eingebaut wird, bei uns in der Steuerkonsole. Eine Kontrolllampe sollte den eingeschalteten Zustand signalisieren, damit man beim Verlassen des Wohnbereiches daran denkt, sie abzuschalten. Ich habe zwei Schalter eingebaut, die ein Relais aktivieren, das die Verbindung zur Pumpe herstellt.

Druckpumpe Shurflo smart (Quelle: Reimo.com)

Tauchpumpe oder Druckwasserpumpe im Wohnmobil?

Tauchpumpe

Vorteile:
+ preisgünstig,
+ Leichtgewicht,
+ langlebig,
+ einfach zu verbauen,
+ Wassereinsparung durch geringere Förderung,
+ geringere Überflutungsgefahr,
+ Tank-Auswahl per Wechselschalter.

Nachteile:
! geringerer Wasserdruck,
! ein externer Schalter wird zum Einschalten benötigt,
! bei Funktionsproblemen muss eventuell der Tank geleert und ausgebaut werden,
! geringe Haltbarkeit der Schalter in den Wasserhähnen.

Druckpumpe

Vorteile:
+ hoher Druck und gute Fördermenge,
+ schaltet durch Druckabfall am Wasserhahn,
+ langlebig,
+ gut zugänglich für Reparaturen / Service,
+ Verwendung einfacher Wasserhähne aus dem Hausbereich.

Nachteile:
! höherer Wasserdruck und damit Verbrauch,
! Tankauswahl über Wasserventile – mehr Installationsaufwand,
! wenn vergessen wurde, die Pumpe auszuschalten, besteht Überflutungsgefahr bei Undichtigkeiten der Leitung,
! teurer,
! schwerer.

Wasserleitungen im Wohnmobil

Es gibt auch beim Wasser mehrere Möglichkeiten der Verlegung. Rohrsysteme mit Steckverbindungen, Schlauchsysteme in Verbindung mit den verschiedenen Kupplungen, Verteilern und so weiter. Ich habe meine Installation mit Schläuchen gemacht, weil es einfach ist und ich denke dafür weltweit Ersatzteile zu bekommen.
Wichtig war mir, für Trinkwasser zertifizierte Materialien zu bekommen, damit nicht unnötig Giftstoffe in unser Wasser gelangen. Da hat sich auch einiges auf dem Markt getan, vor 20 Jahren noch gab es zur Befüllung der Tanks ausschließlich PVC-Schläuche, heute gibt es dafür trinkwasserkonforme Schläuche. Im Handel gibt es verschiedene Qualitäten von Leitungen beziehungsweise Schläuchen. Hier ist billig nicht gleich preiswert.

Der Schlauch meiner Wahl ist der KTW-Wasserschlauch in Weiß mit Markierung in Blau oder Rot 10 x 3,0 mm von Lilie. Den gibt es bei Reimo, im Sprinter hatte ich das Vorgänger-Modell.

Ich habe, da der gute Schlauch nicht lieferbar war, die billigere Variante bestellt und eingebaut, weil der erste Termin uns zur Eile trieb. So fuhren wir mit dem frisch ausgebauten WoMo zur Abenteuer Allrad Messe und es sollte, wenn auch nicht fertig, wenigstens bewohnbar sein.

Dieser blaue 10-mm-Schlauch, den ich für 2 EUR den Meter erstand, war recht zäh und ließ sich somit nur mit viel Kraftaufwand auf die Anschlussstutzen drücken. Bei 12-mm-Stutzen ging es meist gar nicht. Dafür dichtete er auf manchem 10-mm-Stutzen schlecht ab, vor allem wenn die Schlauchschelle innen nicht 100 % rund war, sondern eine Kerbe hatte. So baut man sich die Wasserinstallation ein und bemerkt erst bei der Benutzung, wo überall das Wasser heraustropft.

Der KTW-Wasserschlauch war in rot bereits geliefert und so hatte ich den direkten Vergleich.

Dieser Schlauch ist viel weicher, damit anpassungsfähiger und geht ebenso gut an Anschlüssen, die 10, 12 mm oder gar 13 mm haben. Mit etwas Tricksen passt auch ein Garten-Anschluss an diesem Schlauch.

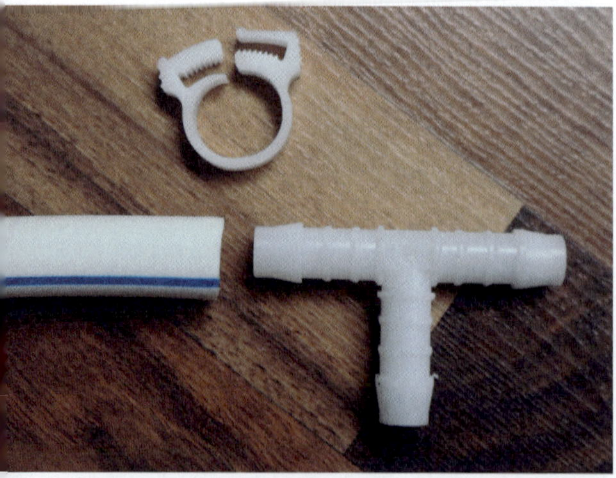

Blauer 10-mm-KTM-Schlauch mit T-Stück

Den dunkelblauen KTM-Schlauch verwende ich nur für die Tank-Belüftung. Dort ist kein Druck darauf und daher eine Undichtigkeit nicht so gefährlich.

Schlauchschellen

Entgegen der anfänglichen Vermutung halten die Schlauchschellen aus Kunststoff, die es zum Beispiel bei Reimo gibt sehr gut, ja sie sind sogar ablösbar und wiederverwendbar. Für zehn Millimeter Rohrstutzen sind die Kunststoff-Schlauchschellen zum Klipsen 15–17 mm passend, für Stutzen in 12 mm die Schlauchschellen in 17–19 mm, jeweils im Fünfer-Pack erhältlich.

Man legt sie einfach über den Schlauch, möglichst an die Stelle, an der der Stutzen einen kleinen Wulst hat und drückt sie mit einer Wasserpumpenzange zu. Zum Öffnen nimmt man zwei Wasserpumpenzangen und damit greift man jeweils die beiden Teile des Verschlusses. Dann dreht man die beiden Teile voneinander weg.

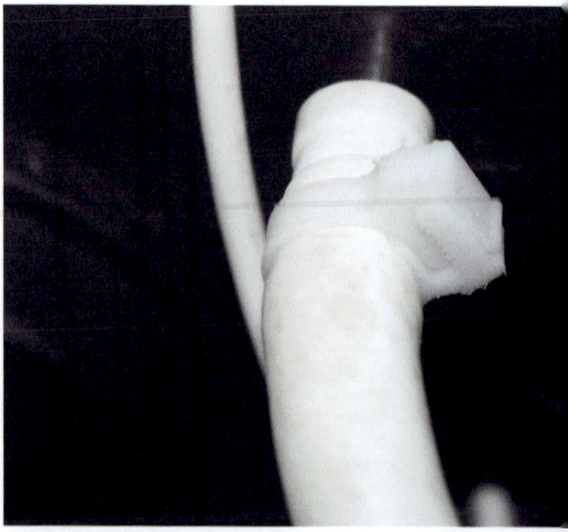

Eine geschlossene Kunststoff-Schlauchschelle

Fittings, Abzweigungen und Armaturen

Die Tücke steckt im Detail, heißt es. Hier sind das die Anschlussstücke und Verbindungen. Vom Gartenschlauch in den Filter, vom Filter in die Leitung zum Tank, dort hinein und wieder hinaus, überall brauchen wir Fittings, Winkel, Kugelhähne, Ventile, Verbinder, Verteiler, Übergangsverbindungen, Schraubverbinder und was der Katalog sonst noch so alles hergibt.

Zur Fixierung dann Schlauchschellen, Schellen, Quick-Clips, Bogen und Rohrschellen. Jetzt bist du sicher schon ausreichend irritiert und hast Fragezeichen in den Augen.

Um das alles in eine Ordnung zu bringen, bedarf es einer guten Planung, sonst kauft man Kisten voll Kleinkram und beim Zusammenbau fehlt trotzdem die Hälfte.

Anschlüsse im Tank

Für den Tank benötigen wir mehrere Anschlüsse. Zuerst muss Wasser in den Tank gefüllt werden, wobei die Luft ausströmen können muss. Dann wird Wasser von der Pumpe entnommen, wobei die Luft wieder in den Tank soll, damit kein Unterdruck entsteht. Beim Einsatz einer Tauchpumpe muss zusätzlich ein Anschluss für die Stromversorgung vorhanden sein.

Im Handel gibt es Tankanschlüsse mit einem 90°-Winkel auf einer Seite. Sie sind so universell verwendbar, dass andere Stutzen kaum noch im Handel sind.

Links unten im Bild ist ein kompletter Winkel, wie ich ihn für die Entnahme oder Befüllung verwendet habe. So kann oberhalb des Tanks die Leitung seitlich weggeführt werden und im Tank spritzt das Wasser nach unten. Das Geräusch ist gut hörbar und wenn es verstummt, weiß ich, dass der Tank fast voll ist.

Zur Entnahme wird am unteren Ende einfach ein Schlauch befestigt, der kurz oberhalb des Bodens endet und schräg abgeschnitten ist, damit er sich nicht am Boden festsaugen kann. Bei Verwendung einer Tauchpumpe ist diese dort befestigt.
Für die Belüftung wird der untere Stutzen abgesägt, so dass sie nur minimal in den Tank hineinragt und die Luft beim Tanken entweichen kann.

Zur Stromversorgung der Tauchpumpe kann man den 90°-Stutzen absägen und das Kabel durch das gerade Teil führen. Zum Abdichten des Kabels stecke ich dünne Schlauchstücke (Baumarkt, Aquarienabteilung: Silikonschlauch 5 und 6 mm) von 2 cm Länge darüber und darüber noch ein Stück Wasserschlauch, das ich mit Schlauchschellen fixiere.

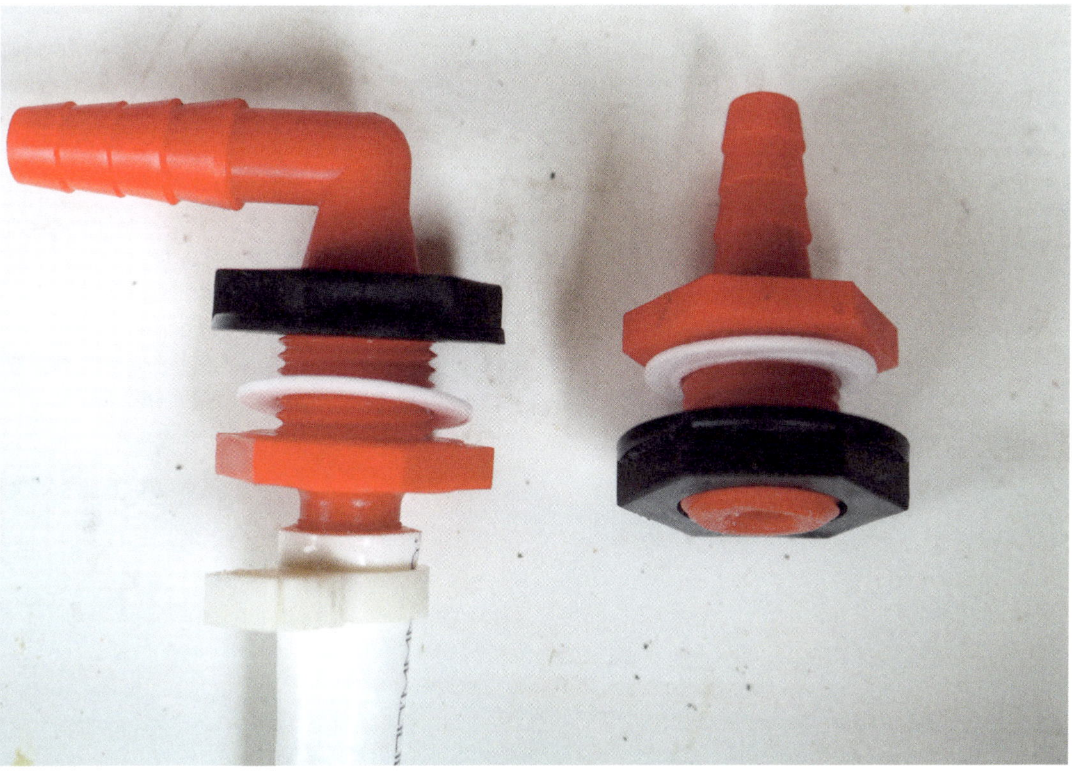

Tankanschlüsse, rechts abgesägt für Pumpenkabel oder Belüftung

Anschlüsse im Frischwassertank mit Tauchpumpe:

1. Wasserzulauf
2. Be- und Entlüftung, kurz abgesägt, damit der Tank voll werden kann.
3. Tauchpumpe mit Anschlussschlauch
4. Stromkabel zur Tauchpumpe

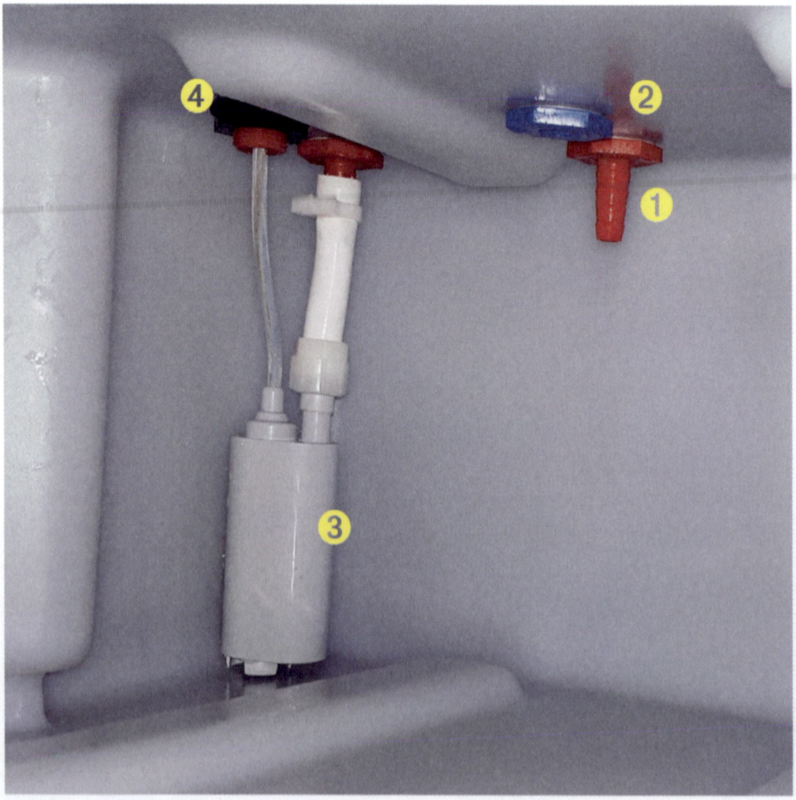

Die Situation im Tank: Oben links sieht man die Tauchpumpe mit Kabel und Schlauch, rechts den blauen Stutzen als Belüftung und den roten zum Befüllen mit Wasser.

Nach Umbau auf die Druckpumpe ist die ehemalige Kabeldurchführung leer, dahinter ist der Saugschlauch zur Pumpe zu sehen.

Sauberes Trinkwasser

Fährt man mit dem WoMo hauptsächlich in Mittel- und Nordeuropa herum, ist sauberes Wasser meist verfügbar. Geht es aber auch nach Südeuropa oder noch näher an den Äquator, wird die Versorgung mit sauberem Trinkwasser schon aufwändiger. Einfach Wasser aus einem Bach zu nehmen, dessen Lauf man nicht kennt, ist zu riskant.

Wasserfilter

In unserem Weltreisemobil haben wir nach den neuesten Erkenntnissen gebaut. So wird das Wasser direkt am Eingang gefiltert, bevor es in den Tank kommt. Dadurch bleibt das gesamte Wassersystem sauber. So entstehen weder Schleim, noch Ablagerungen in den Tanks und Leitungen. Im Prinzip so wie in der Hausinstallation, wo das Wasser vom Wasserwerk gereinigt wird und erst danach in das Leitungsnetz und die Häuser gepumpt wird.

Das einzige, was sich noch ablagert, ist Kalk aus besonders hartem Wasser. Diesen kann man mit Essigessenz entfernen.

Dadurch haben wir selten Aufwand, um die Tanks und Leitungen zu reinigen. Einzig wenn das WoMo für den Winter abgestellt wird, muss das Wasser entfernt werden. Danach mache ich jeweils einen Frühjahrsputz.

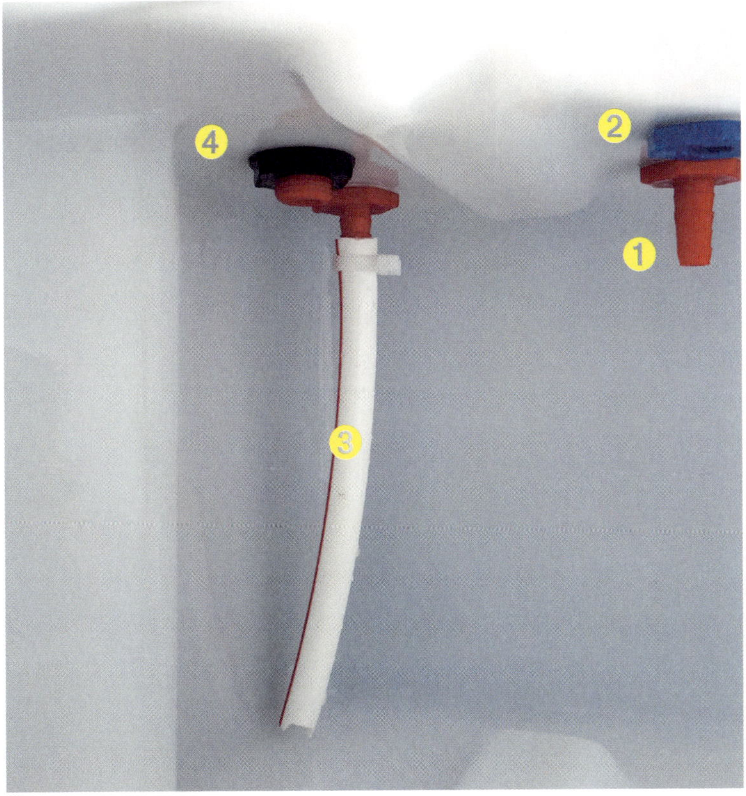

Tankanschlüsse bei Verwendung einer Druckpumpe:

1. Wasserzulauf
2. Be- und Entlüftung, kurz abgesägt, damit der Tank voll werden kann.
3. Ansaugschlauch zur Pumpe
4. Bei Druckpumpe unnötig, hier war vorher das Kabel der Tauchpumpe.

Die großen Filterkartuschen reichen locker für 100.000 Liter Wasser aus, vor allem wenn es schon sauber hineingepumpt wird. Bei uns haben wir zwei Filter parallel geschaltet, dadurch haben wir einen größeren Durchfluss beim Befüllen und auch die doppelte Filtermenge.
Die Aktivkohlefilter benutzen wir nur in Ländern, wo das Wasser nicht so sauber ist. Sie filtern unangenehmen Geschmack und Chemikalien heraus.
Die Filterkartuschen sind von Katadyn und seit Jahrzehnten bewährt (Foto auf der nächsten Seite). Für starke Beanspruchung gibt es die Kartuschen mit Edelstahlgewinde, für normale solche mit Kunststoffgewinde.
Um einer Verkeimung des Wassers im Tank vorzubeugen, kann man ein Silbernetz verwenden, das in den Tank gelegt wird. Durch die Abgabe von Silberionen aus dem Netz wird eine Verkeimung des Wasservorrates verhindert.

Nach zwei Jahren Benutzung der Wasseranlage kann ich an den Innenseiten der Wasserschläuche sehen, dass sich darin nur minimale Ablagerungen befinden. Das Filtern des Wassers direkt bei der Befüllung hat sich bewährt. Eine weitere Möglichkeit ist, die Filter nach dem Tank vor einem Frischwasserhahn einzubauen. Dagegen spricht die fortschreitende Verschmutzung und Verkeimung der Wasseranlage. Ist das komplette Wasser gefiltert, kann man auch mal einen Schluck aus der Dusche nehmen oder an einem anderen Wasserhahn die Zähne putzen.
Über das Thema Trinkwasser und den richtigen Ort für die Filteranlage im Reisemobil könnte man wohl ein dickes Buch schreiben, und hätte noch nicht alle Aspekte behandelt. Bei der Montage kommen verschiedene Faktoren ins Spiel, die es abzuwägen gilt.

Tipp: *Vor der Entscheidung für ein Wasser- und Filtersystem sollte man sich ausgiebig informieren und von einem Fachmann beraten lassen.*

Wasserfilteranlage mit zwei Keramik- und zwei nachgeschalteten Aktivkohle-Elementen.

Kühlschrank oder Kühlbox?

Schrank oder Box? Beides hat Vor- und Nachteile. Eine Kühlbox ist optimal für kleinere Fahrzeuge, besonders wenn sie nicht fest eingebaut werden soll. Ein Kühlschrank wird hingegen meist fest eingebaut, er hat auch meist keine Schutzgitter, um den Wärmetauscher vor Stößen zu schützen.

Da kalte Luft schwerer ist als warme, »fließt« sie bei geöffneter Kühlschranktür ab und warme Luft nach. Dadurch muss das Aggregat bei einem Schrank mehr arbeiten und verbraucht mehr Energie zur Kühlung. Vor allem mit Kindern wird das öfter passieren, weil sie noch nicht so darauf achten, die Türe schnell zu schließen.
Dafür muss man bei einer Box länger in den Vorräten suchen, weil die Übersichtlichkeit nicht so gut ist wie beim Schrank.
Den höheren Energieverbrauch des Schrankes kann man natürlich mit entsprechenden Leistungsreserven ausgleichen.
Deinen optimalen Kompromiss musst du selbst finden.

Kühlsysteme

Zuerst solltest du unterscheiden, wie das Kühlaggregat die Kälte in die Kiste pumpt. Es gibt Thermoelektrische, Absorber und Kompressor-Geräte.

Thermoelektrische Geräte

Dies sind die günstigsten Geräte, schaut man in die Preisliste. Beim Stromverbrauch sind sie allerdings Weltmeister. Nichts saugt dir die Batterie so schnell leer wie diese. Die Kühlleistung ist eher mager, da die Temperaturunterschiede, die das Peltier-Element erarbeitet, maximal ca. 25 °C ausmachen. Wenn also die Außentemperatur um die Box 45 °C ist, kühlt das Gerät den Inhalt höchstens auf ca. 20 °C herunter.

Thermoelektrische Kühlbox (Quelle: Reimo.com)

Die Geräuschentwicklung ist gering. Das Peltier-Element macht keine Geräusche, benötigt aber einen Lüfter, der etwas zu hören ist.

Thermoelektrische Boxen sind geeignet, um Getränke während der Fahrt z. B. in Reichweite des Fahrersitzes zu kühlen, manche Geräte können auch wärmen. Als Kühlbox für die Reise sind sie nicht geeignet.
Die Thermoelektrischen Boxen laufen meist mit 12 V.

Absorber-Kühlgeräte

Absorber-Kühlgeräte sind günstig und stark verbreitet. In der Praxis funktionieren die Geräte gut, vor allem wenn sie nicht bewegt werden. Betreiben lassen sich Absorber mit 12 V, 230 V oder Gas, das ist jeweils vom Modell abhängig. Es gibt sogar Geräte für Petroleumbetrieb.
Der Wirkungsgrad im Gasbetrieb ist gut, im Elektrobetrieb suboptimal. Geräuschemissionen sind gering bis nicht vorhanden.
In Geländefahrzeugen bzw. auf schlechten Straßen und Pisten reißt allerdings der Kühlkreislauf ab und damit entfällt die Kühlung. Bei Temperaturen über 35 °C kann die Leistung auch im Stand abfallen. Außerdem sind für einen Absorber zwei Außenlüftungen in der Wand des Wohnmobils nötig, durch die dann Staub ins Innere kommen wird.
Die Absorbergeräte liegen im mittleren Preis-Bereich und für Straßen-WoMos, die länger an einem Platz stehen, sind die Geräte gut geeignet. Geräusche treten kaum auf, darin sind Absorber spitze.

Kompressor-Boxen und Kühlschränke

Diese funktionieren mit einem Kompressor, der das Kühlmittel unter Druck setzt und so in den Verdampfer drückt. Dasselbe Prinzip ist auch im Haushaltskühlschrank zu finden. In puncto Strombedarf findet man hier die günstigsten Aggregate. Leider sind diese Geräte im oberen Drittel der Preisliste zu finden, dafür sind sie aber auch recht langlebig.
Die Geräuschkulisse ist durch den Kompressor

Absorber-Kühlbox
(Quelle: Reimo.com)

etwas deutlicher, wobei die Laufzeit bei ca. 20 °C Außen-Temperatur um die 20% der Betriebszeit liegt. Im SCAM und im Sprinter hatten wir die Betten direkt über dem Kompressor-Kühlschrank, was keinen von uns im Schlaf gestört hat.

Der Kühlkreislauf ist durch den Kompressor stabil und reißt weder im Gelände noch auf See bei heftigem Wellengang ab. Bei hohen Außentemperaturen wird die Laufzeit des Kompressors länger, die Kühlleistung bleibt erhalten.

Es gibt Kühlschränke und Boxen mit Gefrierfach und auch Gefriergeräte für den Campingbedarf.

Die modernen Boxen funktionieren mit 12 und 24 V, teilweise zusätzlich mit 110 bis 230 V Netzspannung. Wir haben im Schredder einen Kompressor-Kühlschrank WEMO 1500 N mit 120-Liter-Kühlfach und 30-Liter-Gefrierfach. Wemo hat einen zusätzlichen Lüfter zur Kühlung des Kompressors und eine Turbo-Funktion eingebaut. Dadurch wird die Laufzeit im Vergleich zu anderen Modellen verringert.
Ein großes Plus beim Wemo ist der integrierte Ablauf für Kondenswasser, das im Kühlschrank entsteht. Es wird über eine Auffangrinne nach außen und bei uns über den Schlauch in den Abfluss geleitet.

Das bisher einzige Minus, der Verschluss, wurde inzwischen verbessert. Ich hatte Peter Monheimer, dem Chef von Wemo, vorgeschlagen, das zu ändern. Die Tür schließt magnetisch, wie bei den meisten Kühlschränken, aber zum Fahren gab es einen Sicherheitsriegel, an den man bei Abfahrt jeweils denken musste.

Jetzt ist ein selbstverriegelnder Verschluss eingebaut, der auch eine Lüftungsposition hat.
Damit bleibt die Tür fixiert und einen Spalt weit geöffnet, damit der Innenraum im ausgeschalteten Zustand belüftet wird.

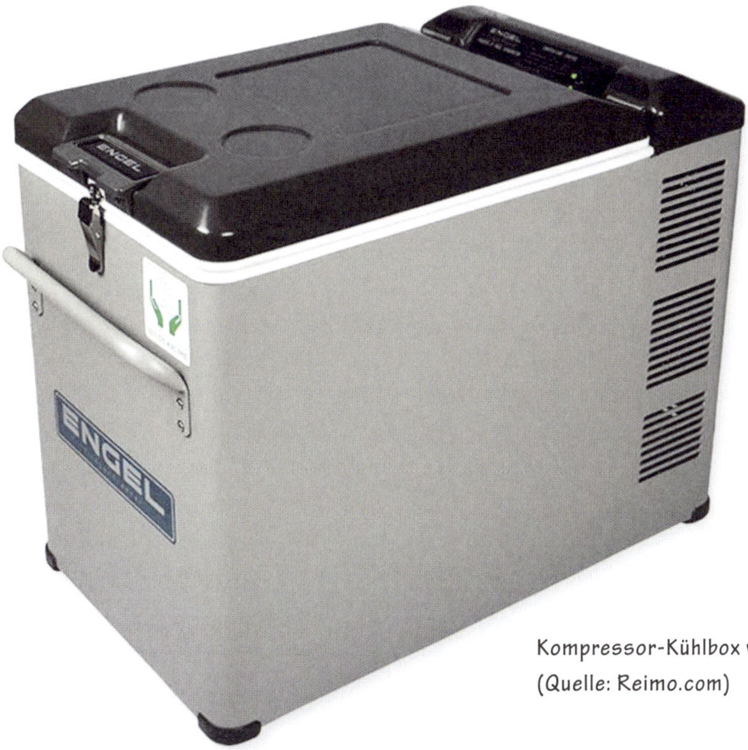

Kompressor-Kühlbox von Engel
(Quelle: Reimo.com)

Der Wemo-Kühlschrank 1500 im Schredder

Bei unseren vorhergehenden Kühlschränken sammelte sich das Kondenswasser immer unten am Boden und schwappte auch mal heraus, wenn das Auto im Gefälle stand. Das kostete sogar einmal einem B2B-Ladewandler das Leben, weshalb ich die Elektronik inzwischen strikt von Wassereinflüssen trenne. Der Wemo führt das Kondenswasser über einen Schlauch in den Abfluss.

Haushaltskühlschrank mit 230 V

Diese sind recht günstig zu erwerben, sind aber nicht ausgelegt, um mobil betrieben zu werden. Also muss man sich selbst etwas ausdenken, um die Tür zu verriegeln.

Inwieweit ein Haushaltskühlschrank die Rüttelei im Fahrzeug verträgt, kann ich nicht sagen, das ist bestimmt auch von der Qualität des Modells abhängig.

Verbrauch: Um aus 12- oder 24-V-Gleichspannung eine Wechselspannung von 230 V zu machen, benötigt man einen starken Spannungswandler, der selbst weitere circa 15 % der Leistung verbraucht. Da der Kühlschrank einer der Hauptverbraucher im WoMo ist, muss man dann entsprechend mehr Strom produzieren.

Kocher oder Herd?

Wie sollte ich Kochen – Campingkocher oder Festeinbau? Auch bei Kochern gibt es eine riesige Bandbreite mit Vor- und Nachteilen.

Camping für Gourmets: Jakobsmuscheln

Wohnmobil-Eintragung beim TÜV

Die TÜV Ingenieure wollen zur Eintragung als Sonstige-KFZ-Wohnmobil einen eingebauten Kocher sehen. Aber nicht jeder möchte dafür gleich eine Gasanlage einbauen. Auch wir hatten in den verschiedenen früheren WoMos keinen fest eingebauten Kocher. Zu diesem Zweck hatte ich alle möglichen Geräte ausprobiert.

Kocher zum draußen oder drinnen Kochen

Kleine Kocher zum Einbauen mit geringem Aufwand sind die Geräte aus der Origo-Serie von Dometic, die mit Spiritus betrieben werden oder Gaskartuschen-Kocher. Die ein- oder zweiflammigen Origo-Kocher zeichnen sich leider nicht durch besonders große Leistung aus, sind aber aus rostfreiem Edelstahl und ganz praktisch. Wer viel Zeit hat und sich nicht am Spiritusgeruch, der nur beim Tanken auftritt, stört, für den ist das eine gute Lösung.

Die Idee mit dem Origo draußen zu kochen, sollte man sich aus dem Kopf schlagen. Ohne Windschutz und mangels Leistung ist das einfach nichts. Die Origo-Kocher sind jedoch gut geeignet für die TÜV-Eintragung, da man sie einfach in Möbel einbauen kann.

Gut zu wissen: Große Höhen verändern Bedienungsweisen ... zum Beispiel beim Coleman-Zweiflammkocher.

Geeignete Einbau-Gaskocher für die TÜV-Eintragung

Sehr preisgünstig und praktisch sind außerdem die Campinggaz-Bistro-Kocher oder vergleichbare Modelle, die es auch mit Zündsicherung gibt. Das ist eine Voraussetzung für die Benutzung im Innenraum und bedeutet, dass automatisch durch ein Ventil die Gaszufuhr geschlossen wird, sofern die Flamme erlischt.

Um das Gerät beim TÜV anerkannt zu bekommen, reicht es meist, wenn man es in ein Fach einbaut oder fixiert.

Kocher zum draußen Kochen

In Marokko und auf vielen Alpentouren hatte ich einen Coleman-Benzin-Zweiflammkocher dabei. Modell Powerhouse, das stärkste, was Coleman zu bieten hatte. Inzwischen ist nur noch das kleinere Modell davon erhältlich: Coleman Kocher Unleaded zweiflammig. Er lässt sich mit ganz normalem Bleifrei-Benzin von der Tankstelle betreiben und brennt damit, ohne zu rußen. Coleman gibt 4220 W Leistung an, das ist für eine Familie völlig ausreichend. Die Anleitung sollte man beachten, sie ist gut sichtbar im Deckel angeklebt. Zum Kochen im Fahrzeug ist er aber nicht geeignet, beim Anheizen gibt es schon mal eine Stichflamme und die Abgase sind nicht für drinnen.

Tipp: *In großen Höhen, so ab 1000 m über NN muss man entgegen der Anleitung zum Anheizen fünf bis zehn Mal weniger Pumpen, sonst brennt er nicht optimal und rußt sehr stark.*

Unser Lieblings-Outdoor-Kocher

Besser, um auch drinnen kochen zu können, sind die Primus Gaskocher Gravity, die wir auch jetzt noch dabeihaben, um draußen zu kochen. Sie haben 3000 W Leistung und ich habe sogar mit drei Stück schon eine riesige Paella-Pfanne (90 cm) beheizt.

Einflammiger Gaskocher Primus Gravity

Der frisch eingebaute Gasherd von Triplex

Eine große Kartusche (450 g) reichte für unsere Familie ca. für fünf Tage Kaffee- und Mittagessenkochen aus. Dazu gibt es einen Falt-Windschutz, den wir immer benutzen und mit dem man auch bei starkem Wind eine schnelle Kochzeit erreicht.

Es gibt natürlich viele ähnliche Modelle von unterschiedlichen Herstellern, aber diese haben sich bewährt und sind von robuster Qualität.
Die Primus-Kocher zum Beispiel kann man sehr gut regulieren, besonders um auf kleiner Flamme zu köcheln.

Tipp: *Wir haben sogar früher die Babyfläschchen darauf angewärmt. Bei vielen Kochern ist nämlich genau das das Problem – mit Volldampf brennen alle gut.*

Gasherd

Im Schredder haben wir zum ersten Mal einen fest eingebauten Gasherd mit Backofen installiert.

Aus unserer Erfahrung kochen wir sehr gerne mit Gas, weil es eine starke Leistung bringt und sich gut und schnell regulieren lässt. Draußen Kochen hat auch große Vorteile, wenn etwas daneben geht, spritzt oder riecht. Das bleibt alles draußen und das WoMo ist sauber. Dafür haben wir auch im Schredder für die Außenküche unsere Primus Kocher dabei. Sie sind auch unser Back-up, falls die Gasflasche leer ist.

Wir planen inzwischen ganz anders zu reisen bzw. dauerhaft im WoMo zu wohnen. Mit dem Expeditionskoffer haben wir einen größeren Wohnraum und wollen lange Zeiträume darin leben. Das sind natürlich ganz andere Anforderungen an ein WoMo als vorher. Die Küche ist der zentrale Mittelpunkt für das tägliche Leben.

Gas ist weltweit erhältlich, brennt auch in großen Höhen und hat ein gutes Gewicht-zu-Energie-Verhältnis. Bei tiefen Temperaturen muss man allerdings darauf achten, dass man eine dafür geeignete Gasmischung in der Flasche hat.

Auf den ersten Reisen hat sich der Backofen bereits als sehr positiv erwiesen. Meine Frau Sabine hat darin schon Brot und Aufläufe gebacken, auch frische (Aufback-)Brötchen und Croissants ergeben kleine Highlights zum Frühstück.

Verbrauch: Von Bekannten, die ständig im WoMo leben, wissen wir, dass man mit fünf Kilo Gas circa drei Monate auskommt.

Warum kochen wir mit Gas und nicht mit Strom?

Gas ist eine Energiequelle, die überall erhältlich ist, Flaschen kann man in so ziemlich allen Ländern füllen lassen. Notfalls von einer Flasche zur anderen, man darf sie nur nicht mehr als 80% füllen. Es gibt ein Adapter-Set, mit dem alle europäischen Anschlüsse benutzt werden können.

Für Strom als Koch-Energie kann man mit einer Solaranlage sorgen, das ist kein Problem, sofern man ausreichend Sonne hat. Im Winter wird es allerdings problematisch werden. Gerade wenn die Sonne nur noch zwei Stunden am Tag scheint, will ich eine warme Mahlzeit haben und öfter Tee kochen können.

Außerdem ist eine Anlage für den Betrieb eines Elektroherdes auch nicht gerade leicht. Rechnen wir zwei weitere Akkus und zwei Solarpanels dazu, haben wir ein Mehrgewicht von mindestens 100 kg. Das ist mir zu viel Gewicht.

Lagerfeuer in Rumänien

Kochen auf dem Feuer (Norwegen)

Diesel zum Kochen

Diesel hat man sowieso in den meisten Fällen dabei – warum nicht damit kochen? Erfahrungen habe ich damit nicht, aber auch noch keine Berichte über einen hochgelobten Diesel-Kocher gefunden. Diesel-Kocher sind recht teuer, aber nicht unbedingt stark in der Leistung.

Unsere Outdoor-Küche in Norwegen

Zusammenfassung

Spiritus:	
+	einfach handzuhaben,
–	für draußen nicht geeignet – Windschutz,
–	nicht geruchsfrei, besonders beim Füllen,
–	schwache Leistung,
–	mittlere Dosierbarkeit.

Gas:	
+	Versorgung: weltweit verfügbar mit Flaschen- oder Tank-Adapter,
+	gute Leistung,
+	brennt geruchsfrei,
+	sehr gute Dosierbarkeit (abhängig von verbauten Ventilen),
+	einfach handzuhaben,
+	auch für Draußen und zum Grillen,
–	ein weiterer Brennstoff.

Strom:	
+	Achtung, nur bei bester Stromversorgung,
+	gute Leistung,
+	einfach handzuhaben+ Geruchsfrei,
–	große Batterien nötig,
–	große Solarleistung nötig,
–	im Winterbetrieb fraglich wegen schwacher Solarleistung,
–	Dosierung langsam.

Diesel:	
+	einfach handzuhaben,
+	geruchsfrei außer bei Leckagen,
–	Dosierung langsam,
–	nicht höhentauglich,
–	schwache Leistung mancher Modelle.

Gasversorgung

Nutzt man Gas zum Kochen und Heizen, benötigt man auch hier einen Vorrat. Dafür gibt es Gasflaschen oder auch Flüssiggastanks. Die Flaschen kann man in jedem Campingshop oder Baumarkt kaufen oder gegen volle tauschen, im Ausland gibt es teilweise sogar Brennstoffgeschäfte, die ebenfalls Gasflaschen füllen oder tauschen.

Den Gastank kann man an normalen Gastankstellen füllen lassen. Auch gibt es Gastankflaschen, die dieselben Möglichkeiten bieten. Der Unterschied liegt in der Befüllung – Gastankflaschen und -tanks lassen sich nur bis maximal 80 % füllen. Normale Gasflaschen haben diese Begrenzung nicht, müssen daher in einer dafür vorgesehenen Füllanlage befüllt werden.

Solange man mit Gas nur kocht, reichen circa fünf Kilo Gas für drei Monate aus. Zum Heizen ist der Verbrauch deutlich höher und abhängig von der Dämmung des WoMos und der Außentemperatur. Im Winter kann das gut und gerne ein Verbrauch pro Woche von 20 bis 30 kg und darüber werden.

Beleuchtung

Seit einiger Zeit entwickeln sich LED-Lampen zur optimalen Lichtquelle im mobilen Bereich. Robust und lange haltbar, brauchen sie den wenigsten Strom aller Leuchtmittel.

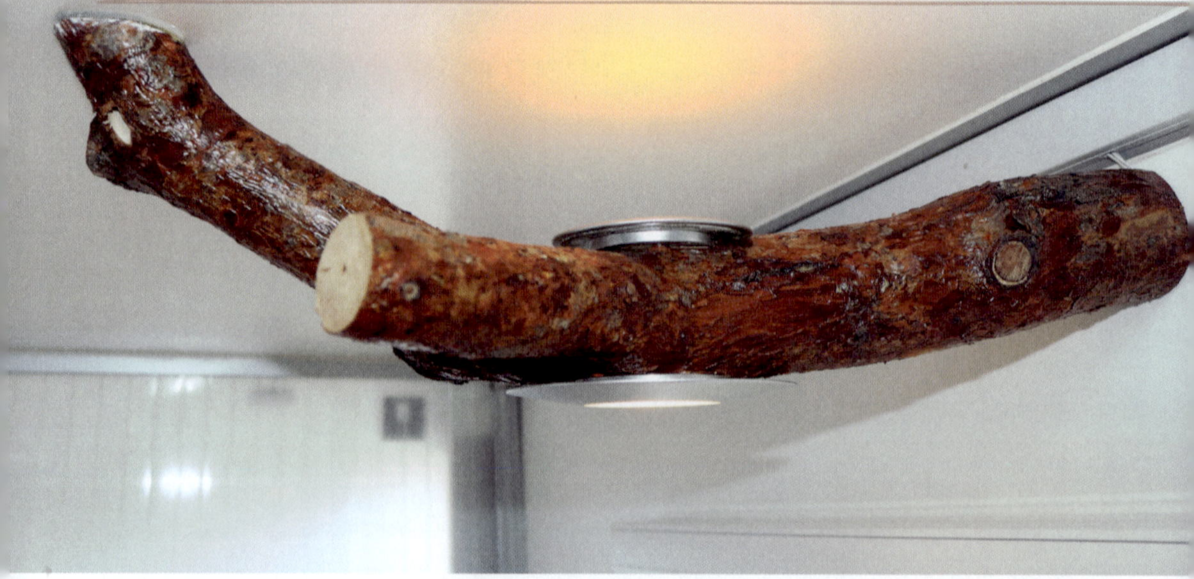

Beleuchtung der Sitzecke mit Raumbeleuchtung nach oben und Tischbeleuchtung nach unten (Lumicoin)

Beim Neubau oder für deutlich helleres Licht sollte man spezielle Lampen für Wohnmobile verwenden. Lampen aus dem Baumarkt sind hier nicht geeignet, obwohl sie mit einer Spannung von 12 V arbeiten. Im Wohnmobil liegen im 12-V-System bei vollgeladener Batterie 13 V an, während der Ladung sogar bis 13,8 V. Da funktionieren die Haushalts-LED-Leuchten ein halbes Jahr und dann sind sie durchgebrannt, da ihnen im Gegensatz zu den LED-Leuchten für Wohnmobile in der Regel kein Spannungsregler vorgeschaltet ist.

Camping-LED-Leuchten

Qualitativ sollten es mindestens die LED-Camping-Leuchten sein, wie sie z. B. Reimo anbietet.

Lumicoin-Leuchten

Ich habe in meinem Ausbau Lumicoin-Lampen verwendet. Rainer Birkelbach, den Hersteller, kenne ich von der Abenteuer Allrad Messe 2003 und schon damals schwärmte er von den Vorzügen der LED-Lampen. Die meisten seiner Lampen funktionieren in einem großen Spannungsbereich von 10 bis 30 V. Die Außenleuchten sind in einem Aluminiumblock eingefräst und wasserdicht sowie rüttelfest mit Kunstharz vergossen. Dadurch sind sie ausreichend robust, um an einem Expeditionsmobil langfristig zu leuchten.

Die Innenraumleuchten sind auch in Aluminiumgehäusen untergebracht, die ebenfalls aus einem Stück gefräst sind. Es gibt viele Versionen in verschiedenen Designs und Leuchtfarben für die jeweiligen Einsatzzwecke.

»Wohnzimmerlampe«

»Leselicht im Schlafraum«

Der beleuchtete Schredder in der Dämmerung

Die meisten Lampen lassen sich dimmen, um ein angenehmes Licht oder auch volle Helligkeit auszustrahlen. Manche sind sogar umschaltbar, zum Beispiel unsere Badezimmerlampe kann man nachts auf Rotlicht umschalten, um die schläfrigen Augen zu schonen. Oder die Schlafraumbeleuchtung kann von angenehmem Kerzenlicht in Hellorange umgeschaltet werden auf volle Leistung bei warmweißem Licht.

Über ein Dimm-Modul lassen sich bestimmte Lampenmodelle fernsteuern, auch über beliebig viele Taster. So habe ich für die Außenbeleuchtung am Bett, an der Elektrozentrale, im Eingang und außen Taster, um sie zu steuern.

Ältere Lampen umrüsten

Für ältere WoMos gibt es inzwischen viele LED-Einsätze zum Umrüsten. Also kannst du, sofern du ein älteres Modell umbauen möchtest, einfach die Lampeneinsätze auswechseln. Es gibt LED-Einsätze für Glühlampen mit 12-V-Fassung und sogar als Sofittenlampen.

Auf der Website habe ich ein Video zur WoMo-Beleuchtung hochgeladen, in dem ich die einzelnen Lumicoin-Lampen im Einsatz zeige:

www.womoselbstausbauen.com/buchboni

Haustechnik und Gadgets

Auch die nicht überlebenswichtigen Dinge sind im Urlaub wichtig und da setzt jeder seine Prioritäten etwas anders.

Lüftungen

Um die Abwärme des Kühlschrankes abzuführen, habe ich einen Solar-Lüfter eingebaut, der bei einem bisschen Sonnenlicht bereits anspringt und die Wärme ins Freie pustet. So spare ich Strom, da der Konvektor immer kühle Luft zum Austausch bekommt.

Für die Trockentoilette ist ein weiterer Solar-Lüfter eingebaut, der auch nachts mit eingebauten Akkus weiterarbeitet. Am Tag werden die Akkus wieder geladen, wobei der Lüfter weiterläuft. Dieses Modell hat auch Schalter, um die Geschwindigkeit und Richtung des Lüfters einzustellen oder ganz abzuschalten.

Die Solarlüfter haben sich im Sommer gut bewährt, bis auf den mit den eingebauten Akkus. Sie reichten bei weitem nicht aus, um den Lüfter über Nacht zu betreiben.

Bei winterlichem Licht ist der Solarlüfter allerdings auch tagsüber nicht ausreichend.

Dafür habe ich mir jetzt einen PC-Lüfter mit Regelung eingebaut. Dieser funktioniert bestens, durch die Regelung kann ich ihn auf halber Drehzahl laufen lassen. So summt er kaum hörbar vor sich hin und entlüftet die Toilette dauerhaft.

Feuchtigkeit im Wohnmobil

In der kälteren Jahreszeit sind regelmäßig morgens die Fenster und die Aluminiumwinkel in den Ecken hinter dem Bett mit Feuchtigkeit beschlagen.
Das ist nicht nur ärgerlich, sondern auch eine Grundlage für Schimmel an Matratze und Holzteilen. Stoßlüften, um die Feuchtigkeit loszuwerden, reicht nicht und kühlt auch den Innenraum zu stark aus. Deshalb werde ich mir ein dezentrales Lüftungsgerät mit Wärmerückgewinnung von Bayernluft einbauen. Das ist eine ungefähr aktenkoffergroße Box, die zwei Ventilatoren und einen Wärmetauscher enthält. Das System läuft mit 12 V und ist mit Feuchtigkeitssensor oder manuell schaltbar erhältlich. Die Leute von Bayernluft haben bereits Erfahrung im Einbau in Wohnmobilen und das Gerät soll wirksam die Feuchtigkeit nach außen transportieren.

Abzugshaube über dem Herd

Um beim Kochen die Gerüche aus dem WoMo zu bekommen, haben wir eine Abzugshaube von Dometic eingebaut. Sie wird mit 12 V betrieben, hat eine eingebaute Lampe und LED-Uhr. Durch einen Gitterfilter wird die Abluft über einen Dachlüfter nach außen transportiert.

Unsere Erfahrungen damit sind sehr gut, gerade in einem kleinen Raum ist es prima, die Essensgerüche und den Dampf schnell nach draußen zu befördern. Einzig die Uhr ist Geschmackssache. Sie leuchtet von morgens sechs bis abends sechs Uhr. Nachts ist sie im Dunkelmodus, also unsichtbar.

Kaffeemaschine

Über die Kaffee-Versorgung kann man lange diskutieren, ja man kann sogar ohne Kaffee leben. Wir haben eine Bialetti-Espresso-Maschine »Italian Style«. Die geht auf jedem Kocher, braucht keine Tabs oder Kapseln und ist damit weltweit nutzbar. Den Kaffeesatz kann man einfach zum Düngen nehmen oder um den Geruch der Trockentoilette zu minimieren. Früher hatten wir immer Aluminium-Versionen, heute eine aus Edelstahl. Auch hier gibt es viele China-Nachbauten, die billiger sind, aber wir finden das Original deutlich besser. Ersatzteile sind vom Hersteller verfügbar, der Ausgießer gießt in die Tasse und nicht daneben. Einfach die bessere Wahl.
Eine elektrische Maschine braucht relativ viel Strom und bringt auch einiges Gewicht auf die Achsen, von Service-Verfügbarkeit im Ausland ganz zu schweigen.

Staubsauger

Wir haben einen Zyklon-Sauger »Made in China« aus dem Campinghandel. Er saugt ganz gut und der Dreck wird im Behälter gesammelt, den man einfach leeren kann. Im Oberteil ist allerdings noch ein Feinfilter versteckt, den man auch reinigen muss.

Daheim haben wir einen Dyson, den meine Frau nicht mehr hergeben will. Im WoMo kommt nach dem Ableben des China-Zyklons ein Akku-Dyson mit 12-V-Versorgung her.

Waschmaschine

Für WoMo-Nomaden muss auch mal die Wäsche gemacht werden. Es gibt mehrere Möglichkeiten dafür:

- >>> Die Pisten-Waschmaschine, ein Weithalsfass, das mit warmen Wasser und Wäsche gefüllt wird und während der Fahrt durch die Erschütterungen die Wäsche wäscht.
- >>> Alle paar Wochen zum Waschsalon oder Campingplatz mit Waschmaschine und Großaktion starten.
- >>> Mini-Plastik-Waschmaschinen aus dem Camping-Bereich. Gehen aber auch nur für Mini-Wäsche.
- >>> Waschmaschine im WoMo einbauen.

Wir haben uns für eine neue Möglichkeit entschieden, eine Mini-Waschmaschine, die laut Berichten anderer Wohnmobilisten den Namen auch verdienen soll. Sie steht schon im Keller, wir sind gespannt und werden auf der Website berichten.

Gadgets und weitere Verbraucher

Gerade für Menschen wie mich, die unterwegs auch arbeiten oder zum Beispiel Touren-Navigation am PC planen, sind Steckdosen wichtig, um die Geräte am Laufen zu halten. Ob Notebook, Tablet, Akku-Ladegeräte, das Smartphone oder der Mixer für den Kuchen, vieles braucht unterwegs Strom.

Wir haben 230-V-Steckdosen an der Sitzecke, über der Küche, im Bad für die elektrische Zahnbürste und im Stauraum für die Verwendung außen.

Daneben gibt es jeweils USB-Steckdosen für Handy & Co. Bei den bisherigen kleineren WoMos hatte ich auch immer 12-V-Akkulader für Kameras und so. Deshalb sind auch 12-V-Steckdosen im heutigen WoMo verteilt. Mehr dazu in Kapitel 5.

Kochen im Schredder

Mobiles Internet

Da ich online arbeite und meine dringenden Dinge lieber im Urlaub erledige, als nach dem Urlaub die geballte Ladung zu bearbeiten, habe ich mir einen kleinen Router zugelegt. Der ist so groß wie zwei Streichholzschachteln nebeneinander und wird mit einer SIM-Karte bestückt um damit ein WLAN-Netz mit Internetverbindung aufzubauen.
Wichtig ist dabei die zusätzliche Außenantenne,

steht man wie wir oft an abgelegenen Stellen. Im Zielland kaufe ich mir dann eine Prepaid-SIM-Karte und schon kann es losgehen.

Tipp: *Probiere gleich im Shop, ob die Verbindung geht, dann helfen meist die Verkäufer bei der Einrichtung. Manche Karte muss man zuerst über Service-Nummern konfigurieren.*

Mehr Infos dazu findest du auf https://www.adventurer.de/unterwegs-online-mit-dem-mobile-wifi-hotspot/

Heizung

Auch zum Heizen gibt es verschiedenste Geräte und Meinungen. Wir haben deshalb lange hin und her überlegt, welche Heizung wir in unser Traum-Fahrzeug einbauen.

Zuerst dachten wir an die Truma-Therme mit Gasbetrieb und Gastank unter dem Koffer. Das wäre auch eine gute Option gewesen, Gas-Tankstellen sind weit verbreitet und Gas ist auf diese Art und Weise günstig zu bekommen.

Beim Heizen mit Gas muss man den Verbrauch berücksichtigen, der sich ganz schön summiert. Der genaue Verbrauch ist dabei stark vom Fahrzeug abhängig. Ungedämmte Windschutzscheiben und Blechteile leiten die Wärme sehr schnell ins Freie. Selbst bei einem mäßig bis gut gedämmten Wohnraum sprechen die Gasheizungs-Besitzer von 11–22 kg Gasverbrauch pro Woche, bei starken Minustemperaturen sicher noch mehr.

Dann lernten wir die Autotherm-Planar-Heizungen in Verbindung mit dem Elgena-Boiler kennen und haben uns dafür entschieden. Eine Diesel-Luft-Heizung ist sehr kompakt und leicht. Diesel haben wir sowieso und der Gastank inklusive dem entsprechenden Gewicht und Einbauaufwand entfällt.

Für die Verschiffung über den Ozean sind seit dem Brand einer Fähre die Bestimmungen sogar so, dass man einen Gastank leeren und spülen lassen muss. Dafür benötigt man ein Zertifikat und muss es zur Verschiffung nachweisen. Eine Gasflasche kann man herausnehmen und beim Baumarkt abgeben. Im Zielland holt man einfach eine landestypische Flasche und besorgt sich einen passenden Adapter.

Diesel-Luft Standheizung für Warmwasser und Heizung

Die Autotherm-Heizungen kommen aus Russland und haben daher einige Vorteile. Sie sind für große Kälte gebaut, können aber ebenso gut auf »kleiner Flamme« laufen. Die meisten Standheizungen in KFZ sind für kurzfristigen Betrieb eingestellt, also um ein Fahrzeug vor dem Start aufzuheizen. Dadurch ist die Regelung so konzipiert, dass sie einige Zeit mit voller Leistung heizen und dann abschalten. Wird weiter Wärme benötigt, startet die Heizung neu und heizt wieder.
Die Autotherm-Heizung ist so gebaut, dass sie auch mit minimaler Leistung lange läuft. So braucht die von uns eingebaute Planar 2D dafür nur ca. zehn Watt. Das ist effektiver, da es weniger Energie braucht, einen Raum warmzuhalten als ihn immer wieder aufzuheizen. Gleichzeitig entfällt der relativ hohe Energieverbrauch in der Startphase der Heizung. Tigerexped bietet diese Heizungen gleich mit Höhenkit an, damit sie auch im Hochgebirge zuverlässig heizen.

Für große Mobile, die eine gute Wärmedämmung haben, ist es gut, mit mehr Leistung einheizen zu können und mit minimaler Heizleistung die Wärme zu halten. Das Problem hierbei ist, dass eine 4-KW-Heizung dafür zu stark ist, sie lässt sich nicht so weit herunterregeln. Dafür gibt es bei Tigerexped das TWIN 2-Kit, das quasi zwei kleine Heizungen zu einer großen zusammenschaltet. Es besteht als aus zwei kompletten D2-Heizungen mit gemeinsamer Warmluftführung.

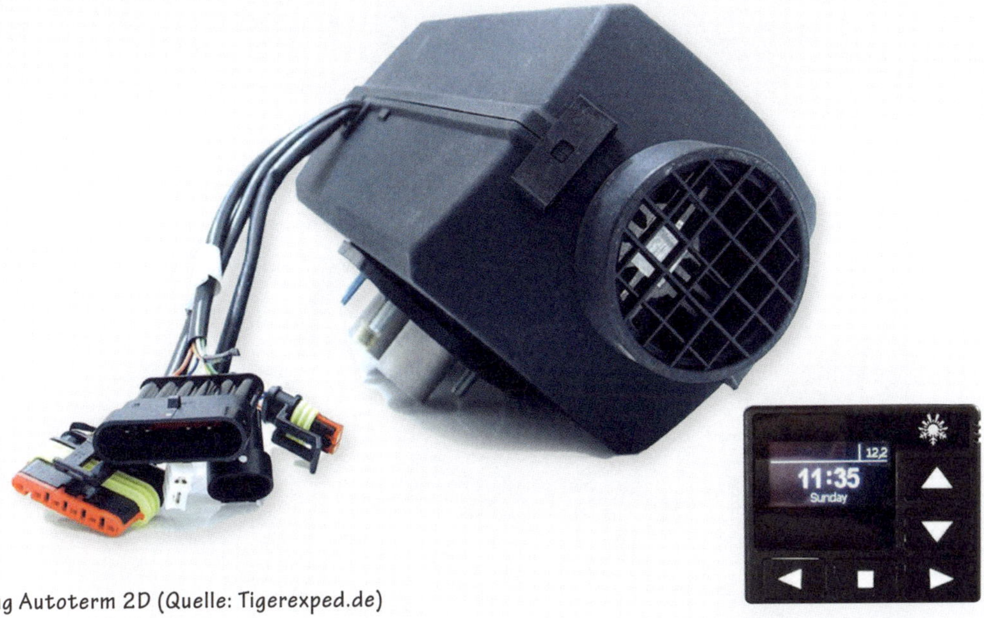

Heizung Autoterm 2D (Quelle: Tigerexped.de)

Heizung TWIN 2-Kit (Quelle: Tigerexped.de)

Dadurch hat man mehrere Vorteile:
Um den Raum bei sehr niedrigen Außentemperaturen aufzuheizen, lässt man beide Heizungen mit je 2 KW also insgesamt 4 KW laufen. Für die Übergangszeit hat eine Heizung ausreichend Leistung, eine 4- KW-Heizung würde dann schon wieder zu viel Wärme liefern. Will man den Innenraum nur auf Temperatur halten, kann eine D2 weit heruntergeregelt werden. Im Temperaturmodus kann eine Heizung die Temperatur thermostatgesteuert halten. Man hat beim Ausfall einer Heizung eine zweite als Reserve.

Cibic Cub – Kanadischer Miniofen im Schredder

Holzofen im Wohnmobil

Als Backup und für die Gemütlichkeit haben wir noch einen Cubic Mini Stove. Der Kamin soll nicht während der Fahrt über das Dach stehen, aber einfach aufzustellen sein, also habe ich eine Teleskop-Lösung gebaut.

Kamin beim Ausschieben aus dem »Schredder«-Dach

Der Ofen steht auf einer Wanne aus Aluminiumblech mit 2 cm hohem Rand, die den Boden darunter vor Funken und herausfallender Glut schützt. Seitlich und hinter dem Ofen ist ein Reflektorblech aus Alu, das einen Abstand von 2 cm zur Wand hat. Dadurch ist diese vor Hitze geschützt und die Luft kann dahinter zirkulieren. Im oberen Bereich ist ein Lochblech angebracht, damit ich die warme Luft absaugen und mit einem Ventilator in den Fußbereich blasen kann.

Unser Schornsteinfegermeister hat sich den Ofen angesehen und für gut befunden. Besonders der Hitzereflektor an der Wand war ihm wichtig, weil Holz die Eigenart hat, durch Hitze des Ofens auszutrocknen und sich nach einigen Jahren selbst entzündet. Durch die Luftzirkulation hinter dem Blech wird das verhindert.
Daher sollte man bei einem Ausbau keine feuerfesten Dämmplatten verwenden, sondern ein Blechschild mit Hinterlüftung und das Feuer niemals unbeobachtet lassen.

Erstes Anfeuern des Ofens

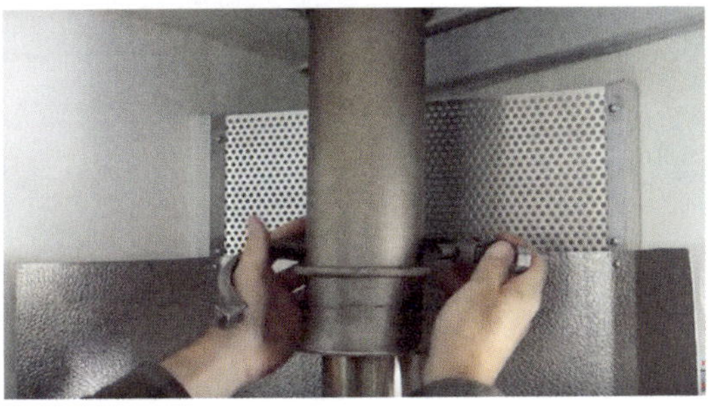

Ausfahren des Teleskop-Kamins

Dieselofen Sibirien (Quelle: Tigerexped.de)

Wintereinbruch in Marokko

Dieselofen im Wohnmobil

Als Alternative zum Holzofen gibt es den Dieselofen »Sibirien«. Er funktioniert ebenfalls stromlos, wenn der Tank höher als der Ofen liegt, andernfalls reicht eine kleine Pumpe, um ihn zu betreiben. Mit einem geringen Verbrauch von 0,1 bis 0,2 Liter Diesel pro Stunde und fünf Kilo ist er sicher eine interessante Alternative.

Im Schwarzwald bleibt der Winter länger.

Toilette

In jüngster Zeit kommen Trocken-Trenn-Toiletten immer mehr ins Gespräch.

Die Vorteile liegen auf der Hand. Chemische Zusätze riechen unangenehm, belasten die Umwelt und kosten Geld.

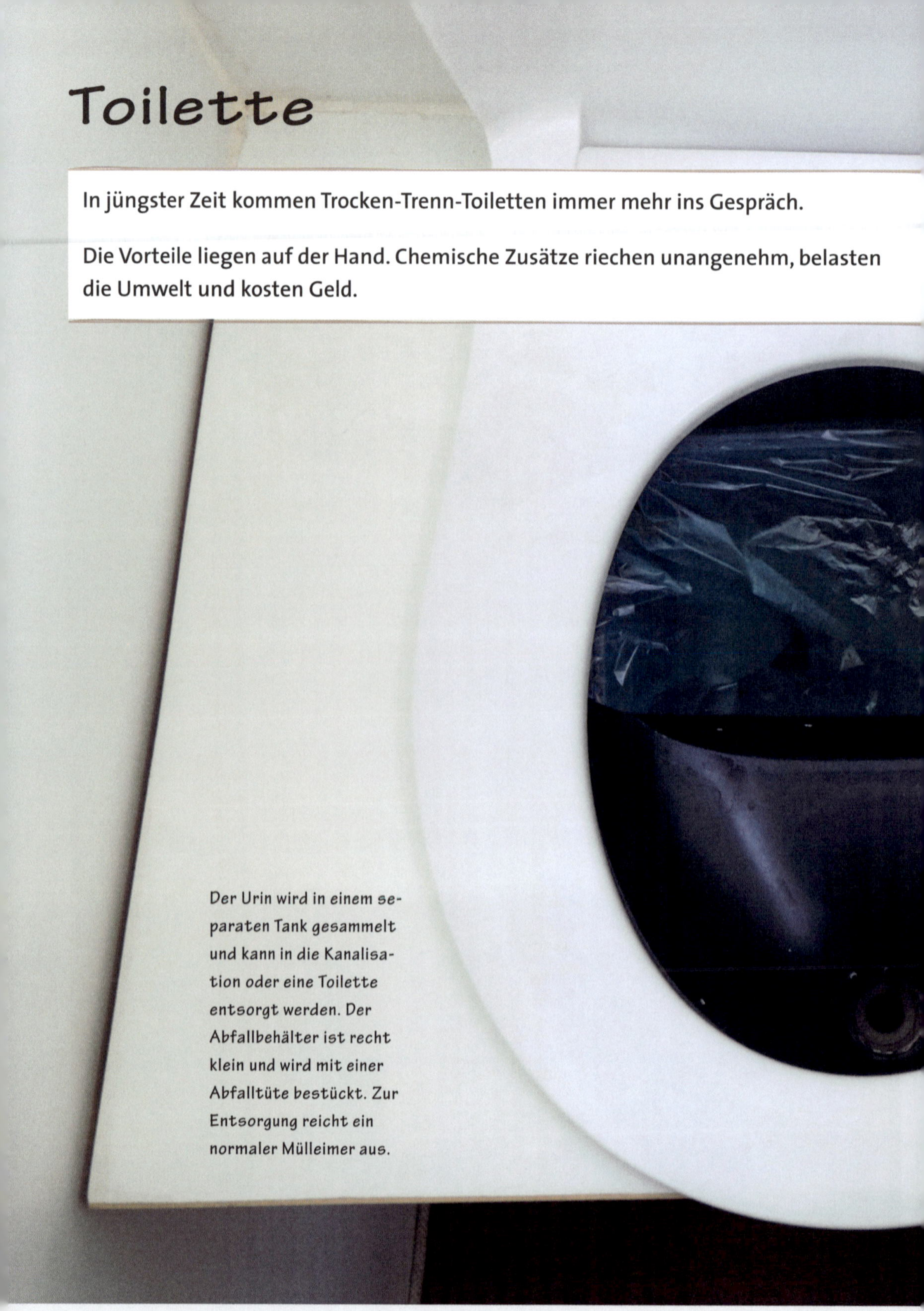

Der Urin wird in einem separaten Tank gesammelt und kann in die Kanalisation oder eine Toilette entsorgt werden. Der Abfallbehälter ist recht klein und wird mit einer Abfalltüte bestückt. Zur Entsorgung reicht ein normaler Mülleimer aus.

Eine Zerhackertoilette mit Schwarzwassertank ist eine Lösung ohne Chemie, aber recht teuer, aufwändig und schwer.
Eine Trockentoilette funktioniert ohne Wasser, das spart Gewicht, weil weder Spülwasser noch Wasserspülung benötigt werden. Sie besteht im Prinzip aus einem Trenneinsatz, einem Behälter für die festeren Stoffe und einem Urintank.
Öffnet man den Deckel der Toilette, sieht man den Trenneinsatz, der vorne aus einem Trichter für Urin und hinten aus der Öffnung für den festen Teil der Hinterlassenschaften besteht.

Einzig der entstehende Geruch bereitet Probleme, die beseitigt werden müssen. Dafür sorgt ein kleiner Elektrolüfter, der ständig die Luft absaugt, ins Freie befördert und somit die Fäkalien trocknet. Dadurch ist der Geruch kaum merkbar.

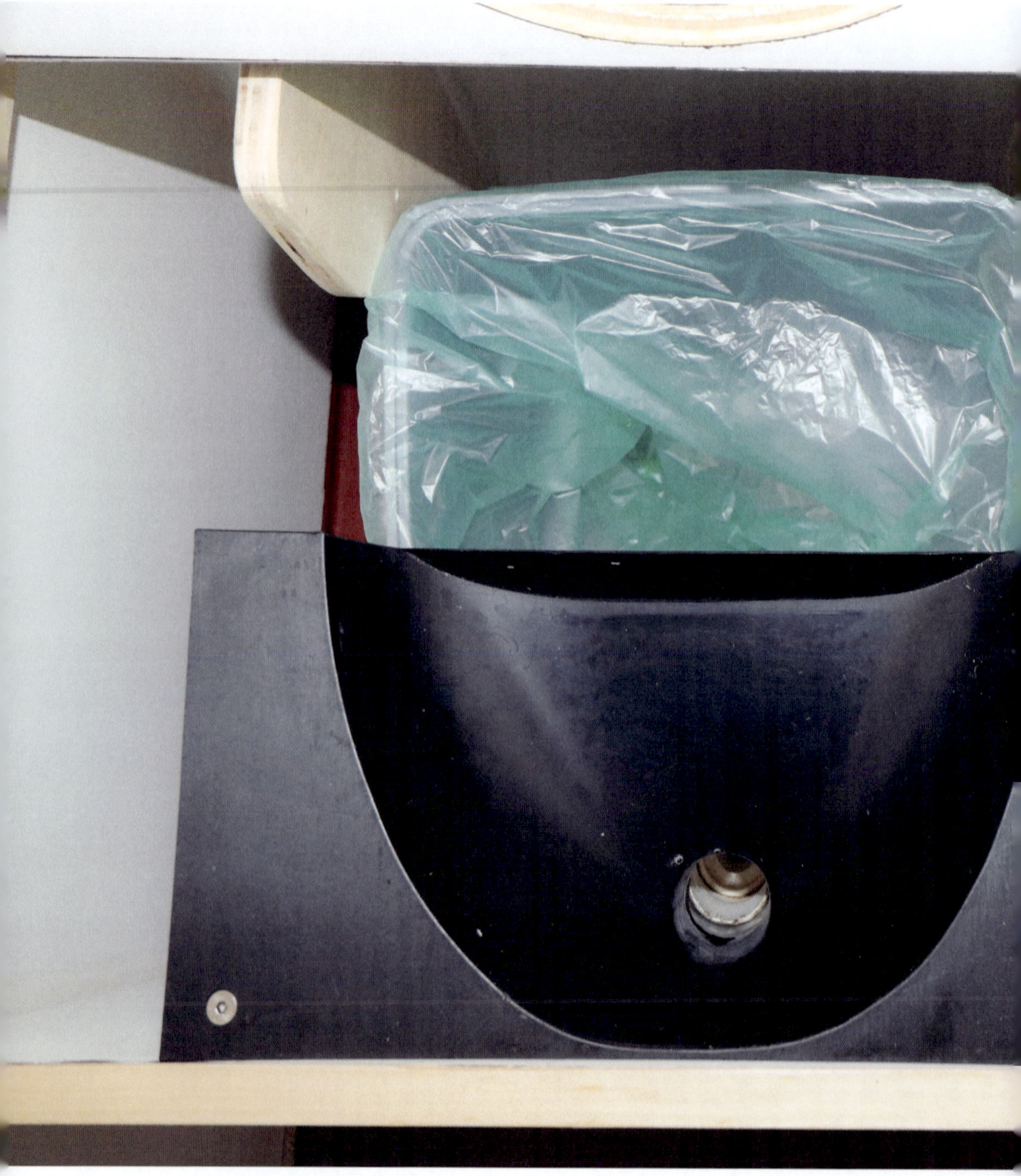

Trenn-Toilette

Im Bild sieht man die geöffnete Toilette. Vorne der Trenneinsatz, der den Urin aufnimmt und in den Tank leitet. Rechts davon der Anschluss, ich habe eine Gardena-Kupplung verwendet, um einfach vom Innentank (Winterbetrieb) zum Außentank wechseln zu können.Dahinter sind der Eimer mit der Abfalltüte und der Eimer mit Streu um den Geruch zu vermindern. Die Wirkung des Streumaterials hat mich jedoch nicht überzeugt.

Eine Weiterentwicklung ist die Komposttoilette. Dabei werden die festeren Anteile nicht in einer Tüte gesammelt, sondern in einem Behälter mit Rührwerk. Als Kompost-Starter gibt man zum Beispiel Kokosfasern zu, die in Quaderform angeboten werden. So wird eine relativ trockene Kompostierung erreicht, die unangenehme Gerüche unterbindet.

Es gibt eine zur Montage bereite Toilette von TomTur, die einfach eingebaut werden kann. Leider ist sie zu groß für unser kleines Badezimmer.

Technik:
www.womoselbstausbauen.com/buchboni

04

Fähre in Norwegen

HITACHI
DEWALT
DEWALT
ZEBRA

Ausbau

Werkzeug für den Selbstausbau

Als Hobbybastler hat man sicher bereits einiges in seinem Werkzeugkasten. Für den Anfang, um zum Beispiel einen Innenausbau beim Sprinter zu verwirklichen, reicht das eventuell schon aus. Für das aktuelle Expeditionsmobil Schredder habe ich mein Sortiment etwas erweitert.

Elektrowerkzeuge

Um ein oder zwei Wohnmobile auszubauen, brauchst du nicht für alles das teuerste Markenwerkzeug.
Der Akkuschrauber sollte jedoch von guter Qualität sein, er ist das meistbenutzte Gerät. Er sollte 2 Gänge mit unterschiedlichen Drehzahlen haben, ein Schnellspannbohrfutter und Bohrer bis 13 mm aufnehmen können.

Eine Schleifmaschine von der Hausmarke deines Baumarktes ist allerdings völlig ausreichend, willst du damit nicht einen Altbau sanieren.

Auch eine Flachdübelfräse muss nicht in Profi-Qualität sein. Wichtig ist hier, dass der Anschlag sich gut und fest einstellen lässt.

Meine Dübelfräse mit Flachdübeln Größe 10 (Foto: Hornbach.de)

Stichsäge mit Sägeblättern und Führung

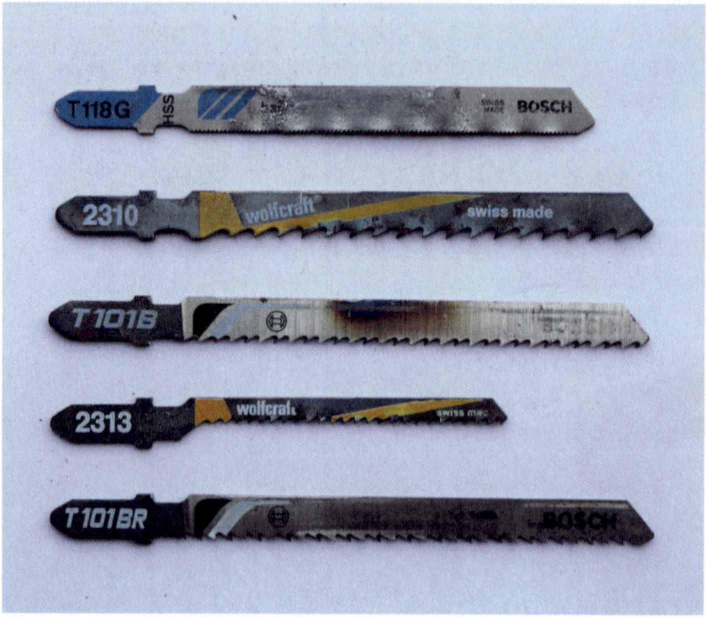

Die Vielfalt an Sägeblättern ist groß. Für die verschiedenen Einsatzzwecke gibt es verschiedene Werkstoffe, Zahnungen und Abmessungen.
Hier lohnt sich ein Blick auf die Webseiten der Hersteller. Hier ist das mittlere Blatt angelaufen, weil es beim Sägen zu heiß wurde. Es ist reif für die Tonne. Sägen mit einem Blatt mit nach unten gerichteten Zähnen wie beim untersten Blatt erfordert eine feste Führung der Säge, da sie nach oben gedrückt wird.

Eine Stichsäge vom Markenhersteller ist dagegen schon eher zu empfehlen. Hier kommt es darauf an, dass sie präzise sägt und ein einstellbarer Anschlag dabei ist, der sich auch als Zirkel nutzen lässt. Eine Absaugung hält die Sicht auf das Sägeblatt frei.

Handkreissäge mit Anschlagschiene

Sägeblätter für die Handkreissäge: Generell gilt: Sägeblätter mit hoher Zähnezahl werden zum Sägen von Querschnitten in Massivholz oder Plattenmaterial verwendet. Sägeblätter mit wenigen Zähnen werden für Längsschnitte in Massivholz oder für Spanplatten benötigt.

Eine Handkreissäge mit Anschlagschiene von 2,1 Metern Länge bekommst du eben nicht beim »No-Name«-Hersteller. Ich habe die Bosch-Professional-FSN-2100-Führungsschiene und eine dazu passende Handkreissäge.
Um beschichtete Platten zu sägen, brauchst du außerdem noch ein Universalsägeblatt mit 28 Zähnen.
Die Führungsschiene hat seitlich eine Gummilippe, die Druck auf die Oberfläche der Schnittkante ausübt und so den Ausriss des Materials an der Oberfläche erheblich vermindert. Wer sehr präzise arbeiten möchte, dem empfehle ich anstelle einer Handkreissäge eine Tauchkreissäge. Diese bietet durch den Mechanismus zum Eintauchen des Sägeblattes eine noch deutlich höhere Präzision.

Tipp: *Bei beschichteten Platten ist es wichtig, langsam und gleichmäßig zu sägen, um den Ausriss an der Oberfläche so gering wie möglich zu halten.*

Konstruktionskleber von Sika mit Primer, Remover und Kartusche, Leim und Zwingen zum Fixieren und Abdichten

Werkzeuge für den Möbelbau

Dafür brauchst du vor allem Schraubendreher und -schlüssel, Akkuschrauber, sowie eine gute Bohrmaschine mit Bohrern für Holz und Metall.

Zum Messen ist natürlich ein faltbarer Maßstab, für den Zuschnitt von Platten ein Bandmaß eine gute Wahl. Ich habe mir noch einen kleinen Laser-Entfernungsmesser zugelegt, damit lassen sich sehr genau Zwischenräume und weitere Abstände im Fahrzeug messen.

Eine Stichsäge wird benötigt, um an Kotflügeln oder anderen Ausbuchtungen der Karosserie den Platz für die Möbel auszuschneiden. Ebenso um

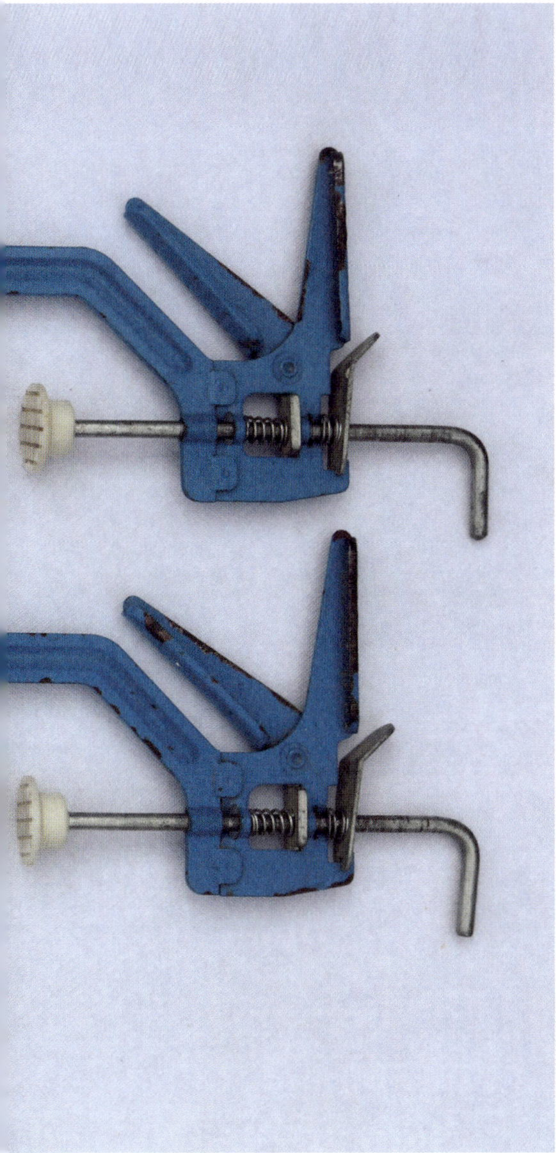

Mein Lochsägensatz mit Aufnahmeteller, welcher Sägeblätter und Zentrierbohrer aufnimmt.

Ausschnitte zu produzieren, die als Türen wiederverwendet werden.
In Verbindung mit der Bohrmaschine verwende ich einen Lochsägensatz für die Verlegung von Wasser und Heizungsleitungen (siehe rechts oben). Ein gutes Lochsägeset hat gehärtete Sägezähne. Sie sind im Neuzustand schwarz angelaufen.

Zudem braucht man einen Schwingschleifer zur Glättung der Oberflächen, und will man Massivholzplatten verwenden, auch einen Bandschleifer. Eine Oberfräse ist praktisch, muss aber nicht unbedingt sein. Eine Handkreissäge erleichtert viele Sägearbeiten dagegen ungemein.

Für stabile Verbindungen eignen sich gut Lamellendübel und eine Dübelfräse, die es ab ca. 60 Euro gibt. Für Lamellendübel zum Verbinden von Platten bis 16 mm ist die Größe 10 optimal, bei stärkeren Platten Größe 20.

Kleben und Dichten

Holzleim kauft man in einer Flasche mit Spitze, damit ist er gut zu dosieren.

Für Abdichtungen oder konstruktive Klebenähte ist eine Kartuschenpresse erforderlich. Zum Fixieren eignen sich Einhandzwingen gut und (rechts im Bild.) Zum Fixieren der Möbel und zum Furnieren sind größere Schraubzwingen nötig (die ganz großen fehlen auf dem Bild).

Die schwarze Zwinge ist von Wolfcraft und kann auch zum Auseinanderdrücken verwendet werden. Dazu kommen diverse Kanthölzer und Holzreste, mit denen man Möbel verspannen kann.

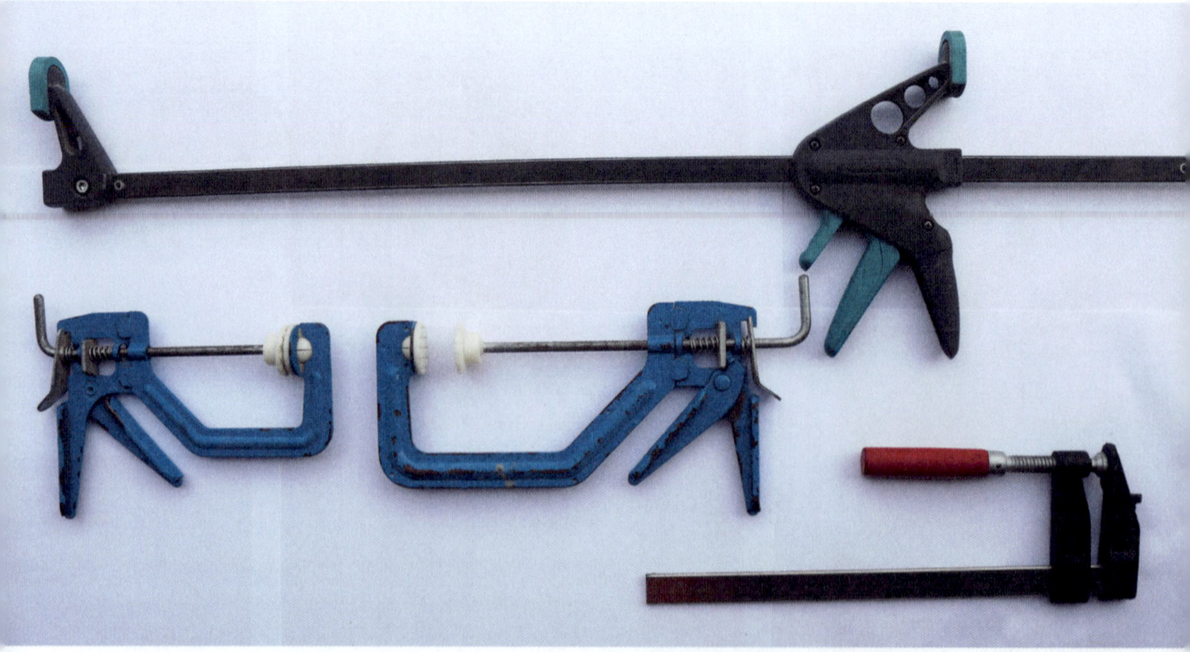

Schraubzwingen für den Möbelbau, unten eine Zwinge mit Wendefunktion

Elektrik

Für die elektrischen Verbindungen benötigt man eine Abisolierzange, um die Kabelisolierung zu entfernen und zu crimpen. Einen starken Seitenschneider, eine Spitzzange, Isolierband und ein paar Schraubendreher. Für Arbeiten an stromführenden Teilen kommen speziell isolierte Werkzeuge zum Einsatz.
Die Griffe sind zum einen sehr gut isoliert und so gestaltet, dass die Hand während der Bedienung nicht mit dem eventuell stromführenden Metall in Berührung kommt.
Um eine Leitung durch einen Hohlraum oder Kabelkanal hinter Möbeln zu ziehen, ist ein Einziehband aus Kunststoff oder eine Einziehfeder zum Schieben praktisch.

Wichtig ist auf jeden Fall ein gutes Messgerät, um Leitungen zu prüfen und Fehler in der Elektrik zu finden. Wenn ein Gerät nicht funktioniert, musst du die Spannung messen können, um zu sehen, ob sie überhaupt bis zu dem betreffenden Gerät kommt. Dafür nimmst du beide Anschlüsse, also

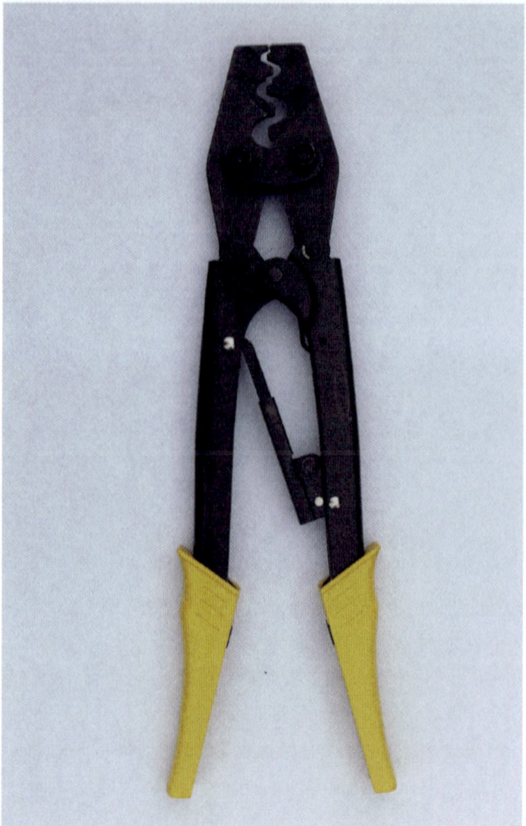

Eine große Crimpzange für dicke Kabelschuhe

plus und minus und stellst das Messgerät auf »V« (für Volt) zur Spannungsmessung. Jetzt sollte ein Wert zwischen 12 und 14 V angezeigt werden bzw. 24 bis 28 V im 24-V-System. Kommt nichts an, ist irgendwo die Verbindung unterbrochen. Für Batteriekabel und solche, die zu einer Seilwinde führen, ist eine größere Crimpzange mit langen Griffen nötig. Denn für eine gleichmäßge Crimpung ist es wichtig, dass das Presswerkzeug zu den Kabelschuhen passt. Wenn du bei Firmen wie TransWatt deine Ladetechnik bestellst, lass dir die Kabel dort anfertigen, das ist einfacher.

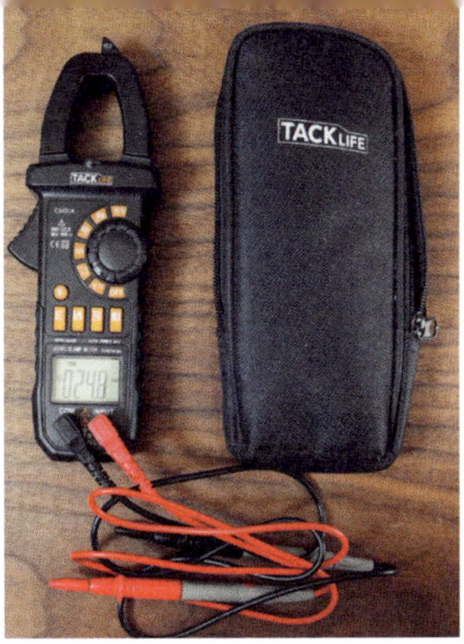

Ein Digitalmultimeter als Messgerät

Gas und Wasserverlegung

Hier gibt es einige Spezialwerkzeuge, die jedoch auch für andere Tätigkeiten brauchbar sind. Zwei Wasserpumpenzangen mit 175 und 300 mm, eine Rolle Teflonband und eine Schere mit einer auswechselbaren Klinge zum Abscheiden der Schläuche sind nötig und auch für das Bordwerkzeug bestens geeignet.

1. Diverse isolierte Schraubendreher
2. Draht zum Ziehen der Leitungen
3. Selbstklebendes Isolierband
4. Seitenschneider
5. Spitzzange
6. Abisolier- und Crimpzange für Kabelschuhe in Steckhülsen
7. Abisolier- und Crimpzange für isolierte Quetschkabelschuhe
8. Abisolierwerkzeug für mehradrige Kabel (230 V)

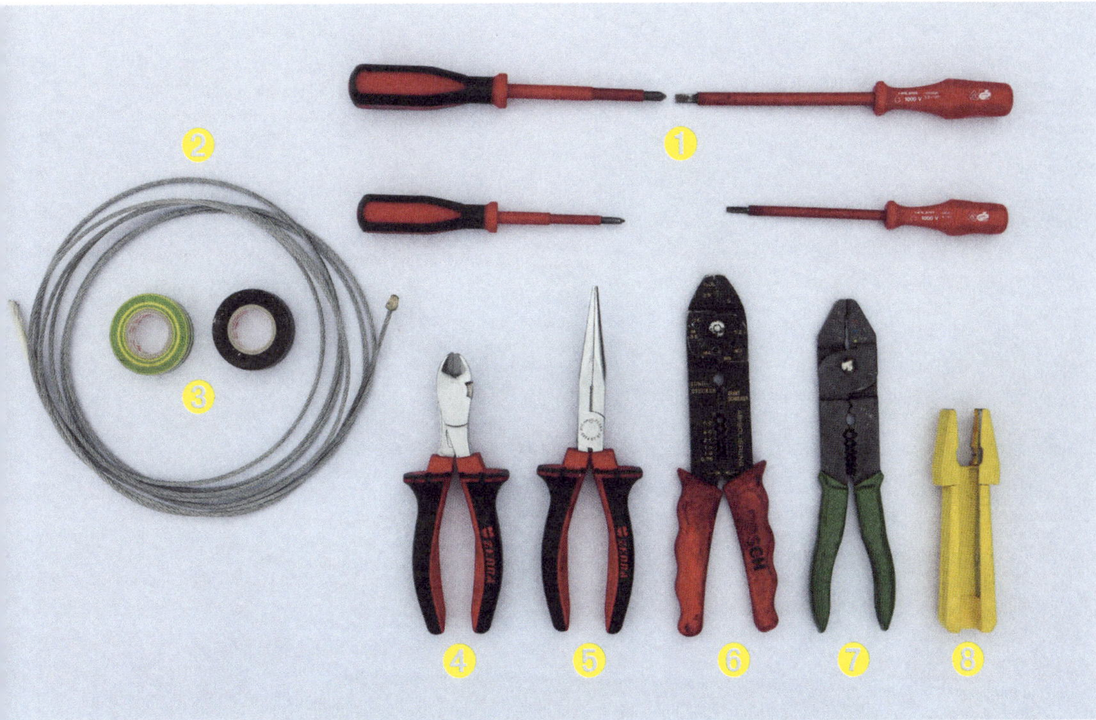

Werkzeug für die Montage
der Wasseranschlüsse

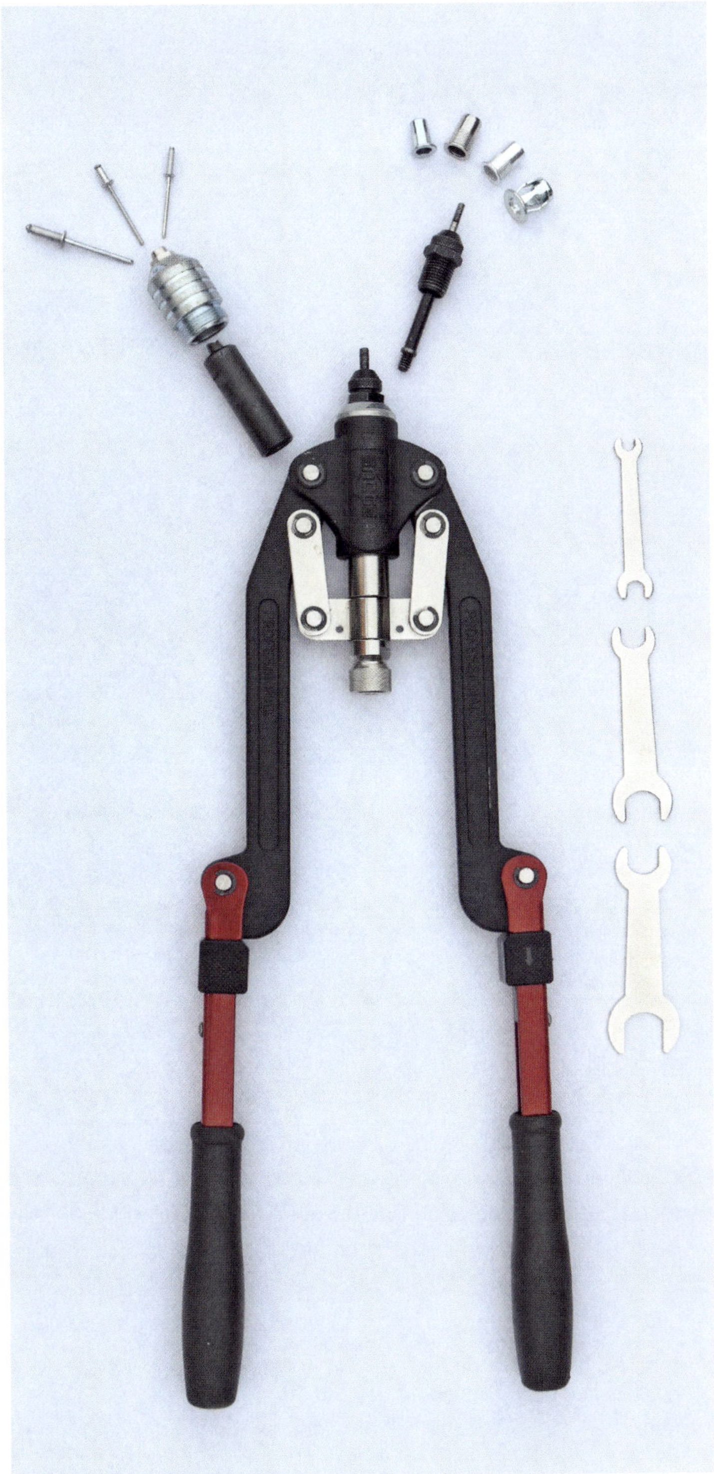

Nietzange mit Nietmutternvorsatz, um Einziehmuttern zu setzen.

Um ein Gasrohr zu kürzen, benötigen wir einen Rohrschneider und für Bögen im Rohr eine Biegevorrichtung. Beides zusammen kostet knapp 30 Euro im Baumarkt. Für den Rest genügen Gabelschlüssel mit den Maulweiten 14, 17, 19, 22 und 24.

Nietwerkzeug

Nieten und vor allem Einziehgewinde, auch Einnietmuttern genannt, sind eine einfache Art, haltbare und wieder lösbare Verbindungen herzustellen. Besonders in Wänden, die man von der Rückseite nicht erreicht, sind Einziehgewinde die schnellste Lösung.

Kleinkram

Kabelbinder, selbstklebendes Kreppband 30 mm, klares Paketband 50 mm breit. Ein Kleinteilegreifer, um eine in die Ritze gefallene Mutter zu bergen. Bleistifte, Metalllineal, Geodreieck und Zirkel. Küchenpapier für Klebearbeiten oder ausgelaufene Flüssigkeiten.

Ausführung in der richtigen Reihenfolge

Zuerst habe ich mir überlegt, welche Teile in meinem Ausbau flexibel sind und welche ein festes Maß haben.

→ Das Quad gibt das Maß für die Garage vor, als nächstes das Bett und die hintere Sitzbank die Maße für den Staukasten. Diese sind wiederum von der Stauraumklappe abhängig.

→ Bevor ich mit den Möbeln begonnen hatte, habe ich an den Rändern um die Innendecke Kabelkanäle eingebaut, die einmal rund um den Innenraum führen. Dann kam die Rückfahrkamera mit dem langen Kabel an die Reihe.

→ Die Kabelkanäle am Boden entlangzuführen, ist unpraktisch, da hier im schlimmsten Fall ausgetretenes Wasser sein Unwesen treibt und durch die Kabelkanäle freien Zugang zur Elektronik bekäme. Daher sollten Kabelkanäle oben an der Wand oder oben in den Stauräumen entlanggeführt werden. Der Weg zu den jeweiligen Verbrauchern wird jeweils von oben geführt.

→ Gegenläufig liegen die Wasserleitungen. Sie sind im unteren Bereich und fahren die jeweiligen Entnahmestellen von unten an. Um die Leitungen vor dem Winter trockenzulegen, sollte hier ein bisschen Gefälle zum Ablassventil eingeplant werden.

→ Das Bad ist festgelegt durch Bett, Quadgarage und meine Größe, sodass ich mich darin bewegen kann. Meine Frau ist kleiner, hat also keine Probleme anzuecken. So habe ich diesen hinteren Bereich zuerst ausgebaut.

→ Als nächstes habe ich die Ladeelektrik eingebaut, wobei ich vorher die Wände der vorderen Sitzbank an Wand und Boden gezeichnet habe. So konnte ich frei arbeiten, ohne von Wänden gestört zu sein. Diese Maße wurden durch die Elektroanlage und die Schubladen bestimmt.

→ Ebenso bin ich mit der Wasserversorgung verfahren, die auf der anderen Seite unter der Küche eingebaut ist. So ist im fertigen Wohnmobil der Bereich, in dem Wasser austreten kann, von der wasserempfindlichen Elektronik getrennt.

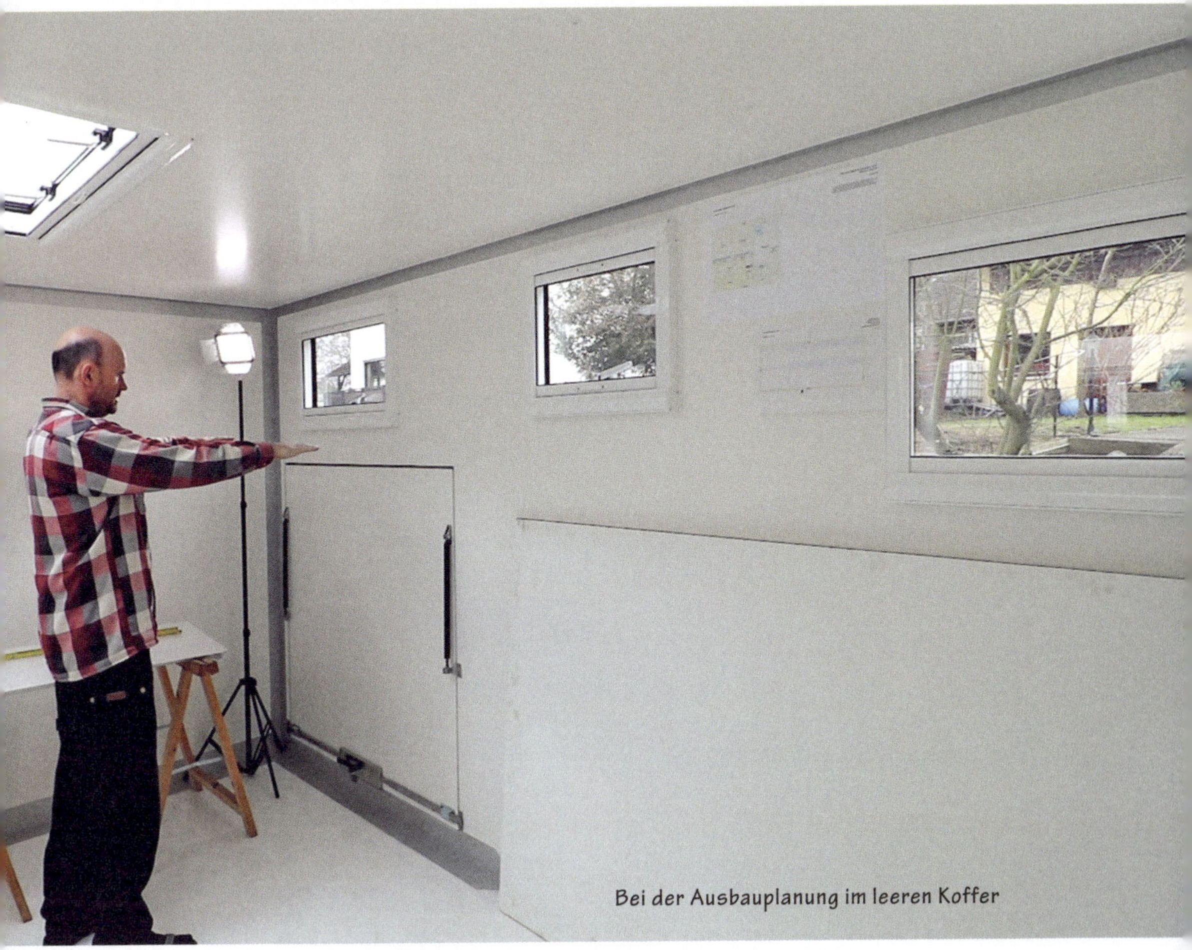

Bei der Ausbauplanung im leeren Koffer

→ Der Boiler ist das Bindeglied von der Wasserversorgung zur Heizung. So war als nächstes die Heizung an der Reihe. Sie verschwindet unter der Küche, also ist es besser, sie vor dieser einzubauen.

→ Nach dem Einbau der Heizung und der groben Verlegung der Luftrohre, solltest du zuerst einen Testlauf durchführen. Die Luftrohre dürfen bei einer Standheizung nicht zu lang sein. Autoterm gibt eine maximale Länge von fünf Metern an. Der Luftwiderstand wird aber auch durch den Boiler, Bögen, Abzweige und Ausströmer vergrößert. Die Standheizung sollte mindestens 30 Minuten lang auf höchster Stufe laufen können, ohne wegen Überhitzung abzuschalten.

→ Die Luftrohre werden dann wieder entfernt und beim Möbelbau eingebaut.

→ Jetzt fehlt nur noch das Gasrohr, das beim Einbau mit dem Biegegerät an den Verlauf angepasst werden muss.

→ Danach habe ich den Küchenblock in meiner Werkstatt gebaut und an Ort und Stelle im Koffer zusammengeklebt. Der Zwischenraum, der für den Ofen geplant war, diente als Pufferzone, bei der es nicht auf das genaue Maß ankam.

→ Ebenso auf der anderen Seite. Nachdem die Dusche und die vordere Sitzbank fertig waren, kam der Podest unter dem Tisch und die Tischplatte. Auch deren genaue Maße richteten sich nach dem übrig gebliebenen Platz.

→ Wichtig ist also, auf jeder Seite einen variablen Bereich einzuplanen, der ein flexibles Maß hat und der am Schluss fertiggestellt wird.

→ Den Eingangsbereich habe ich mir auch deshalb so lange wie möglich aufgehoben, damit mehr Platz zum herein- und herausgehen war und ich nicht gleich Macken in die Dusche bekomme.

→ Für solche Planungen benutze ich immer die Mindmap (siehe Seite 140), um mir das Ganze zu strukturieren.

Auf der Website findest du ein Video, wie du das auch nutzen kannst.

Einbauten im leeren Fahrzeug anzeichnen
Ausgehend vom leeren Fahrzeug oder Kofferaufbau würde ich damit anfangen, alle Möbel einzuzeichnen oder mit Kreppband die Wände zu markieren. So entstehen die Grundrisse der Möbel und wir können uns den fertigen Innenraum schon vorstellen. Damit haben wir die letzte Möglichkeit, den Plan zu überdenken und zu visualisieren, wie alles aussehen soll.

>>>	Reicht der Durchgang, um sich zu bewegen?
>>>	Stößt man sich an Hängeschränken etc. auch nicht den Kopf an?
>>>	Sind alle Fächer, Spüle und Arbeitsplatten für alle gut zugänglich?
>>>	Stören Stecker, die in den Steckdosen stecken werden?
>>>	Können die Klappen und Türen wie geplant geöffnet werden?
>>>	Werden die Laufbahnen der Schubladen frei sein?
>>>	Passt auch das sperrige Gepäck in die geplanten Fächer?
>>>	Sind ausreichende Wege für Kabel und Leitungen frei?

Hier gilt es die Fehler aus der vorherigen Planung auf Papier oder PC zu finden und die Planung entsprechend abzuändern.

Knifflige Situationen kann man gut mit Pappkartons simulieren um zu probieren, ob es passt. Verwendet man die Kunststoffboxen als Schubladen, kann man diese auch schon mal hinstellen, um zu sehen, wie es dreidimensional aussieht.

Nimm dir Zeit dafür, dies ist ein wichtiger Schritt. Wenn die Platten erst mal zugeschnitten sind, ist es zu spät für Änderungen oder du musst neue Platten kaufen.

Maße für die Einbauten festlegen
Spätestens jetzt sollten auch die genauen Maße der Einbauten festgelegt werden.

Das Bett war für mich sehr wichtig, beim Sprinter war es sehr eng und so habe ich mir oft den Kopf am Innenrahmen des Dachlüfters gestoßen, konnte aber nur mit dem Kopf im Lüfter aufrecht sitzen.

Also nahm ich für den Schredder meine Sitzhöhe als Mindestmaß. Darunter sollte das Quad stehen, also wurde als Abstand vom Boden bis zum höchsten Punkt gemessen. Das war der Tank, mit einem zusätzlichen Aufschlag für genügen Luft darüber. Die Höhe von der Multiplex Platte, Rost und Matratze nahm ich mit 20 cm an. Wenn ich darauf sitze, wird sie ja eingedrückt. Also 96 cm für das Quad, 20 cm Bett und 90 cm für mich ergab die Innenhöhe für den Kofferaufbau von aufgerundet 210 cm.

Die Länge des Bettes mit zwei Metern ist recht einfach festgelegt. Du solltest beim Ausbau daran denken, dass zum einen deine Füße beim Liegen ausgestreckt sind, du also liegend länger bist als im Stehen. Zum zweiten würde ich ein Fahrzeug immer so ausbauen, dass es auch für andere passt. Irgendwann willst du dich verändern, es verkaufen und dann sollte es ja einen Abnehmer finden.

Die Ecke, die zwischen der Schrankdecke über dem Quad und dem Bett entsteht, wurde unser Badezimmerchen. Es ist recht eng geworden, aber für den Toilettengang und zum Waschen ist es ausreichend. Nach dem Bett habe ich die Maße der Dusche und der Sitzecke festgelegt. Die Breite der Dusche richtet sich nach der Tür, so dass diese mit Rahmen hineinpasst. Die Tiefe ergab sich aus der Sitzecke, die tief genug für vier Leute sein sollte, also etwas über einen Meter.

Alleine hat man auf solch einer Zweier- Sitzbank ausreichend Platz, um bequem zu sitzen.
Um die Maße einhalten zu können, habe ich die Sitzbänke mit festen Maßen geplant und die Breite des Tisches variabel gehalten. Das Maß für die Tischplatte wurde ganz am Schluss festgelegt, also zwischen den Sitzen gemessen.

Bei der Höhe der Sitze und des Tisches sind die Grundmaße inklusive Polster zu beachten, um bequem sitzen zu können.

Wohnkabine Weltreisemobil, Ansicht innen rechts

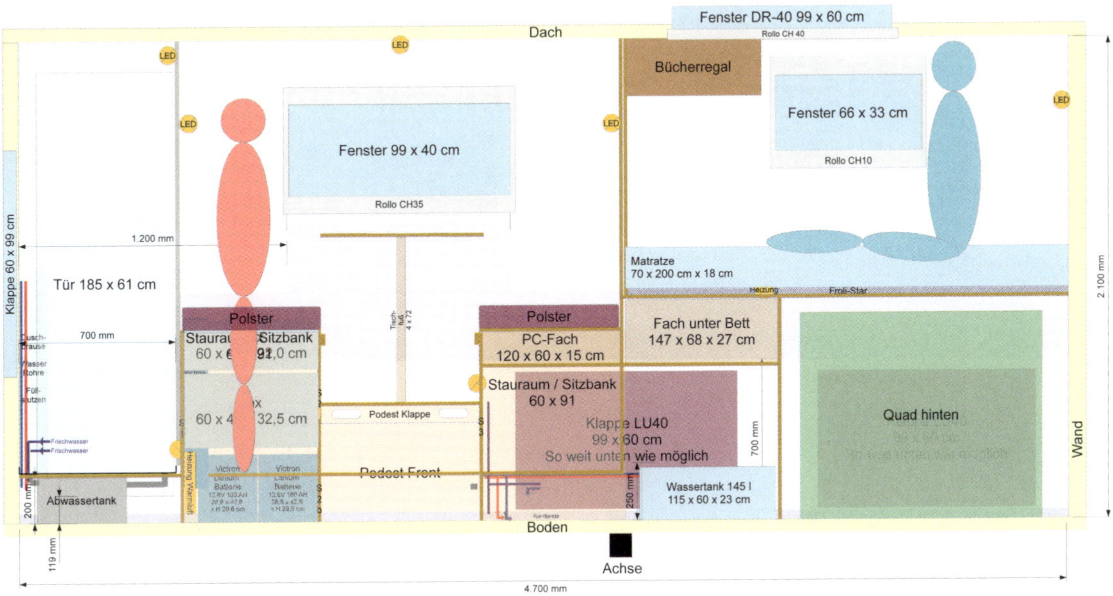

Maße wurden von der DIN-Norm abgeleitet.

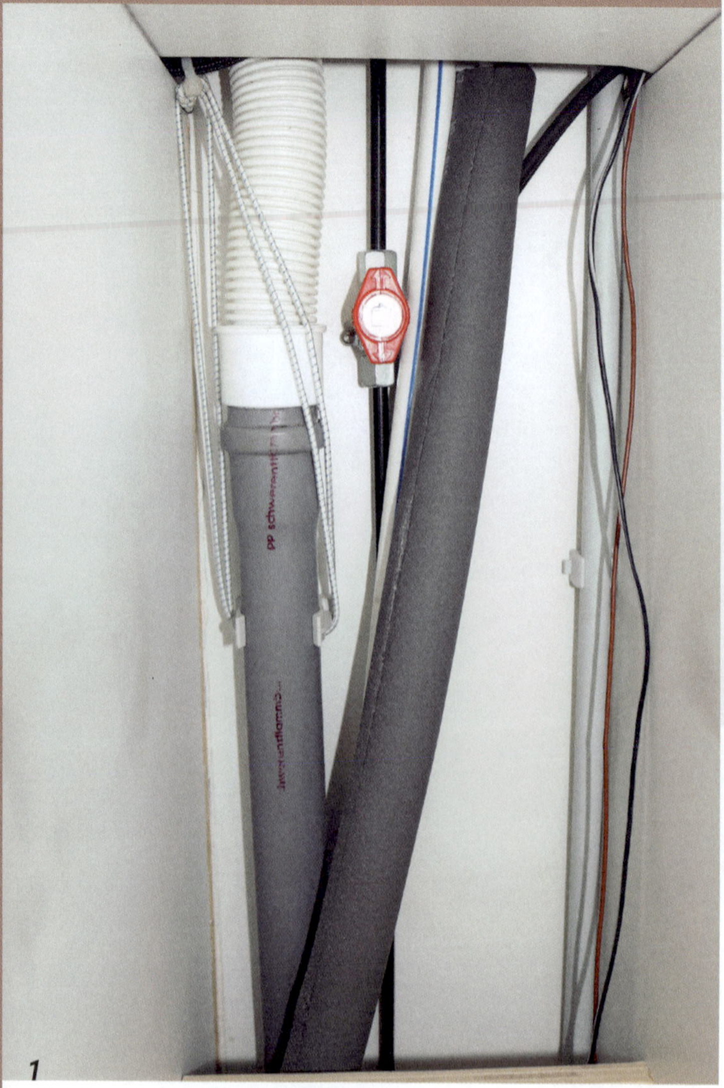

1

2

In der Küche haben wir feste Maße, vorgegeben durch den Kühlschrank, Kocher beziehungsweise Herd und Spüle. Bei Verwendung der Euroboxen geben diese die Maße zwischen den Schrankwänden vor. Da die Schubladen den kompletten Raum ausfüllen, brauchen wir noch einen Teil, in dem die Wasser-, Gas- und Elektro-Leitungen Platz haben.
Unter dem Herd habe ich eine Schublade für die Abfallbehälter eingebaut, die nicht bis an die Rückwand geht. Hier sind jetzt die Leitungen verlegt *[1]*. Zwischen Küchenblock und Badezimmer war dann die Pufferzone von circa 60 Zentimetern. Hier kamen der Holzofen auf einer Multiplexplatte darauf und darunter die Mini Waschmaschine.

Einziehen der Kabel

Jetzt kannst du die Kabelkanäle oder im Kastenwagen in den Hohlräumen die Kabel für Beleuchtung und Versorgung der Geräte einziehen. Achte dabei auf scharfe Kanten,

besonders an der Karosserie des Kastenwagens. Im Elektrozubehör- und im KFZ-Zubehörhandel gibt es spezielle Kabelschutzschläuche, die ein guter Schutz für die Leitungen sind *[2]*.

Du kennst das vielleicht, wenn man an einer Leitung etwas ändern möchte, ist sie meist zu kurz dafür. Darum habe ich in den Kabelkanälen jede Leitung kurz vor dem Ende in eine Schlaufe gelegt, damit ich auch bei Änderungen noch Reserve habe.

3

Diese Schlaufen fixieren auch die Leitungen etwas in den Kanälen, wodurch sich die Deckel leichter verschließen lassen *[3]*.

Plattenzuschnitt vor dem Haus

Zuschnitt der Platten

Nachdem die ersten Strippen und Leitungen liegen, geht es an die Kreissäge. Wichtig sind rechte Winkel und gerade Schnitte. Dafür habe ich mir eine Handkreissäge von Bosch gekauft, die eine 250 cm lange Aluminiumschiene zur Führung hat. Alles andere, was es so im Handel gibt ist zu kurz.

Verarbeitest du beschichtete Platten, brauchst du ein spezielles Sägeblatt dafür (siehe Kapitel Werkzeug, S. 211). Das hat mehr Zähne und dann solltest du auch langsam und gleichmäßig sägen, damit die Beschichtung nicht ausreißt.

Für einen nicht so aufwändigen Ausbau würde ich es trotzdem wieder so machen wie damals bei meinem Sprinter. Ich hatte alles millimetergenau am PC gezeichnet und dann den Schnittplan an meinen Holzfachhandel gemailt.

Ein Sägeschnitt kostete damals einen Euro. Ein paar Tage später konnte ich meinen handlichen Stapel Holzplatten abholen und zusammenbauen. Bis auf eine Schrank-Rückwand hat alles super gepasst. Den fehlenden Zentimeter konnte ich ausgleichen.

Ein Schnittplan ist ein wichtiges Detail in der Planung. Da Multiplexplatten sich in beide Richtungen kaum durchbiegen, ist es meist egal, in welche Richtung die Maserung verläuft, vor allem bei beschichteten Platten. Daher kann ich sie in Open Office drehen wie ich es zum Sägen brauche.

So spare ich bis zu 20 % der Platten ein, was sich bei Kosten von circa 50 Euro pro Quadratmeter (Banova) deutlich bemerkbar macht. Bei 3,7 Quadratmeter und 186 Euro pro Platte sind schnell einige Euro gespart.

Anders ist es bei Dreischichtplatten, die nur in der Richtung der Maserung stabil sind.

Wenn du Rundungen in deine Wände einbauen möchtest, frage den Holzhändler nach Biegesperrholz.

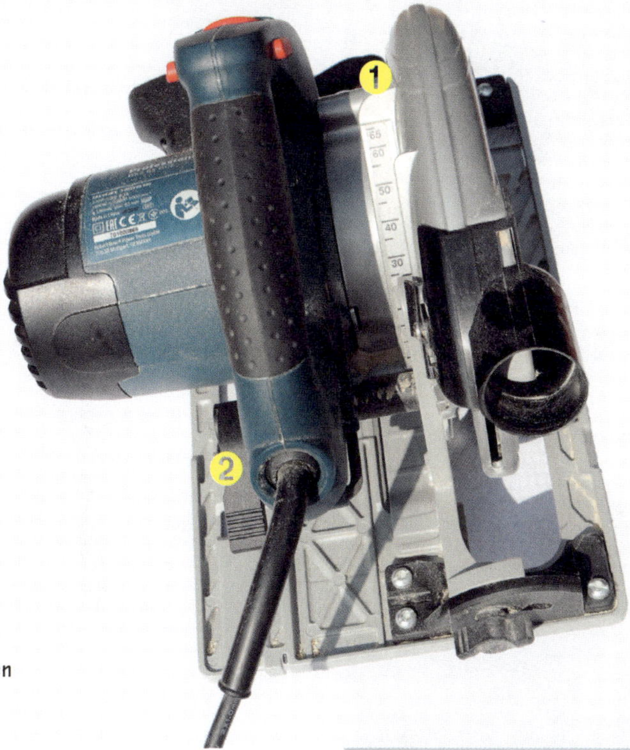

Sägetiefe einstellen

Platten maßhaltig mit der Handkreissäge zuschneiden

Um eine große Platte zu sägen, benötigst du außer der Säge vier bis sechs Sägeböcke. Das können ruhig zwei bessere und zwei oder vier billige sein.

Das Sägeblatt wird zum Sägen so eingestellt, dass es unter der Platte ungefähr drei bis fünf Millimeter herausschaut. An der Skala wird die Sägetiefe abhängig vom verwendeten Sägeblatt angezeigt *[1]*. Mit der Schraube wird sie fixiert *[2]*.

Spuren im Sägebock

Die Platte wird dann so auf die Böcke gelegt, dass nach dem Sägen beide Teile stabil aufliegen. Den Sägeschnitt durch die Böcke zu führen hat den Vorteil, dass die beiden Plattenstücke auch nach dem Sägeschnitt sicher liegenbleiben und nicht nach unten kippen. Der Nachteil ist, dass die Sägeböcke leicht angeschnitten werden, allerdings lassen sie sich dennoch weiter nutzen und sind günstig zu erwerben. Eine Alternative wäre, stattdessen einen Hilfsrahmen aus Holz herzustellen.

1

Wir sägen immer auf der Rückseite der Platte, da die hochreißenden Zähne auf der Seite, auf der die Säge geführt wird, die Schnittkanten ausreißen. Darum zeichnet man am besten mit dem Bleistift eine Schnittlinie auf die Plattenrückseite, bevor man sie trennt. Das Ausreißen kann reduziert werden, indem man die Schnittkante vorher abklebt und das passende Sägeblatt verwendet.

Sind Böcke, Platte sowie Sägeschiene und Kreissäge ausgerichtet, kontrolliert man die Situation noch einmal. Liegt die Sägebahn auf dem Holz der Böcke und sind die Scharniere außerhalb des Schnittes? Können Kabel und Staubsaugerschlauch der Säge frei folgen ohne zu haken? Ist die Bahn frei für den Sägeführer ohne Stolperfallen ***[1]***?

Dann kann es losgehen. Mit der rechten Hand führe ich die Säge und starte den Motor, mit der linken öffne ich den Schutz über dem Sägeblatt so dass er nicht hakt. Erst dann und bei voller Drehzahl fahre ich damit in das Material der Platte Platte ***[2]***.

2

3

Das Sägeblatt sägt direkt an der Gummilippe der Führungsschiene entlang, durch die weiteren Haftunterlagen unter der Schiene ist ein Verrutschen so gut wie ausgeschlossen ***[3]***.

Beim Schnitt ist es wichtig, die Säge gleichmäßig und nicht zu schnell zu führen. **Achtung:** Falls ein Problem auftritt oder etwas klemmt, niemals eine laufende Kreissäge zurückbewegen, weil dann die Zähne einhaken können und dies zu einem »kick-back«Effekt führen kann, bei dem Kreissäge unkontrollierbar herausschießt! Lass in diesem Fall den Schalter los und halte die Säge dabei umso fester! Führe die Säge auch nie frontal vor dem Körper, sondern immer nur seitlich.
Wichtig ist auch sicherzustellen, dass beim Sägen die Schiene nicht verrutscht, dazu kannst du sie z. B. mit zwei Zwingen fixieren.

Hat die frisch geschnittene Platte noch scharfe Schnittkanten, werden diese mit Schleifklotz und Schmirgelpapier geglättet.

Anfasen der Plattenkante mit der Schleifmaschine.

Kanten durch Anfasen schützen
Sichtbare Möbelkanten müssen angefast, abgerundet oder mit Umleimern versehen werden, um die oberste Schicht oder Beschichtung vor dem Ausreißen zu schützen. Anfasen bedeutet, dass mit der Fräse oder einer Schleifmaschine eine Fase an der Platte angebracht die scharfe Kante also gebrochen wird.

Das geht am einfachsten mit einer Schleifmaschine. So wird die Kante mit der Beschichtung circa im 45-Grad-Winkel abgeschrägt, damit das herausstehende Multiplexmaterial Stöße aufnimmt und nicht die Beschichtung beschädigt wird.

Das funktioniert aber nur bei stabilem Holz, bei sehr weichem Material wie Balsa ist das nicht ausreichend.

Kanten durch Umleimer schützen
Einen guten Schutz mit schöner Optik sind Echtholz-Umleimer. Wir haben dafür zwei Millimeter starken Echtholz-Umleimer aus Eschenholz verwendet. Das hat nebenbei den Vorteil, dass man daran besser Scharniere festschrauben kann.
Zum Leimen wird der Umleimer zunächst mit einem Streifen Leim benetzt und dann auf die stumpfe Kante der Platte gelegt. Dann muss er mit einem geraden Stück Holz als Andruckfläche festgedrückt werden, das mit Schraubzwingen fixiert wird. Bei großen Platten habe ich das mit Ratschenspanngurten gemacht *[1]*. Bei kleineren Platten werden die Umleimer mit Schraubzwingen und Vorlegehölzern verleimt und dann mit der Oberfräse bündig gefräst *[2]*.

Das mit den Einhandzwingen seitlich angeklemmte Holz dient zur Stabilisierung der Fräse, damit sie nicht kippen kann .

1

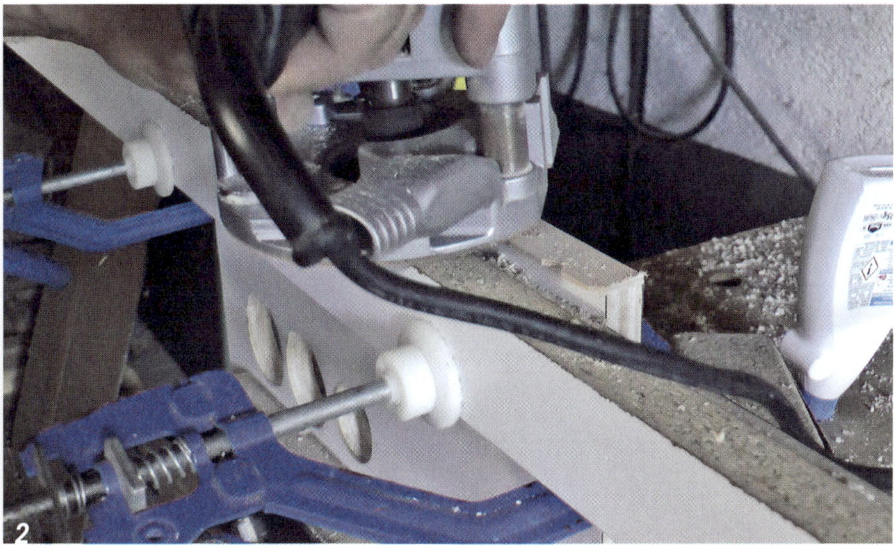

2

Da es sich um Echtholz-Umleimer handelt, besteht eine große Wahrscheinlichkeit, dass das Material beim Fräsen entlang der Maserung reißt. Um das zu vermeiden, habe ich zuerst alle vier bis fünf Zentimeter einmal den Fräser eingetaucht. So kann das Holz maximal auf dieser Länge reißen.

3

Danach habe ich die Fräse ein zweites Mal entlanggeführt, wobei der Rest geglättet wird *[3]*.

Jetzt sind eventuell noch überstehende Leimreste da, die mit dem Stecheisen entfernt werden müssen. Anfangs können sie noch so dick sein, dass ein weiterer Gang mit der Fräse nötig ist, später hat man die Leimmenge besser im Gefühl, so dass dies nicht mehr nötig ist *[4]*.

Jetzt wird nur noch der fertige Umleimer mit dem Schleifblock und etwas 100er Schmirgelpapier geglättet *[5]*.

Nachdem die Möbel fertig sind, werden die Umleimer mit Wachs oder Farbe behandelt.

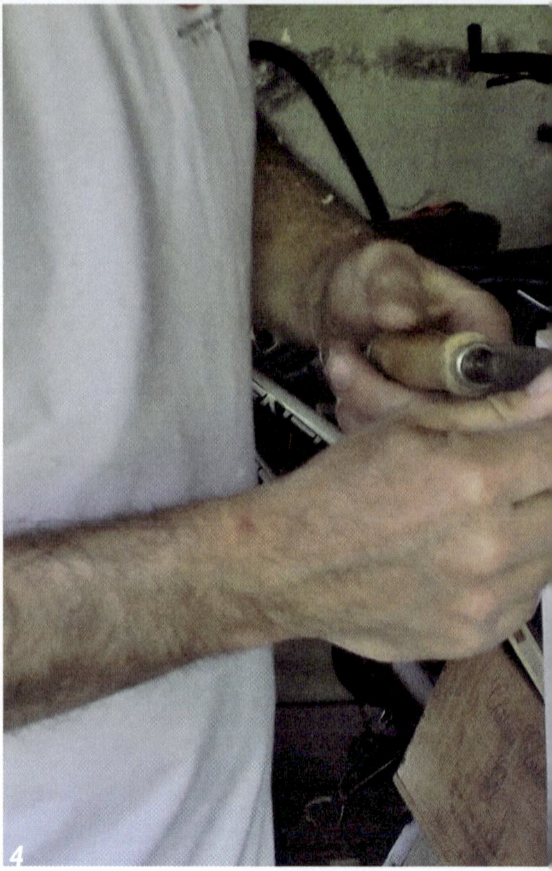

4

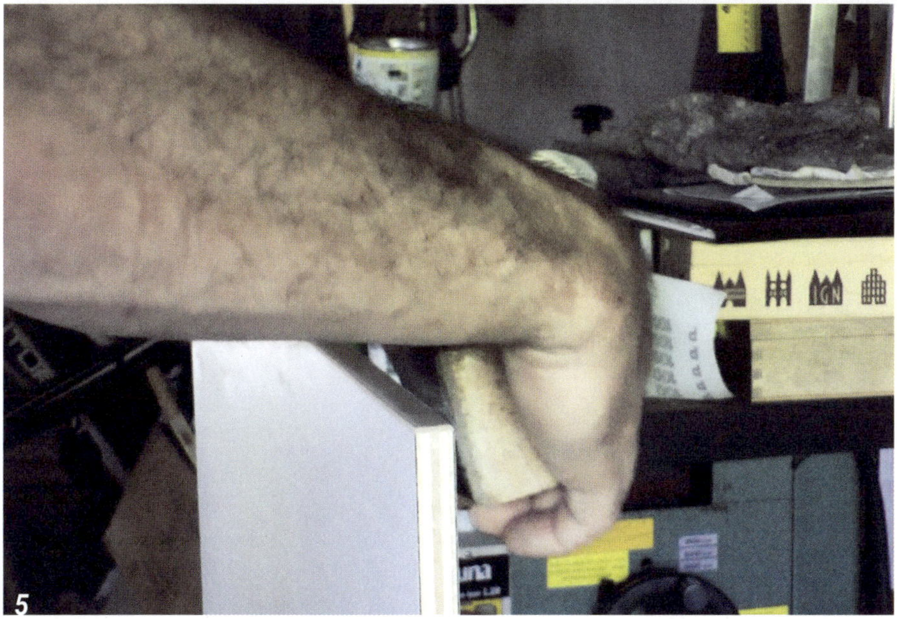

5

Möbel

Für mich ist die einfachste Art des Möbelbaus, die Platten direkt miteinander zu verbinden. Dafür bevorzuge ich Lamellendübel. Dafür wird mit einer Flachdübelfräse in jedes der zu verbindenden Bauteile eine Nut gefräst, in die man den Flachdübel mit Holzleim hineinklebt. So spart man gegenüber einem Gerüst aus Kanthölzern deutlich Platz und Gewicht.

Platten verbinden

Man kann die Platten mit Schrauben verbinden oder verleimen.

In der Hubdachkabine, meinem ersten Ausbau, habe ich alles mit Möbelverbindern verschraubt. Diese Verbinder gibt es für ein paar Cent zu kaufen oder man sägt sich selbst Leisten aus Hartholz zu. Dann schraubt man jeweils zwei oder mehr Schrauben (je nach Länge und Beanspruchung) hindurch in die eine Platte und zwei oder mehr in den Boden beziehungsweise die andere Platte.

Mancher baut auch mit Kanthölzern, an die dann die Platten geschraubt werden, aber das kostet unnötig Platz und Gewichtsreserven.

Für den Sprinter habe ich die Schränke verleimt, wobei ich nur die Beschichtung an der zu verleimenden Stelle mit Schmirgelpapier (Körnung 60 oder 80) angeraut und stumpf verleimt habe. Mit dem bin ich aber auch kaum auf Pisten gefahren.

ACHTUNG! *Wird das Fahrzeug nicht wie in den Fahrzeugpapieren angegeben genutzt, steht also z. B. Wohnmobil in den Papieren, die Möbel sind aber ausgebaut und das Fahrzeug wird als Transporter genutzt, drohen empfindliche Strafen.*

Zur Befestigung im Fahrzeug hatte ich die Grundplatten der Sitzaufhängung ausgebaut und im Boden der Schränke jeweils an der entsprechenden Stelle die Form herausgesägt und gefräst. Dann den Schrank hineingestellt und die Grundplatten festgeschraubt. Im Kofferaufbau hat man gerade Wände, an denen man direkt die Möbel fixieren kann. Daher braucht man keine Rückwände in die Möbel einzubauen. Auch auf die Hinterlüftung, die von einigen eingebaut wird, kann man meiner Meinung nach verzichten. Ich hatte in keinem meiner drei Kofferaufbauten irgendwo in den Möbeln jemals Feuchtigkeit.

Selbst jetzt, seit wir auch im Winter unterwegs sind, ist die Feuchtigkeit nur an den Fenstern und rund um das Bett ein Problem, was wir mithilfe eines Lüftungsgerätes mit Wärmerückgewinnung von Bayernluft lösen.

Für stark belastete Möbel, wie das Bett und die Sitze habe ich in den GFK-Koffer jeweils Aluminiumwinkel als Auflage eingeklebt. Die Winkel in den Maßen 50 x 50 x 4 Millimeter habe ich zum Kleben mit Sikaflex vorbereitet und mit GFK-Nieten fixiert. Die genaue Beschreibung zum Kleben findest du auf Seite 233.

Wände und Schränke, die keine besondere Last tragen müssen, habe ich stumpf angeklebt.

Arbeitsplatte

Die Arbeitsplatte muss aus hartem, wasserfestem Material sein, damit sie nicht von herabfallenden Küchenwerkzeugen oder Wassereinflüssen beschädigt wird.

Wir haben dafür Bambus-Dreischichtplatten verwendet. Bambus ist relativ hart, aber nicht so schwer und verträgt, nachdem es mit Wachs behandelt ist, auch mal etwas Wasser. Soll die Arbeitsplatte massiv wirken, leimt man einfach ein bis zwei schmale Streifen der gleichen Platte vorne unter den Rand.

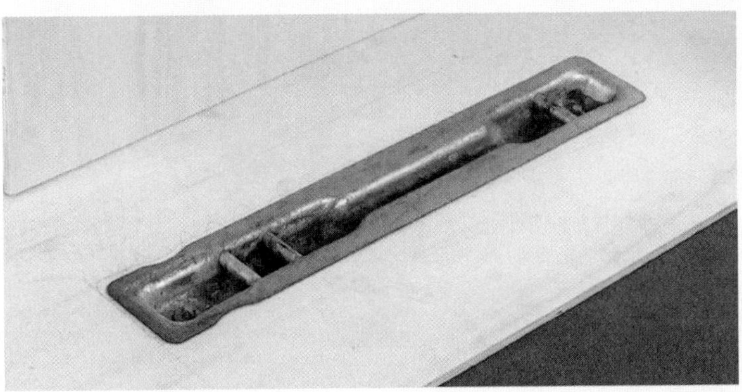

Schrankbefestigung im Sprinter

1

Schubladensystem mit Euroboxen

Jeder Wohnmobilist kennt kaputte und ausgelaufene Gläser, Tüten und die Sauerei, die dadurch entsteht. Bei uns werden die Vorräte in den wie eine Schüssel geschlossenen Euroboxen aufbewahrt. Läuft etwas aus, wird es von der Box aufgefangen und diese kann zum Reinigen einfach herausgenommen werden *[1]*.

Außerdem ist es sehr einfach, einen Schubladenschrank mit diesen Boxen zu bauen. Die gebräuchlichsten Grundmaße sind Größe M 30 mal 40 oder Größe L 40 mal 60 Zentimeter. Die Größe M ist optimal für schwerere Dinge und wir haben sie sogar schon oft als Hocker benutzt. Es gibt Deckel zum Einhängen für alle Größen.

Als Schubladen ist die Größe L optimal, in Höhen von 120, 145, 170 oder 220 Millimetern. Sind sie zu groß für das enthaltene Gewicht, verbiegen sie sich allerdings und lassen sich schwer in den Schienen bewegen.Dafür gibt es spezielle Schwerlastboxen im Euro-Format, die bis zu 75 Kilo tragen können.

Thema Schleichwerbung: Ich empfehle eindeutig die Boxen von der Firma Utz! Die billigeren Boxen aus dem Baumarkt sind weniger stabil und die Form passt nicht so gut als Schublade.

Erhältlich sind sie über den Webshop unter www.utzgroup.de.

Die Wände links und rechts der Boxen müssen 40 beziehungsweise 30 Zentimeter Abstand haben und 605 beziehungsweise 405 Millimeter tief sein.

Soll vor die Boxen eine Schranktür, kommen deren Stärke und fünf Millimeter Spiel hinzu. Als Gleitschienen haben sich 15 mal 15 Millimeter starke Buchenleisten bewährt. Aluminiumwinkel gleiten nicht gut, da kleben die Kunststoff-Boxen fast daran.

Buchenleisten als Gleitschienen

Um die Mindestmaße genau einzuhalten, schneide ich mir immer zwei Schablonen aus Sperrholzplatten in der Größe L 605 mal 400 Millimeter beziehungsweise für Größe M 405 mal 300 Millimeter. Die fünf Millimeter in der Länge sind wichtig, weil die Schubladen zum Herausziehen vorne angehoben werden.

Die Gleitschienen werden stumpf auf die vorher an dieser Stelle aufgeraute Seitenwand angeleimt. Zum Befestigen der Seitenwände werden die Schablonen wie Schubladen dazwischen gelegt. Dann wird geklebt oder verschraubt.

Als Arretierung, damit die Boxen sich nicht in der nächsten Kurve aus dem Schrank verabschieden, gibt es drei Möglichkeiten.

1. Eine Holzleiste, die die Box in der vorderen Sicke arretiert, finde ich die beste.

2

Aluschiene mit Kantenschutzprofil

2. Alternativ bohrt man rechts und links in die Seitenwände ein zehn Millimeter großes Loch, so dass ein ebenso dickes Aluminiumrohr durchgeschoben werden kann. Im Sprinter war der Gang zwischen den Schränken nur circa 50 Zentimeter breit, so dass die Schubladen nach oben oder unten gekippt werden mussten, um sie heraus zu nehmen. Dafür habe ich dann jeweils das Rohr, das über eine ganze Schrankbreite ging, herausgezogen. Damit ich die Schubladen nach oben oder unten kippen konnte, waren die Gleitschienen vorne zehn Zentimeter kürzer als die Schubladen.

3. Es wird vorne ein 15 x 30 mm Aluminiumwinkel an die Gleitschienen geschraubt. Weil das ein Quietschen beim Herausziehen der Box generiert, habe ich einen Kantenschutz auf den Winkel gesteckt *[2]*.

Boxen Größe L und M im Küchenblock

Die M-Boxen benutzen wir in der Höhe von 325 mm. Das ist ungefähr die Größe einer Sprudelkiste, optimal für Flaschen, vor allem wenn sie angebrochen sind und eventuell auslaufen können.

Auch als Sitzbox ist das eine gute Höhe, dann klebt man einfach auf den Deckel ein Stück Isomatte, das man passend zum Rand zugeschnitten hat. Jahrelang hatten wir keine Stühle dabei sondern nur diese Boxen. In einer war alles, was wir zum Frühstück brauchten, in der anderen die Kochutensilien. So war alles gleich in Reichweite.

Bett und Sitzecke

Wir wollten im neuen WoMo auf keinen Fall das Bett auf der Sitzecke und den damit verbundenen Umbau morgens und abends haben. Wohnt man im Auto oder ist auf Weltreise, wird auch mal einer ein paar Tage im Bett liegen, um etwas auszukurieren.

Das Bett ist bei uns 147 mal 200 Zentimeter groß. Dieser Bereich ist in Bezug auf Feuchtigkeit am meisten gefährdet. Jeder Mensch gibt circa einen Liter Wasser in 12 Stunden ab. Das ergibt jede Nacht eine Menge Feuchtigkeit, die wir aus dem Wohnmobil bringen müssen.
Daher muss die Matratze auf jeden Fall belüftet werden. Sei es ein Holzrost, ein Kunststoffrost, zum Beispiel von Froli wie wir ihn haben oder eine Matratzenunterlage mit Belüftungsfunktion. Um die Matratze herum habe ich Abstandshalter eingebaut, die die seitliche Belüftung der Matratze ermöglichen. Eine Matratze fürs Wohnmobil sollte auch selbst eine Belüftungsfunktion eingebaut haben. Zuhause hat man einen Rost mit viel Luft darunter, aber im Reisemobil liegt sie meist direkt auf einem Stauraum oder die Sitzecke wird zum Bett umgebaut.

Um sich eine Matratze selbst zu fertigen, würde ich eine mittelharte Schaumstoffplatte in zehn bis zwölf Zentimeter Stärke nehmen und eine zehn Millimeter dicke Matratzenunterlage mit Belüftungsfunktion. Diese lässt sich mit der Schere zerschneiden. Das zusammen mit einem abnehmbaren Bezug ist bequem und sorgt für gute Belüftung.
Es gibt natürlich spezialisierte Hersteller, die Matratzen für WoMos anfertigen, auch in besonderen Formen. Auf Reisemobil-Messen kann man darauf Probe liegen.

Im Sommer ist die Feuchtigkeit kein Problem, morgens werden alle Fenster geöffnet und gelüftet. Bei niedrigeren Temperaturen ist das leider nicht so einfach. Da wird zusätzlich im WoMo gekocht und tagsüber hält man sich mehr darin auf und gibt nochmal die gleiche Menge Wasser über Atem und Haut ab.
Daher werde ich in Kürze eine Lüftungsanlage einbauen, die die Feuchtigkeit nach außen transportiert und die Wärme drinnen halten soll.

Die Sitzecke besteht bei mir aus zwei Bänken, die jeweils Staufächer enthalten.
Die hintere Sitzbank umschließt das von außen zugängliche Staufach, in dem die Frischwassertanks und die Campingmöbel sind. Darüber ist ein Fach für Kleinkram und Bücher.
In der vorderen Sitzbank ist die Elektroanlage, ein Fach für Schuhe und quer eingelegt vier Schubladen aus Euroboxen untergebracht. Von vorne gibt es eine Tür um an die Schubladen zu gelangen und wenn ich an der Elektroanlage etwas machen will, kann ich den Deckel hochklappen und mich in den Raum hineinsetzen. Die Tür ist so angebracht, dass unten und oben ein Spalt von 20 cm ist, um die Belüftung der Ladegeräte zu gewährleisten. Unter und über den Schubladen ist ausreichend Platz dass die Luft im Schrank zirkulieren kann.

Die Dusche

Abgegrenzt von dem Sitz mit einer Wand aus einer Kunststoff Stegplatte in Milchglasoptik (16 mm stark) und einer weiteren Stegplatte in klarer Ausführung (6 mm), die als Tür dient, ist die Dusche ein separater Raum ***[1]***.

1

Dusche im Eingang, der Abwassertank befindet sich darunter.

Der Boden der Dusche besteht aus einer Duschwanne, die wir aus Edelstahl anfertigen ließen. Darunter ist ein rechteckiger 80 Liter Kunststofftank mit 20 Zentimeter Höhe.
Um den Tank herum ist eine Platte aus Dibond, einem Verbundmaterial aus PE und dünnem Aluminiumblech um die Duschwanne zu stabilisieren. Rundherum ist ausreichend Platz für die Leitungen zur Dusche und zum Tank.
In der Ecke an der Wand neben der Tür ist eine klappbare Konsole, in der die Zuleitungen zum Frischwassertank, die Wasserfilter und die Duscharmaturen eingebaut sind. So habe ich keine von außen erreichbaren Anschlüsse, die schmutzig werden können. Zum Wasserauffüllen öffne ich die Außentüre und die Konsole um an die Anschlüsse zu gelangen. Jetzt kann ich einen Schlauch an die Gardena-Stutzen anschließen, den Hahn zu Wassertank eins oder zwei öffnen und befüllen.

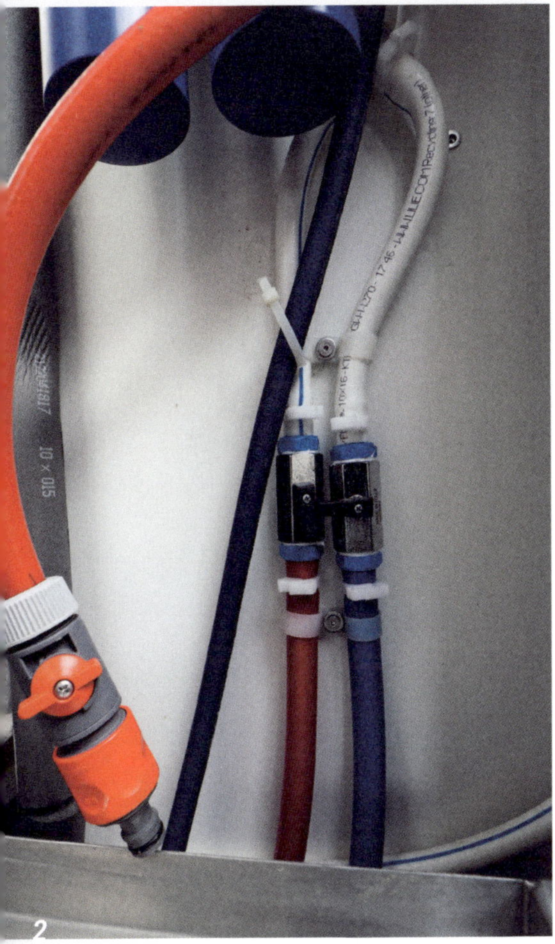

2

Blick in die Konsole, links der Füllschlauch, rechts die Ventile zur Verteilung in die Tanks.

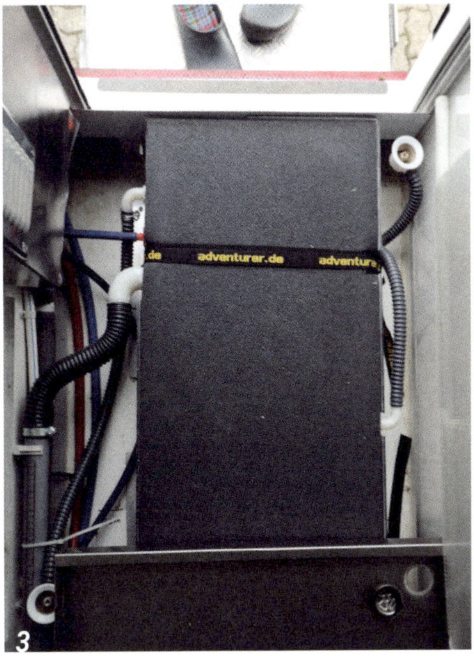

3

Blick unter die Duschwanne auf den Abwassertank mit Anschlüssen

Tropft Wasser daneben, ist es entweder draußen, in der Dusche oder kann durch den Bodenabfluss entweichen *[2]*.

Unter dem Tank habe ich eine Superisolator-Matte, um die Entstehung von Kondenswasser zu vermeiden. Da es nicht wunschgemäß funktioniert, wechsle ich jetzt auf die Matratzenunterlage aus Netzmaterial. Unter dem Frischwassertank funktionieren diese Matten bereits bestens. Das Wasser kann abfließen oder verdunsten. Die Matten sind ausreichend stabil um das Gewicht auszuhalten.
Die Duschwanne hat zwei Abflüsse, die über je einen 19-mm-Schlauch an den Abwassertank angeschlossen sind. Doch je nachdem wie das Fahrzeug steht, bleibt das Wasser in einer Ecke stehen. Darum will ich noch zwei weitere Abflüsse mit jeweils 25-mm-Schläuchen einbauen. Die Schläuche hängen jeweils etwas durch, damit ein Geruchsverschluss entsteht. Mit dem 19 mm Schlauch funktionieren die Abflüsse ganz gut, allerdings fließt das Wasser sehr langsam ab *[3]*.

Edelstahl ist recht rutschfest und äußerst robust, spiegelt aber stark, wodurch die Sonne oft blendet. Eine Alternative ist die Duschwanne direkt auf einem aus Polyethylen (PE) angefertigten Tank bauen zu lassen. PE ist auch sehr robust, reflektiert das Licht nicht, ist aber ohne Auflage sehr rutschig. Da sollte man auf jeden Fall einen Rost aus Holz oder Bambus darauflegen.
Die Bezugsquellen für Tanks, Leitungen und Matten findest du unter

www.womoselbstausbauen.com/buchboni.

Abfluss am Badezimmer-Waschbecken, darunter die Wasserpumpe

Abwasserleitungen

Für die Abwasserleitung habe ich ein 40-mm-HT-Rohr verwendet, das auch die Spüle mit 40 mm entwässert. So fließt das Spülwasser sehr schnell ab, nicht anders als zuhause. Die Leitung vom Waschbecken im Badezimmer hatte ich zuerst in einem 19-mm-Schlauch ausgeführt, aber das war zu dünn. Das Wasser blieb im Becken stehen. So habe ich den Abfluss gegen einen größeren mit eingebautem Siphon ausgetauscht und das 28 mm Rohrsystem verwendet. Das lässt sich so einfach verlegen wie ein HT-Rohr und funktioniert sehr gut. Im Gegensatz zum HT-Rohrsystem sind hier die Rohre ohne Dichtungsmuffe, dafür haben die Abzweigungen an allen Öffnungen Muffen und auf den Siphon wird das Rohr einfach aufgesteckt.

Es gibt noch weitere Anschlüsse: Einen Schlauch, der das Kondenswasser aus dem Kühlschrank in den Siphon am Spülbecken leitet, einen Schlauch, der das Wasser vom Überdruckventil des Boilers ableitet und einen Anschlussstutzen für die Waschmaschine.

Der Küchenblock

Bei uns besteht der Küchenblock fast nur aus den Zwischenwänden, die die Schubladen, den Herd und den Kühlschrank halten. Darauf liegt eine Arbeitsplatte aus Bambus auf mit Spüle und Abtropfbecken. Die Blenden für die Schubladen kommen ganz zum Schluss, wenn alles gut funktioniert. Der Zwischenraum über der hohen Schublade (Rako Box M) mit Flaschen und Messerblock ist noch zu gering, sie klemmt wenn eine Flasche einen Stöpsel darauf hat. Weil man solche Kleinigkeiten erst im Betrieb bemerkt, ist es sinnvoll diese zuerst zu korrigieren, bevor die Blenden eingebaut werden. Herd und Kühlschrank sowie die Abfallschublade sind nicht so tief wie die Schubladenboxen. Daher kann der Raum dahinter gut für Leitungen und Geheimfächer genutzt werden.

Die Blenden für die Schubladen werde ich aus Alu-Dibond-Platten herstellen, das ist leicht und einfach zu verarbeiten. Sie lassen sich mit den üblichen Schreiner-Werkzeugen sägen und die Kanten mit einem Schleifer abrunden. Es ist in vielen Farben lieferbar und wird in der Werbung oft als Grundplatte für Foliendrucke verwendet.

Tipp: *Lege eine starke Masseleitung, die Versorgung für den Kühlschrank etc. und eine Steckdose vor dem Möbelbau an eine später gut erreichbare Stelle.*

Badezimmer

Für das Bad habe ich einfach die Wand der Quadgarage höher ausgeführt und zum Bett hin eine weitere Wand aus HPL-beschichtetem Banova eingeklebt. Anschließend baute ich eine Box für die Toilette und einen kleinen Badezimmerschrank mit Waschbecken.

Eine Tür in die Möbelfront sägen

In die Front des Schrankes habe ich mit der Stichsäge zwei Türen gesägt. Wenn du zum ersten Mal eine solche Tür sägst, nimm zuerst den Rest einer Holzplatte um das zu üben.

Hier bohren wir kein Loch, um das Sägeblatt einzuführen, sondern müssen mit dem Sägeblatt eintauchen. Dazu zeichnen wir zuerst die komplette Sägebahn auf der Türe auf und sägen auf der Vorderseite. Dafür gibt es spezielle Sägeblätter, mit der Zahnung nach unten. Rund um die Sägebahn kleben wir eine Lage Kreppband auf, um die Beschichtung zu schützen.

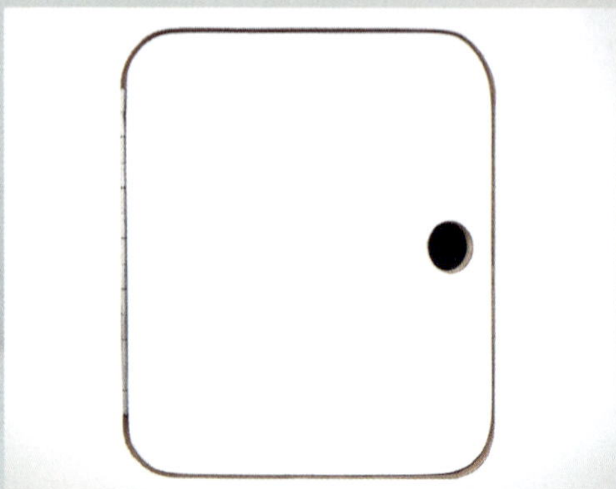

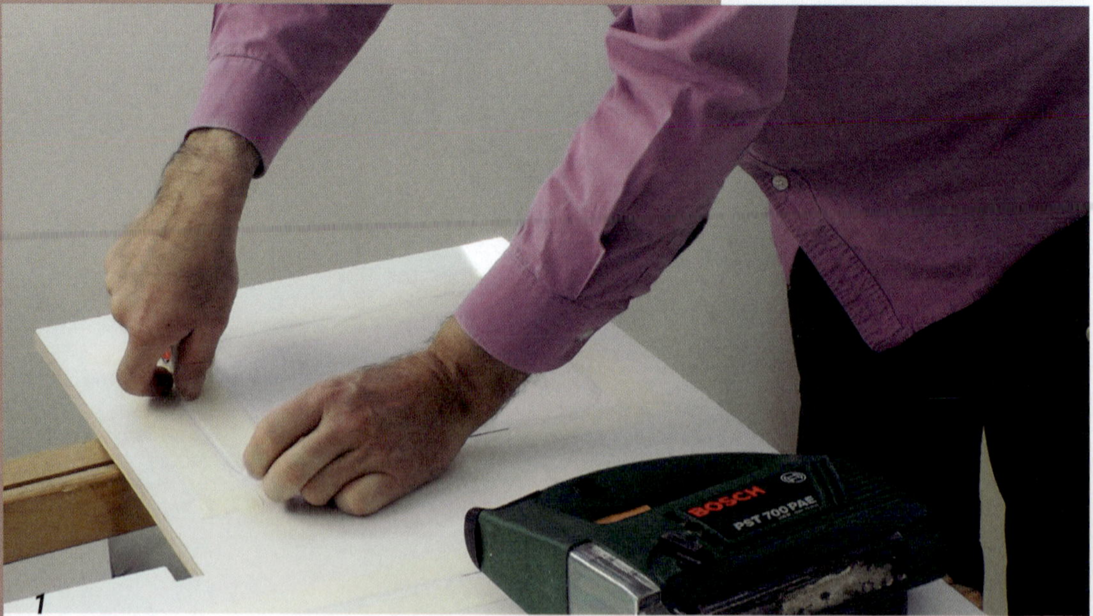

1

Abkleben zum Schutz der Oberfläche

2

Ein Stück Holz als Führung für den Tauchschnitt bereitlegen.

Die Sägelinie soll runde Kurven haben, dafür stellen wir vorab eine Schablone in der Größe der Tür her ***[1]***.

Mit dem Sägen fangen wir an der Geraden an, dort wo später das Scharnier eingebaut wird und sägen mit der Tauchsäge zunächst nur die vier geraden Seiten aus, bevor die Rundungen der Ecke mit der Stichsäge ausgesägt werden. Falls du nur mit der Stichsäge arbeitest, solltest du dir vorher aus einem Stück Holz eine Führung für den Tauchschnitt herstellen, damit es seitlich nicht wegrutschen kann.

Generell würde ich dir die Stichsäge nicht für lange gerade Schnitte empfehlen, weil das Sägeblatt schnell unten wegläuft und der Schnitt schräg wird. ***[2]***.

Achtung: Arbeiten mit Tauch- und Stichsägen sind sehr anspruchsvoll und erfordern etwas Erfahrung und Übung. Solltest du diese noch nicht haben, empfehle ich dir, zuerst mit Plattenresten zu üben. Zur Einstimmung gibt es dazu auch Anleitungen auf dem Youtube-Kanal »Lets-Bastel« von Michael Truppe:

https://www.youtube.com/channel/UCtB-2wHYHta5J8pxRGiUkzsw

Nach dem Sägen schleifen wir die Sägefläche und Kanten glatt.

Als Griff kann man mit dem 30-mm-Forstnerbohrer ein Loch in die Tür sägen und zum Verschließen einen Magnetschnäpper nehmen. Sollen schwerere Sachen in dem Schrank untergebracht werden, eignet sich ein Kompressionsverschluss besser. Er zieht die Tür beim Schließen fest.

Push-Locks

Von den üblichen Push-Locks, die viel verwendet werden, halte ich nicht so viel, wenn das WoMo im Gelände bewegt wird. Die hatten wir in der Hubdachkabine auf dem Land Cruiser und nach ca. 15 Jahren waren die Verschlussriegel nur noch halb so dick. Sie hatten sich auf die Hälfte der Materialstärke abgerieben.

Scharniere einbauen

Um Scharniere einzubauen, bei denen ich mir hinsichtlich der Maße noch nicht so sicher bin, verwende ich zuerst einen oder zwei Holzreste in derselben Größe wie die einzubauende Klappe und baue ein Muster. Damit lässt sich die Einbausituation testen, ohne die anzufertigenden Möbelteile anzubohren.

Um eine selbstbohrende Schraube präzise in eine beschichtete Platte zu schrauben, sollte man mit einem spitzen Werkzeug einen Punkt eindrücken, wo die Schraube hin soll. Diese dient dann als Haltepunkt für die Schraubenspitze, analog zum Ankörnen beim Bohren in Stahl.

Tipp: *Für das exakte Bohren von Scharnierlöchern gibt es selbstzentrierende Scharnierbohrer, bei denen der Bohrer in einer Hülse sitzt. Durch diese Hülse zentriert sich der Bohrer beim Bohren durch das Loch des Scharniers von selbst in der Mitte. Man kann also das Scharnier direkt an die passende Stelle setzen, bohrt die Löcher und schraubt anschließend die Schrauben ein.*

Ein Bandscharnier lässt sich bündig einbauen, indem man an die Platten jeweils einen Anschlag für das Scharnier klemmt. Dann schiebt man das Scharnier auf der Fläche, an die es angeschraubt werden soll bis zum Anschlag, so liegt es parallel an zum Verschrauben.

Die eingebaute Trenn-Toilette

Die Box für die Trocken-Trenn-Toilette
Für das Örtchen habe ich eine Box gebaut, die unter den Badezimmerschrank reicht. So ist darin viel Platz für den Kanister, den Eimer und einen weiteren Eimer für Streu.

Der Boden unseres Badezimmers besteht aus einer unbeschichteten Pappel-Multiplexplatte, die den darunterliegenden Frischwassertank abdeckt. Den Boden haben wir mit einer dichtenden Farbe gestrichen. Im Falle einer Undichtigkeit haben wir damit einen abwaschbaren Boden, der unempfindlich gegen Feuchtigkeit ist.

Der Deckel der Box ist zweigeteilt, so dass die Toilettenbrille auf dem hinteren Teil angeschraubt ist und der vordere Teil mit der Brille hochgeklappt werden kann. Unter dem Deckel sind zwei Holzplatten, die die seitliche Führung des Fäkalieneimers und die Stützung des Deckels übernehmen. Das Scharnier alleine kann das Gewicht eines darauf sitzenden Menschen nicht halten.

An der vorderen Wand ist der Trichter für den Urin angebracht. Er kann in zwei Stuhlwinkel, die daran festgeschraubt sind, eingehängt werden. Der Urin fließt in einen 19-mm-Gartenschlauch, der mit einem Gardena-Anschluss entweder an den Schlauch zum 30-Liter-Außentank oder im Winter an den 12-Liter-Kanister in der Toilettenbox angeschlossen werden kann.

Selbst gesägte Tür des Badezimmer-Schranks

Eckschrank mit zusätzlichem Stauraum

Das eingepasste Waschbecken

Schranktür mit Magnetverschluss und Griffloch

Das fertige Badezimmerchen

Arbeitsplatte für die Küche

Unsere Arbeitsplatte in der Küche enthält die Spüle mit dem Abtropfbecken. Hier erkläre ich, wie ich dafür die kreisrunden Ausschnitte gesägt habe.

Beim Anzeichnen ist auf die unter der Arbeitsplatte kollidierenden Teile zu achten. Die Spüle schaut nach unten in den Schrank, dann kommt der Abfluss mit Siphon und bei einem separaten Abtropfbecken ein weiteres Abflussrohr dazu.

Die Spülen aus dem Campingbedarf sind deutlich platzsparender als solche aus dem Baumarkt. Diese haben hingegen den Vorteil, das sie größer sind.

Auch die Anbauten aus dem Campingbedarf sind deutlich kleiner. Ein Camping-Siphon misst nur wenige Millimeter, der aus dem Baumarkt ist sicher zehnmal größer.

Um mit der Stichsäge einen kreisrunden Ausschnitt anzufertigen, benötigen wir zum Anzeichnen einen Zirkel oder eine runde Schablone, einen Eimer oder anderen runden Gegenstand im passenden Maß.

Sägt man das Werkstück auf auf einem Tisch, für ausreichend Abstand des Sägeblatts zur Tischplatte sorgen

Bei meiner Stichsäge ist ein Parallelanschlag *[1]* dabei, mit dem man sie auch als Kreisschneider benutzen kann. Es ist eine stabile Nadel enthalten, die am Mittelpunkt eingestochen wird und am Metallstab wird die Stichsäge befestigt. So kann man den Radius einstellen und sägt ganz einfach einen Kreis aus.
Um beschichtete Platten zu sägen, gibt es Sägeblätter mit feinerer Zahnung, damit die Beschichtung nicht ausreißt.
Für sichtbare Sägeschnitte sägt man Plattenwerkstoffe immer von der Rückseite, da die Sägezähne reißen und so auf der Gegenseite ein sauberer Schnitt entsteht.

Mit der Spitze des Holzbohrers wird eine Markierung gebohrt.

Tipp: *Legt man einen Plattenrest unter die Schnittkante oder klebt sie ab, reißt das Holz nicht aus.*

Da sich aber die Stichsägeblätter beim Sägen verbiegen, ist es besser von der Sichtseite zu sägen. Dafür gibt es spezielle Sägeblätter, die nach unten gezahnt sind. Damit reißt die Beschichtung im Sichtbereich nicht aus.
Im Fall der Spüle sind die Schnittkanten vom Rand der Spüle verdeckt, so dass wir nicht so auf die Kante achten müssen.

Zuerst lege ich die Spüle umgekehrt auf die Holzplatte, um den Umriss anzuzeichnen. Dieser dient zur Kontrolle, dass wir später nicht darüber hinaus sägen.Im Fall der Spüle sind die Schnittkanten vom Rand der Spüle verdeckt, so wir nicht so auf die Kante achten müssen.

Als nächstes zeichne ich die Schnittlinie an. Dann bohre ich ein Loch *[2]* mit einem Durchmesser, größer als die Sägeblattbreite, also 8 mm.

Das Loch wird im Ausschnitt gebohrt, so dass es die Schnittlinie anreißt *[3 + 4]*.

In dieses Loch tauche ich dann das Sägeblatt, nachdem ich den Parallelanschlag auf den entsprechenden Radius eingestellt habe.

Danach säge ich vom Loch ausgehend in den Strich des Ausschnittes *[5]*.

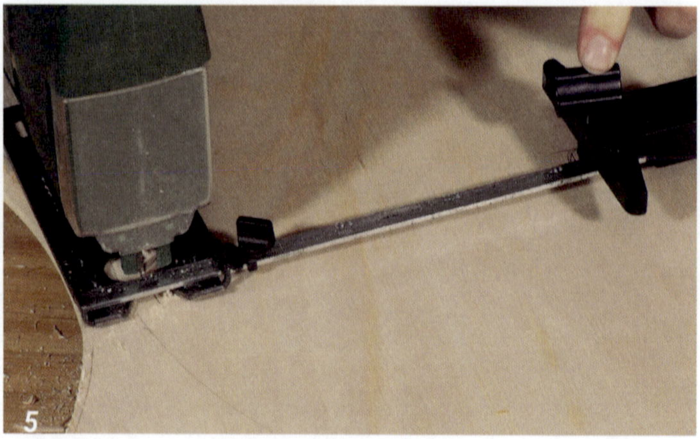

Jetzt drücke ich die Nadel der zum Kreisschneider umfunktionierten Stichsäge in den Mittelpunkt meines angezeichneten Kreises *[6]* und führe den Schnitt aus. Dabei fahre ich nach wenigen Zentimetern nochmal zurück um zu überprüfen, ob ich auch genau an der Linie entlang säge.

Nach circa dreiviertel der Kreislinie stoppe ich und schiebe die Holzplatte so über meine Unterlage, damit die ausgeschnittene Scheibe nicht kurz vor dem Ende des Schnittes ausbrechen kann *[7]*, wenn er nur noch durch ein kleines Stück gehalten wird.

Danach fixiere ich ihn mit dem Handballen auf der Unterlage und führe meinen Schnitt zu Ende *[8]*.

Vorratskeller

Da sich bei unserem Kofferaufbau eine Höhe von 210 Zentimeter ergab, habe ich einen 20 cm tiefen »Keller« wie in der Bilge einer Segelyacht eingebaut.

Das ist der optimale Raum für Vorräte. Es ist der kühlste Platz in Wohnkoffer und auch günstig für die Gewichtsverteilung.

Somit haben wir eine Stehhöhe von 188 Zentimetern.
Mit Stegen aus HPL-beschichtetem Banova habe ich Abteile geschaffen, die jeweils wasserdicht verklebt sind. Ganz vorne ist der Getränkekeller, dann kommen die trockenen Vorräte, Werkzeug und weitere Staufächer.

Darüber sind Dreischichtplatten aus Bambus, an denen jeweils ein Stück Bandmaterial zum Herausheben angebracht ist.

Selbst im Hochsommer bei über 30 °C bleiben die Vorräte einigermaßen kühl.

Verbindungen

Hier kommt es natürlich darauf an, welche Materialien man verarbeiten möchte und welche Anforderungen die Verbindung erfüllen muss: soll sie beispielsweise wieder lösbar sein, ein hohes Gewicht aushalten können oder wasserdicht sein?

Kleben

Geklebte Verbindungen schwächen das Trägermaterial kaum, bilden keine Kältebrücken und verursachen keine Löcher, die eine Undichtigkeit hervorrufen können. Im Gegenteil, sie verteilen die einwirkende Kraft großflächig, dichten gleichzeitig ab und lassen sich oft entfernen, ohne große Rückstände zu hinterlassen.

Beim Kleben ist eine gute Vorbereitung das Wichtigste. Die Fläche muss trocken und sauber sein, meist soll sie auch angeraut werden, damit der Kleber gut haften kann.

Holzleim

Für die Holzleimung hat sich normaler Weißleim in einer Flasche mit Dosierspitze bewährt. Er härtet in ca. 30 Minuten aus. Für die Schubladenschienen reicht es in einem normal beanspruchten WoMo aus, die Fläche anzurauen und stumpf zu verleimen. Eine Klebung lässt sich durch Hitze einigermaßen lösen.

Flachdübel

Bei Verbindungen mit Flachdübeln hat man den Vorteil, dass die Teile beim Fixieren nicht verrutschen können. Ich habe für die 60-cm-Schubladenschienen jeweils drei Flachdübel eingebaut. Auch die Möbelplatten untereinander sind mit Flachdübeln verleimt.
Um die Dübelfräse einzustellen, platziert man eine zu verklebende Platte auf eine ebene Fläche, legt die Fräse davor, so, als ob man in die Stirnseite fräsen wollte und stellt den Anschlag des Fräskopfes so ein, dass er auf der Platte aufliegt. Man kann den Anschlagwinkel herunterklappen, um die Stirnseiten zu fräsen und hochklappen, um in eine Fläche zu fräsen.
Um Maß zu nehmen, legt man die einzuklebende Platte an ihren zugewiesenen Platz und zieht mit dem Bleistift einen Strich entlang der Kante (siehe Foto Seite 282). Dann teilt man den Strich in mehrere Teile ein, wobei jeder Teilstrich die Mitte eines Dübels festlegt. Für die Verbindung zweier Wände oder den Staukasten habe ich alle 20 bis 25 cm einen Dübel eingesetzt, für stark beanspruchte Stellen, wie die Platte des Bettes, Stufen und das Podest alle 10 cm.

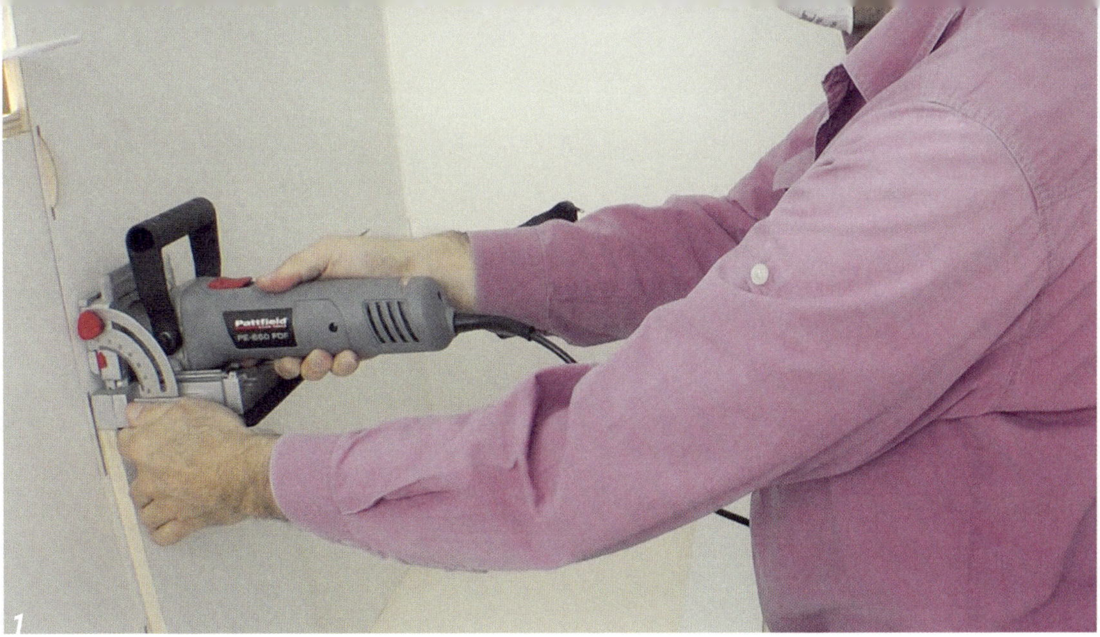

1

Zum Fräsen nimmt man die untere Kante des Fräskopfes und legt sie am Strich an, wo das Brett angeleimt werden soll. Noch besser legt man sie an einer Schablone an. In der Mitte des Fräskopfes ist eine Markierung für die Dübelmitte.

Fräsen der Nuten für die Abdeckplatte der Trocken-Trenn-Toilette in die Wand ***[1]***.

Dann fräst man am Strich, jeweils an der Markierung, einen Schlitz für je einen Flachdübel. Dazu setzt man die Fräse auf bis die Markierungen passen, startet den Motor und drückt sie dann mit laufendem Motor bis zum Anschlag gegen den Werkstoff. Dabei darf sie nicht verrutschen. Jetzt taucht das Fräsmesser in das Holz ein und fräst den Schlitz.

Fräsen mit dem heruntergeklappten Anschlag ***[2]***.

2

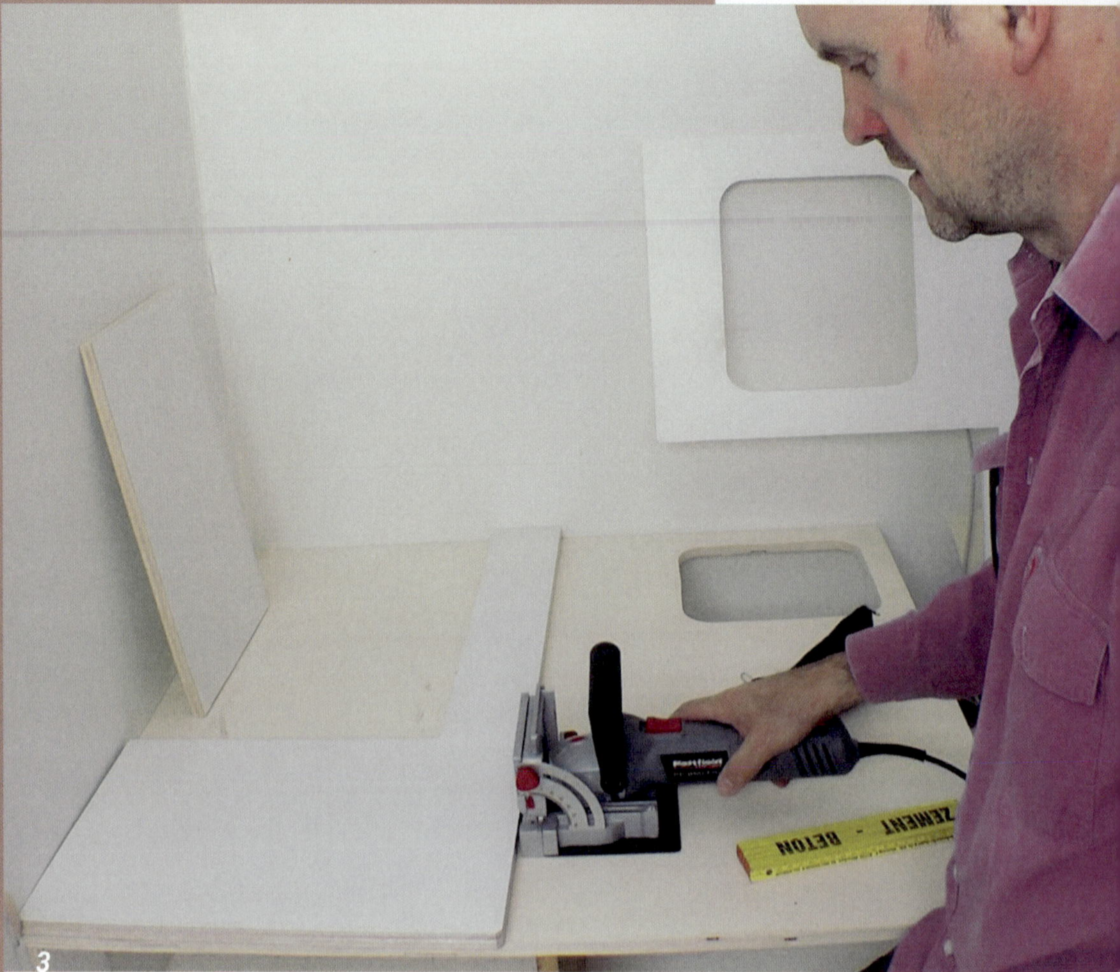

3

Um in die Stirnseiten einer Platte zu fräsen, kann man die Platte auch auf eine Ebene legen. Dann hat man einen perfekten Anschlag ***[3]***.

Sind auf beiden Seiten die Schlitze gefräst, kann man mit den eingesteckten Dübeln den Sitz der Platte testen, bevor man leimt.
Um die Stirnseite zu fräsen, einen »Tisch« als Anschlag benutzen ***[4]***.

Passt alles wie geplant, drückt man mit der Leimflasche in jede Nut einen Streifen Leim hinein und fügt das Ganze zusammen.
Jetzt kann man es mit den Schraubzwingen fixieren und die nächste Stelle vorbereiten.
Um eine Stufe zwischen zwei Wangen einzubauen, habe ich auf beiden Seiten Flachdübel eingeleimt, aber in die Stufe ab dem ersten Dübel bis zum hinteren Ende einen Schlitz gefräst. So konnte ich den Leim in den Schlitz geben und die Stufe einschieben.

Mit Flachdübeln geklebte Verbindungen halten sehr fest und lassen sich nicht ohne Schäden lösen!

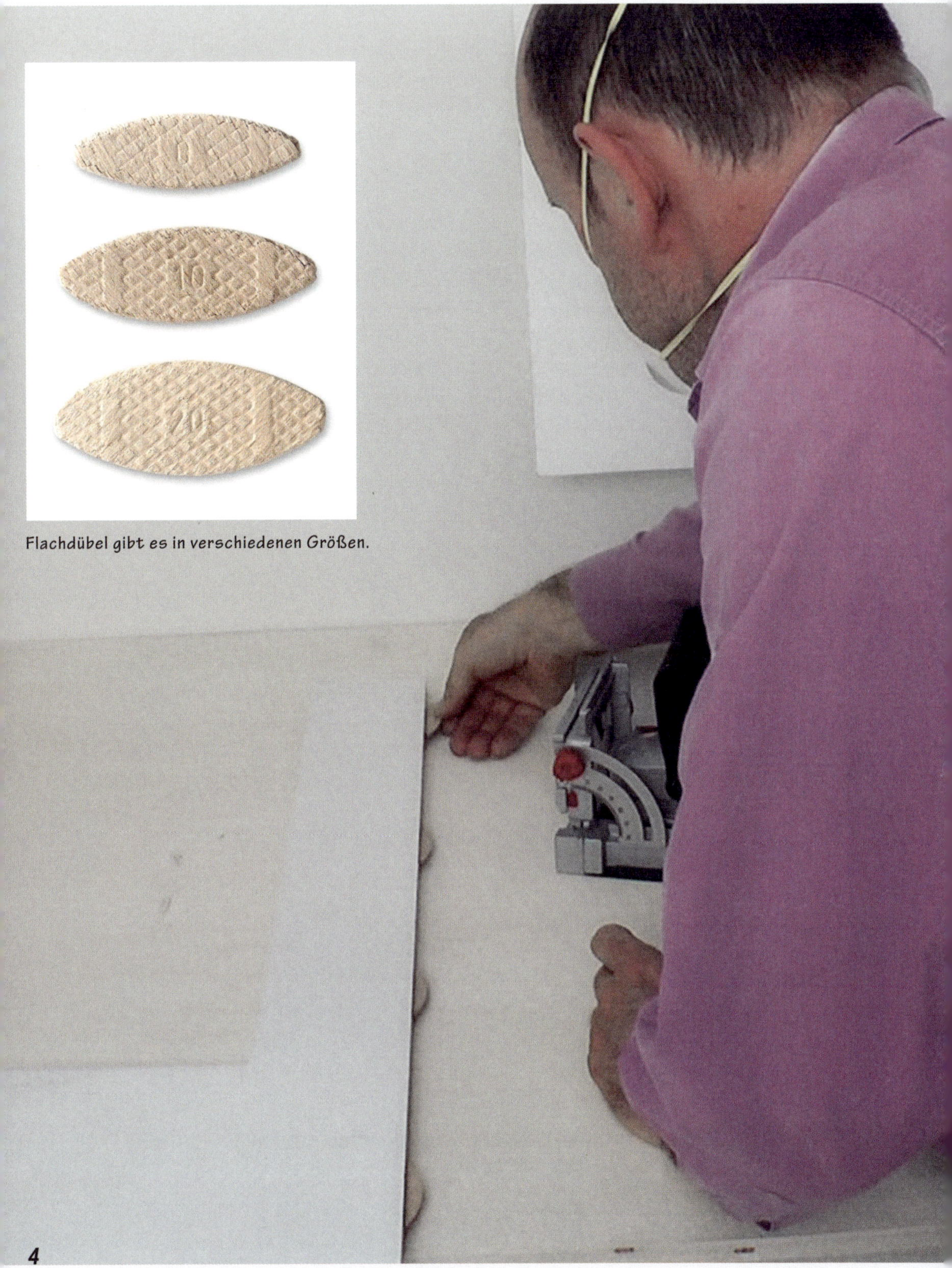

Flachdübel gibt es in verschiedenen Größen.

4

Sikaflex

Sikaflex, vor allem 221i ist der Alleskleber im Wohnmobil-Ausbau. Er klebt, dichtet und hält super fest. Für besonders stark beanspruchte Klebenähte wird nach dem Anrauen die Stelle mit Sika Aktivator-205 gereinigt und gleichzeitig für bessere Haftung aktiviert

Damit habe ich die Wände, die Möbel, Schubladenleisten, Winkel, einfach alles, was an der GFK-Wand halten soll und nicht verschraubt wird, verklebt.

Selbst das Bett liegt auf Aluwinkeln, die an die Wand geklebt sind, ohne sonstige Stützen.

Um einen Alu-Winkel zu kleben, werden die Flächen leicht mit 60er oder 80er Schmirgelpapier angeraut. Danach bohrt man zwei oder drei Löcher für GFK-Nieten oder -Schrauben. Dann reibt man beide Flächen mit Küchenpapier und Sika-Aktivator ab und trägt die Kleberraupe auf. Jetzt wird der Winkel an das GFK geschraubt oder genietet, wobei die Fixierung nur so weit befestigt wird, dass der Kleber die optimale Dicke von zwei bis drei Millimetern hat. Die Schrauben also im ersten Schritt nicht festdrehen oder die Nieten ganz anziehen! Sie sollten erst wenn der Kleber ausgehärtet ist komplett festgeschraubt oder angezogen werden.

So kann man bei aushärtendem Kleber bereits weiterarbeiten, die Winkel werden von Schrauben oder Nieten gehalten. Natürlich

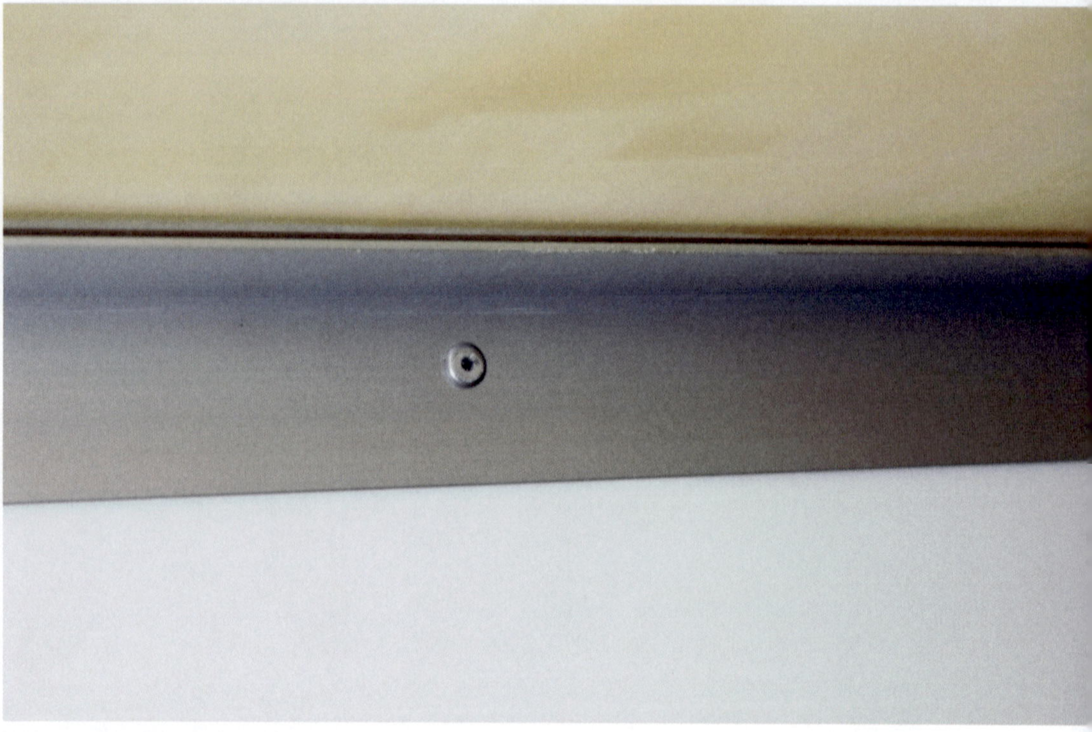

Erst nachdem der Kleber ausgehärtet ist, werden die Schrauben festgedreht oder die Niete fertig vernietet.

Glattstreichen der Klebernaht mit einem Silikonfugenwerkzeug

darf so ein Möbel erst belastet werden, wenn der Kleber fest ist.
Um Möbel stumpf an die Wand zu kleben, habe ich immer bis nachmittags gewartet, damit der Klebevorgang den letzten Arbeitsschritt darstellt und der Kleber über Nacht aushärten kann.

Der eigentliche Klebevorgang ist der gleiche, nur die Fixierung wird durch Zwingen und Verklemmung mit Holzklötzen gewährleistet. An sichtbaren Platten kann man mit einem Silikonfugenwerkzeug das Sikaflex glattstreichen. Um zum Beispiel die Arbeitsplatte elegant abzudichten, kann man die Fuge auf einen Millimeter reduzieren und mit Küchenpapier und Sika Remover die Ecke reinigen, bis nur ein schmaler Streifen sichtbar bleibt.
Teile, die besonders hoher Beanspruchung ausgesetzt sind, werden in gleicher Arbeitsweise mit Sika 252i verklebt. Lade dir die Arbeitsanweisungen von der Herstellerwebsite

www.sika.de herunter!

Klebungen mit Sikaflex sind äußerst zäh, aber mit einer flexiblen Klinge zerschneidbar, um die Teile voneinander zu lösen.

Zweikomponentenkleber

Kleine und möglichst unsichtbare Verklebungen verschiedener Materialien klebe ich mit 2K-Kunstharzklebstoff. So habe ich zum Beispiel für die Duschtür zwei Magnete 8 x 4 mm an die Stegwand geklebt, damit die Tür geöffnet fixiert ist. Die Schraube des Magnetschnäpper-Plättchens bildet das Gegenstück.

Für Klebungen mit Kunstharzklebstoff muss die Fläche sauber und angeraut sein. Der Kleber besteht aus Kunstharz und Härter, die zu gleichen Teilen gemischt werden und innerhalb weniger Minuten aushärten. Das Ergebnis ist eine sehr haltbare, fast transparente Klebestelle, die sich kaum mehr lösen lässt.

Der Magnetschnäpper der Duschtür

Fixieren der Klebestelle

Zum Fixieren sind einige Schraubzwingen nötig, ich habe eine Auswahl aus Einhandzwingen, eine Wolfcraft-Zwinge, die man zum Auseinanderdrücken umbauen kann und vier große Schraubzwingen mit ca. 120 Zentimetern. Dazu diverse Kanthölzer und Holzkeile, die die Möbel abstützen.

Die frisch geleimten Leisten für das Podest werden fixiert.

Bohren

Um ein Loch in Metall zu bohren, sollte man vorher präzise messen und den Punkt, an dem der Bohrer angesetzt wird, körnen, also eine kleine Vertiefung ins Metall drücken, damit der Bohrer später nicht wegläuft.

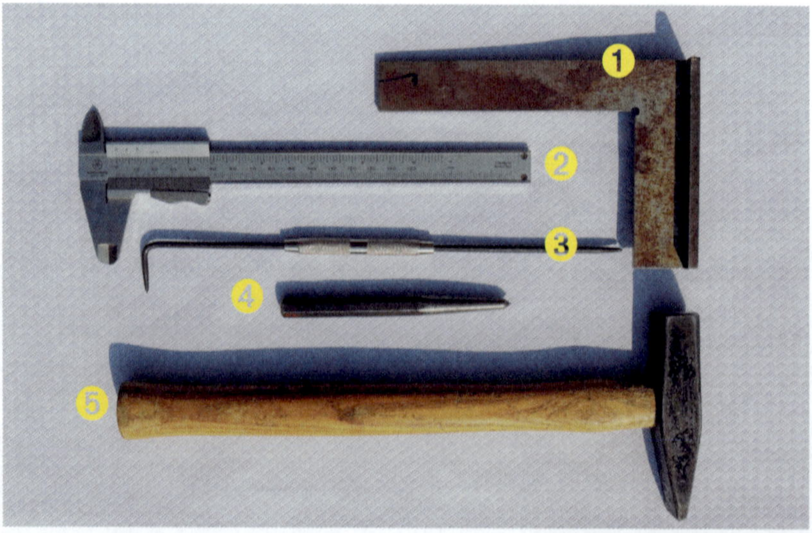

Werkzeug, um den Bohrpunkt festzulegen und zu markieren:
1. Anschlagwinkel
2. Schieblehre
3. Reißnadel
4. Körner
5. Hammer

Den Punkt an dem gebohrt werden soll, kann man zum Beispiel mit einer Reißnadel festlegen. Das ist ein bleistiftgroßes Werkzeug mit gehärteter Spitze. Reißt man damit eine Markierung an, entsteht im Metall eine Kerbe, an der man mit einem Körner das Bohrloch markieren kann.

Eine weitere einfache Möglichkeit ist, mit der auf das passende Maß eingestellten Schieblehre am Rand des Werkstückes entlangzufahren, so dass eine Backe am Rand liegt, und die Spitze der zweiten Backe den Strich zieht. So kann man ohne Lineal einfach und schnell eine Markierung anbringen *[1]*.

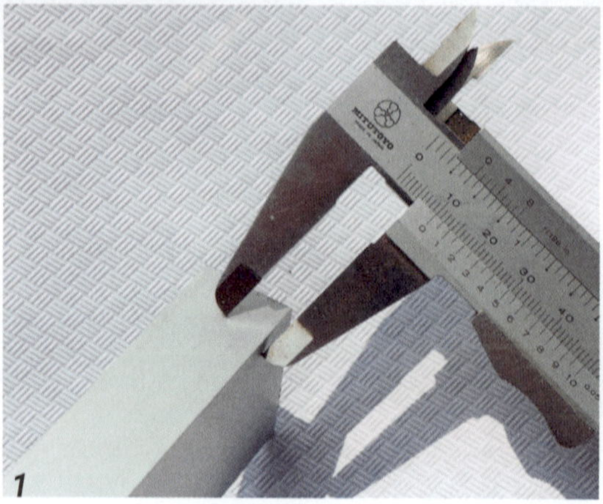

1

Anreißen mit der Schieblehre

Um das Bohrloch zu körnen, setzt man die Spitze des Körners auf die markierte Stelle und schlägt ein bis zwei Mal mit dem Hammer auf das andere Ende des Körners. So entsteht eine kleine Vertiefung im Metall, die den Bohrer zentriert, damit er nicht wegläuft, sondern das Loch da bohrt, wo es sitzen soll. Die Spitze des Bohrers setzt man dazu in dieser Vertiefung an und fängt mit niedriger Drehzahl an zu bohren. Metall wird generell mit niedrigerer Drehzahl gebohrt als zum Beispiel Holz *[2]*.

Löcher in Metall bis 8,5 Millimeter Durchmesser kann man in einem Arbeitsgang bohren, bei größeren Löchern sollte man mit einem Fünf- oder Sechs-Millimeter-Bohrer vorbohren, und das Loch anschließend mit größeren Bohrern erweitern, bis man den gewünschte Lochdurchmesser erreicht hat. Hierfür lässt sich jedoch auch ein sogenannter Stufenbohrer verwenden, mit dem man die Löcher nach und nach erweitern kann, ohne den Bohrer dabei wechseln zu müssen.

2

Kurz bevor der Bohrer das Metall ganz durchbohrt hat, neigt er dazu hängen zu bleiben. Dann kann es passieren, dass die Bohrmaschine oder das Werkstück anfangen zu rucken. Daher sollte man gerade gegen Ende des Bohrvorgangs die Maschine gut festhalten und aufpassen, dass man den Bohrer nicht verkantet (schräg führt) ***[3]***. Das fertige Bohrloch wird anschließend mit einem Kegelsenker entgratet, um die scharfen Kanten zu glätten ***[4]***.

3

4

Verschraubungen mit Blechschrauben

Blechschrauben sind eine einfache Möglichkeit, Bauteile direkt auf Blechteilen zu befestigen, speziell im Kastenwagen.

Dabei solltest du beachten, dass du am besten verzinkte Stahlschrauben mit Torx-Aufnahme verwendest, da der Torx ein besseres Drehmoment überträgt als Schrauben mit Kreuzschlitz oder Schlitz. Außerdem dreht sich der Torx nicht so schnell rund. Edelstahl ist edler als Stahlblech und du erzeugst damit unter umständen Kontaktkorrosion, wenn Feuchtigkeit eindringt.

Bei einer verzinkten Schraube, ist das Zink das unedelste Metall und korrodiert wie beabsichtigt. Torx- oder Vielzahn-Aufnahmen übertragen deutlich mehr Kraft und halten länger. Auch reißen Edelstahl-Schrauben schneller ab. Das zu bohrende Loch sollte maximal einen halben Millimeter kleiner als der Außendurchmesser des Gewindes sein.

Selbstbohrende Blechschrauben sind schneller zu verarbeiten, da sie in einem Arbeitsgang mit dem Akkuschrauber verarbeitet werden. Sie werden angesetzt, bohren das Loch mit der Bohrspitze und dann schneidet sich das Gewinde seinen Weg und die Schraube ist fixiert.

Allerdings ist die Präzision beim Setzen Übungssache. Wenn die Schrauben genau passen müssen, sollte man vorher ankörnen und eventuell vorbohren.

Verschraubungen mit Einziehmuttern

Einziehmuttern sind in Aluminium oder Edelstahl für den Ausbau geeignet.

Gerade bei in GFK-Sandwich-Platten, vor allem mit einer Verstärkungslage aus Aluminium darunter, sind sie eine perfekte Art, eine lösbare Verbindung herzustellen, ebenso seitlich in einer Blechwand oder mithilfe eines Winkels.

Verschraubung des Solarpanels mit einer Flügelschraube und Einziehmutter

1. Mundstück und Nietmutternzugdorn
2. Nietmuttern
3. Nietmutternzange
4. Blindnietzange
5. Blindenieten

Um die Einziehmutter zu setzen, benötigt man eine Nietmutternzange oder eine Blindnietzange, mit der man auch Blindnieten setzen kann.

Die Einziehmuttern werden außen gemessen und mit diesem Maß wird ein Loch in den Werkstoff gebohrt. Dann wird der entsprechende Gewindedorn in das Nietgerät eingesetzt und der Gewindedornhalter aufgeschraubt. Ich habe das immer so gemacht, dass das Gewinde bei geschlossenen Zangengriffen zwei bis drei Millimeter herausschaut. So wird der Weg, um den die Einziehmutter gestaucht wird, eingestellt. Dann steckt man die Einziehmutter am Gerät in das Loch und drückt die Nietmutternzange zu, wobei der Prozess der Stauchung vollzogen wird.
Einziehgewinde gibt es für verschiedene Materialien.

Die normalen Einziehmuttern sind für Aluwinkel oder ähnlich festes Material geeignet.
Für brüchigere Materialien gibt es Einziehgewinde in Korbform, »Spreizblindnietmutter« genannt. Diese bilden ähnlich wie eine Spreizniete (siehe S. 269) eine größere Fläche hinter der Oberfläche.

Einziehgewinde aus Alu, Edelstahl und eine Spreizblindnietmutter aus Alu.

1

2

Um eine Einziehmutter zu setzen, reißt man die entsprechende Stelle des Werkstücks an und bohrt mit der Bohrmaschine ein dem Durchmesser der Nietmutter entsprechendes Loch *[1]*.

Für eine Nietmutter mit Senkkopf senken wir mit einem Kegelsenker das Loch so weit an *[2]*, dass der Rand darin verschwindet und mit der Oberfläche bündig abschließt *[3]*.

3

Dann bauen wir den entsprechenden Gewindesatz in die Nietmutternzange ein und stellen den Überstand des Gewindesatzes so ein, dass bei zusammengeklappten Hebeln die Nietmutter eingeschraubt werden kann und das Gewinde bündig sitzt *[4]*.

Jetzt kann man die Einziehmutter aufdrehen und die Länge des Einzuges bei auseinandergeklappten Hebeln einfach einstellen.
Das überstehende Gewinde entspricht dem Weg, der zum Einziehen benutzt wird *[5]*. Dieser ist abhängig vom Gewindedurchmesser und der Stärke der Trägerfläche.

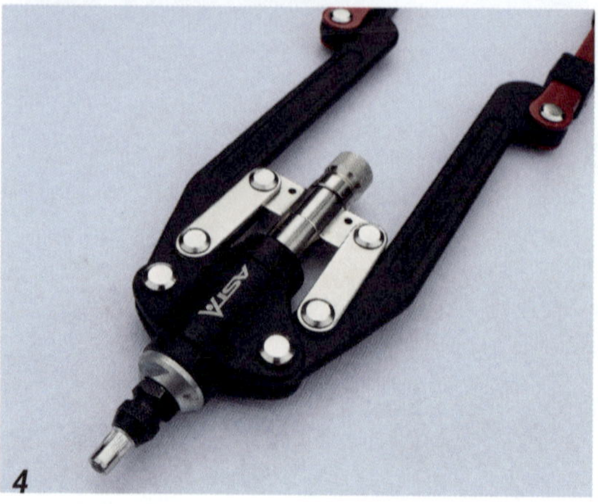

4

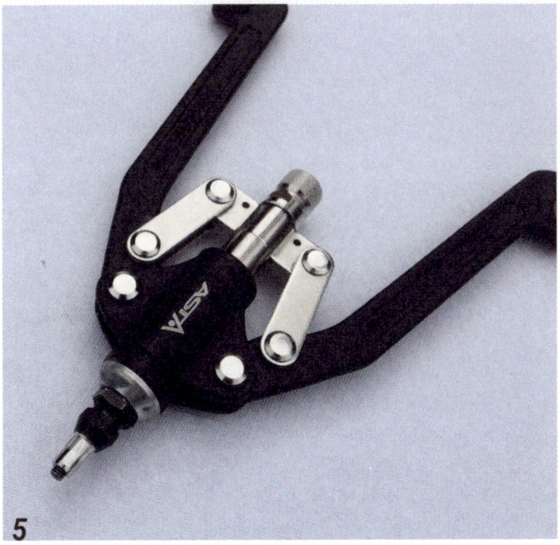

5

6

7

Tipp: *Stelle diesen lieber etwas zu kurz ein und probiere nach dem Einziehen ob sich die Nietmutter noch bewegt. Dann kannst du immer noch das Gewinde weiter eindrehen und nachziehen.*

Dann wird die Nietmutter in das Loch eingeführt *[6]* und durch Zusammendrücken der Zangengriffe gesetzt *[7]*.
Wenn es fest ist, merke dir die Zahl der Umdrehungen für die nächsten Gewinde bei gleichem Durchmesser und Materialstärke der Trägerfläche. Nachdem das Einziehgewinde fixiert ist, schraube die Gewindestange des Setzgerätes heraus, ohne sie zu verkanten.

Um Nieten oder Gewinde in schwierig erreichbaren Nischen einzusetzen, kann man die beiden Armverlängerungen auch einfach einklappen oder entfernen.

Spreizniet (links) und Blindniet (rechts)

Verbindungen mit Blind- und Spreiznieten

Für dünne Materialien wie die Deckschicht eines Sandwichkoffers gibt es Blind- und Spreizniete.
Spreiznieten bilden beim Setzen vier Füßchen, die eine höhere Kraftübertragung als normale Blindniete aushalten und damit stabiler sind.
Um Blind- und Spreiznieten zu setzen benötigt man eine Blindnietzange (S. 266).

05

Stromversorgung

Die passende Bordspannung – 12 V oder 24 V?

Wenn du 12 V im Basisfahrzeug hast, ist es einfach, dann solltest du auch 12 V für die Bordspannung im Selbstbau-Wohnmobil verbauen.

Hast du ein Basisfahrzeug mit 24 V, musst du entscheiden. Es sind zwei Optionen gebräuchlich, für die es jeweils gute Argumente gibt. Eine Ausnahme ist, wenn man große Verbraucher betreiben will. Um mit Strom zu kochen, sind 24 V die bessere Wahl.

	Vorteile bei 12 V
+	12-Volt-Geräte gibt es in reichlicher Auswahl in jedem Campingladen.
+	Wenn etwas ausfällt, kann man es daher leicht ersetzen.
+	Manche Geräte gibt es nur in 12 V.

	Vorteile bei 24 V
+	Viele moderne Geräte laufen sowohl mit 12 als auch mit 24 V; z. B. Kompressor-Kühlgeräte, LED-Lampen.
+	Die Stromflüsse sind bei 24 V halb so stark, daher können die Kabel dünner dimensioniert werden.
+	Im Notfall (bei schwachen Starterbatterien), lässt sich der Motor mit den Bordbatterien starten.

	Nachteile von 12 V gegenüber 24 V
–	Bei 12 V sind die Ströme doppelt so hoch wie bei 24 V. Daher müssen die Kabel mindestens doppelt so dick sein.
–	Doppelt so dicke Kabel wiegen auch das Doppelte.

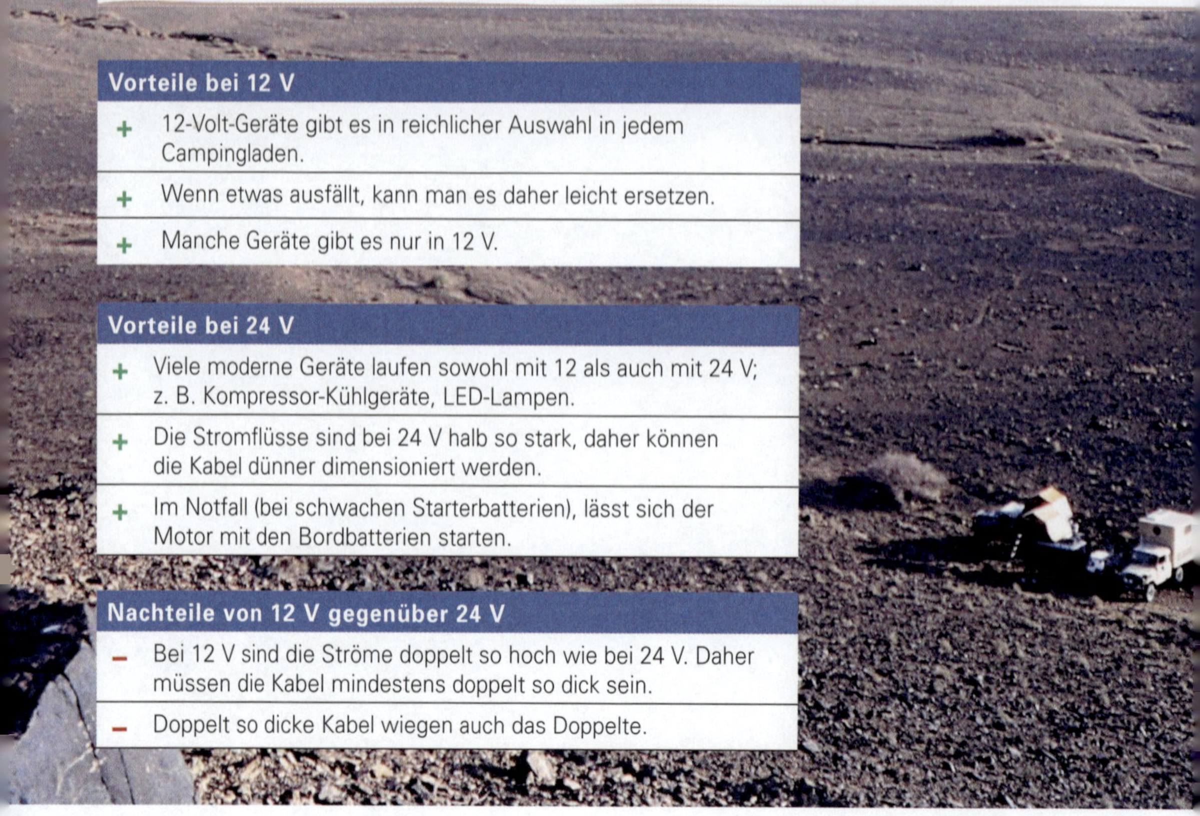

Mit drei Land Cruisern unterwegs in Marokko

Welche Spannung ist für mich optimal?

Egal welche Spannung du verwendest, die Wege zwischen den Akkus und den großen Verbrauchern oder Ladegeräten sollten möglichst kurz sein.

Je größer der Verbrauch, desto größer der Unterschied. Wenn du einen Gaskühlschrank (Absorber), der im Stand mit Gas laufen soll und sonst nur eine Wasserpumpe und Beleuchtung (vielleicht noch ein paar USB-Dosen zum Handy laden) hast, ist 12 V völlig ok.

Bei einem Fahrzeug mit Startspannung 12 V, würde ich für die Bordspannung wie erwähnt auch 12 V nehmen und nicht 24 V.
Da bei uns schon 24 V im LKW sind und wir einen großen Kompressor-Kühlschrank haben, der bei großer Hitze einige Ampere benötigt, habe ich 24 V gewählt. Wobei der Wemo 1500 mit 12 V und 24 V läuft. Außerdem ist da noch die Seilwinde, für die ich auch ziemlich dicke Kabel bräuchte.

Bei den von uns verwendeten Lumicoin-LED-Lampen ist es egal, die funktionieren mit 6 bis 30 V. Da die Solarpanels ebenfalls mit der höheren Spannung arbeiten, fließen auch hier geringere Ströme, also reichen dünnere Kabel aus.

Ob du zwei Batterien in Reihe oder Serie schaltest – das System also auf 12 oder 24 Volt auslegst – die enthaltene Energie und das Gewicht bleiben gleich. Dieser Aspekt spielt für die Entscheidung also keine große Rolle.

Der Victron Easy, den wir verwenden, ist ebenfalls für 12 oder 24 V erhältlich, bei gleichen Maßen und Gewicht.
Auch Tauch- und Druckwasserpumpen werden in der 12- und der 24-Volt-Version angeboten.

Die meisten Gadgets arbeiten dagegen oft nur mit 12 V. Dafür haben wir einen kleinen Spannungswandler von 24 auf 12 V eingebaut.

Man sollte bei den Komponenten nicht nur auf den Preis, sondern auch auf Qualität achten, die Preisunterschiede zwischen 12-V und 24-V-Geräten sind eher gering. Dann muss man auch unterwegs nicht so oft Ersatz suchen, weil sich etwas verabschiedet hat.

Der Kühlschrank im Sprinter – gut von außen zu erreichen.

Installation

Zuerst müssen wir wissen, wo die elektrischen Verbraucher ihren Dienst tun sollen. Dann legen wir einen möglichst kurzen Weg zur Batteriebank fest.

Kabel, Anschlüsse und Sicherungen

Besonders bei starken Verbrauchern wie Kühlschrank, Heizung und Wasserpumpen soll der Weg so kurz wie möglich sein und ohne viele Verbindungen auskommen. Dasselbe gilt für die Solarpanels, auch hier wollen wir dem Stromfluss einen geringen Widerstand entgegensetzen.

Spannung – Ampere – Ah

Hier möchte ich die verwendeten Abkürzungen und Werte erklären, so dass sie auch Nicht-Elektriker verstehen.

Spannung V

Zuerst haben wir ja die Spannung festgelegt, vorgegeben durch das Basisfahrzeug. 12 Volt ist die Spannung der meisten Kastenwagen und Offroader. In meinem Toyota Pick-up und in den meisten LKW sind es 24 Volt. Je nach Akku-Typ und Ladezustand schwankt die Spannung dabei von 20–29 Volt beziehungsweise von 10–14,8 Volt.

Leistung W oder VA

Unser Kühlschrank verbraucht zum Beispiel im Betrieb 70 Watt. Er kann mit 12 oder 24 Volt betrieben werden. Bei 25,2 V Leerlaufspannung, also wenn die Batteriebank nicht gleichzeitig geladen wird, sind das 2,78 A (Ampere). Wie das berechnet wird, ergibt sich aus der Formel für die elektrische Leistung.

Die Formel für die Leistung ist: Leistung P = Spannung U x Strom I. Für Laien wie mich bedeutet das: Spannung mal Ampere ist gleich Watt oder VA, also Voltampere.
In unserem Fall müssen wir sie umstellen, um den Strom zu errechnen I = P / U, also 70 Watt durch 25,2 Volt ergibt 2,78 Ampere.

Dieselbe Rechnung ergibt sich für 230-V-Geräte, wie zum Beispiel den Heizstab im Boiler. Er verbraucht 500 W bei 230 V, was einen Strom von 2,17 A ergibt. Das ist nicht viel, aber wir sind auch noch im 230-V-Bereich. Diesen Strom beziehen wir vom Inverter, der ihn aus unseren 25,2 Volt generiert. Bedingt durch den Wirkungsgrad von ca. 92 % des Wechselrichters verbraucht er selbst einen Anteil von ungefähr 10 %. Jetzt wird es kniffliger.
Dafür haben wir die Formel Strom (A) x Zeit (h) / d (Tag) = Stromverbrauch (Ah) /d (pro Tag)

Also können wir rechnen 500 W / 25,2 V = 19,84 A. Dann kommt der Verbrauch des Inverters hinzu 19,84 A x 1,1 = 21,82 A.
Damit würde ein 24-V-Kabel schon recht warm werden, je nach Durchmesser. Darum sind die Kabel, die den Inverter im EasySolar mit den Akkus verbinden, auch fingerdick und recht kurz. Das dient dazu, den Spannungsverlust gering zu halten.

Amperestunden Ah, Parallel- und Reihenschaltung

Jetzt haben wir noch den Wert Ah, der auf jedem Akku steht. Das ist die Kapazitätsangabe, also eine Angabe darüber, was wir aus dem Akku herausholen können. Wir haben schon gelernt, dass im Akku immer ein »Bodensatz« drin bleiben muss, um ihn nicht zu zerstören. Das ist abhängig von der Art des Akkus. Bei einem Lithium-Akku circa 20%.

Wir haben zwei 12-V-Lithium-Akkus mit jeweils 160 Ah in Reihe geschaltet. Dadurch ergibt sich eine 24-V-Batteriebank mit 160 Ah. Würden wir die beiden parallel schalten, ergäbe sich eine Batteriebank mit 12 V und 320 Ah.

Ein Kabel ist im Prinzip ein Widerstand und je mehr Leistung an einem Widerstand abfällt, desto wärmer wird dieser. Ab einem gewissen Punkt sind dann alle Voraussetzungen für einen Kabelbrand gegeben. Das gilt es unbedingt zu vermeiden. Schwachpunkte dabei sind auch immer die Verbindungen, vor allem schlecht sitzende Kabelschuhe. Daher empfiehlt es sich, die Kabelverbindungen mindestens einmal im Jahr zu kontrollieren und verschraubte Verbindungen nachzuziehen.
Der Querschnitt legt sich fest aus Kabellänge und Leistung, die hindurchfließen soll.

→ Kochen wir dafür erst mal einen Tee, um das zu verstehen.

Batterieschaltung in Serie

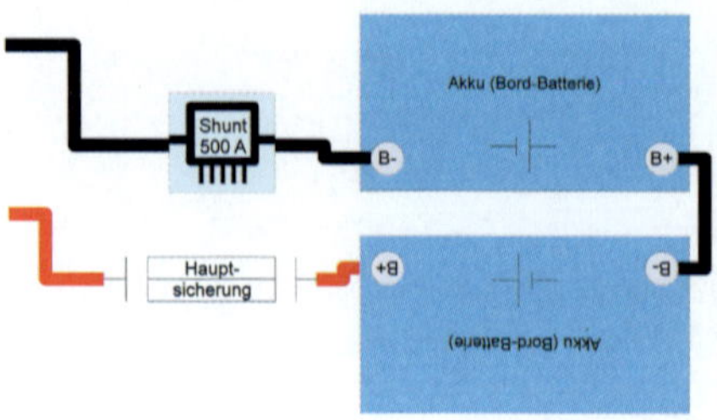

Batterieschaltung parallel
Wichtig: Gleiche Länge der Batteriekabel für gleichen Widerstand

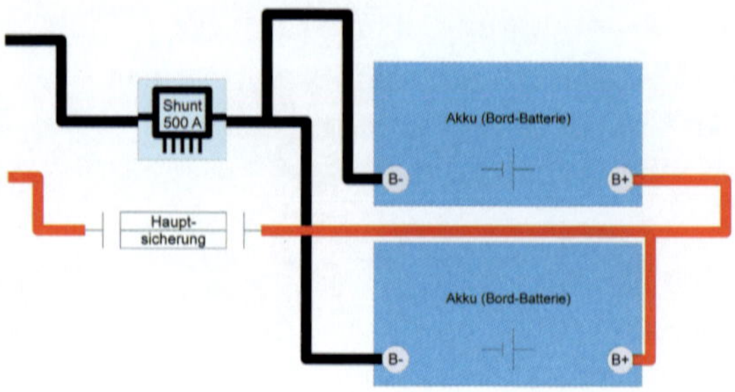

Akkuschaltung in Serie oder parallel

Das habe ich für dich in einer OO-Tabelle mit mehreren Beispielen zur Verbrauchsberechnung im Downloadbereich auf der Webseite zusammengestellt. Da brauchst du nur die Leistung deines Verbrauchers einzugeben und die Tabelle berechnet den Rest.

Kabelquerschnitt bestimmen

Um den Querschnitt für das Kabel zu berechnen, nehmen wir ungefähr den doppelten Wert an, also sechs Ampere. Der Kompressor des Kühlschrankes braucht zum Anlaufen kurzfristig ungefähr die doppelte Leistung.

→ Wir nehmen unseren Wasserkocher mit 1000 Watt, füllen ihn mit Wasser und drücken auf den Schalter.
→ Ist der Kocher an 230 V AC angeschlossen, ist der fließende Strom I = 1000 W / 230 V = 4,3 Ampere. In unserem Beispiel-Wohnmobil kochen wir allerdings mit 12 V also ist der fließende Strom I = 1000 W / 12 V = 83,3 Ampere DC.
→ Um den Wasserkocher mit 230 V zu betreiben, brauchen wir noch einen Inverter (Spannungswandler), der auch nicht ohne Strom arbeiten kann. Er nimmt noch mal ca. 10 % an zusätzlicher Leistung

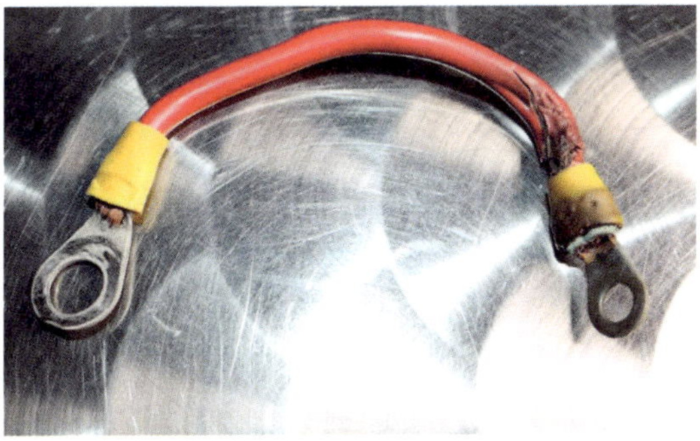

Dieser Kabelschuh war nicht fachgerecht angebracht und wurde zu heiß.

auf. Somit sind wir bereits knapp unter 100 A.
→ Nun werfen wir mal einen Blick in unseren Aufbau-Sicherungskasten im Wohnmobil und schauen, wo wir denn solch einen Verbraucher anschließen könnten.
Vorsicht: Da gibt es eine, vielleicht zwei Sicherungen mit 30 A. Einen Verbraucher, der sich 100 A nimmt, sollten wir hier auf keinen Fall anschließen. Ein Kupferkabel, wie es in der Fahrzeugtechnik verwendet wird, hat einen geringen Widerstand. Je dünner und länger es ist, desto mehr steigt er an. Der Widerstand bewirkt, dass sich elektrische Leistung in Wärme umwandelt. So funktionieren der Wasserkocher ebenso wie der Toaster, bei dem man das gut beobachten kann. Ein dünner Draht wird glühend heiß, weil darin ein starker Strom fließt.

→ Also tun wir gut daran, die Kabel richtig zu dimensionieren, damit sie nicht selbst zum Grill werden.

Dazu habe ich eine Tabelle von TransWatt erhalten, an der man sich gut orientieren kann. Wir brauchen für beide Leitungen, also Plus und Masse, mindestens denselben Querschnitt. Die jeweils in der Tabelle angegebene Kabellänge gilt für die addierte Länge von Plus- und Minus-Leitung bei einem Spannungsverlust von 0,259 V.
Rechts sucht man die Länge und den maximalen Strom heraus und kann dann in der zweiten Spalte von links, den Kabelquerschnitt ablesen.

Sicherungen
Zum Schutz, damit ein Kabel nicht trotzdem überlastet wird, werden davor die Sicherungen geschaltet. Fließt jetzt ein zu starker Strom, weil zum Beispiel ein Kurzschluss entstanden ist, brennt nicht das Kabel durch, sondern das Drähtchen in der Sicherung.

Batterie abklemmen
Bei den meisten Fahrzeugen ist der Minuspol der Batterie mit der Karosserie verbunden. Diese dient somit als Minus-Kabel. Daher wird zum Abklemmen der Batterie immer erst Minus (Masse), und dann bei Bedarf der Pluspol abgeklemmt. Liegt ein Massekabel an einem blanken Karosserieteil, besteht kein Spannungsunterschied. Würde der Schraubenschlüssel den Pluspol einer angeschlossenen Batterie mit der Karosserie verbinden, wäre das ein Kurzschluss.

Tabelle Kabelquerschnitte

Kabel-durchmesser	Kabel-querschnitt	L(+) + L(-) gesamt 5 Meter	L(+) + L(-) gesamt 10 Meter	L(+) + L(-) gesamt 15 Meter	L(+) + L(-) gesamt 20 Meter
mm	mm²	I max A	I max A	I max A	I max A
0,98	0,75	2,3	1,1	0,8	0,6
1,38	1,5	4,5	2,3	1,5	1,1
1,78	2,5	7,5	3,8	2,5	1,9
2,26	4	12	6	4	3
2,76	6	18	9	6	5
3,57	10	30	15	10	8
4,51	16	48	24	16	12
5,64	25	75	38	25	19
6,68	35	105	53	35	26
7,98	50	150	75	50	38
9,44	70	210	105	70	53
11,00	95	285	143	95	71
12,36	120	360	180	120	90

Elektro-Plan »Schredder«, vereinfachtes Schema

Mit Symbolen von freie-schaltzeichen

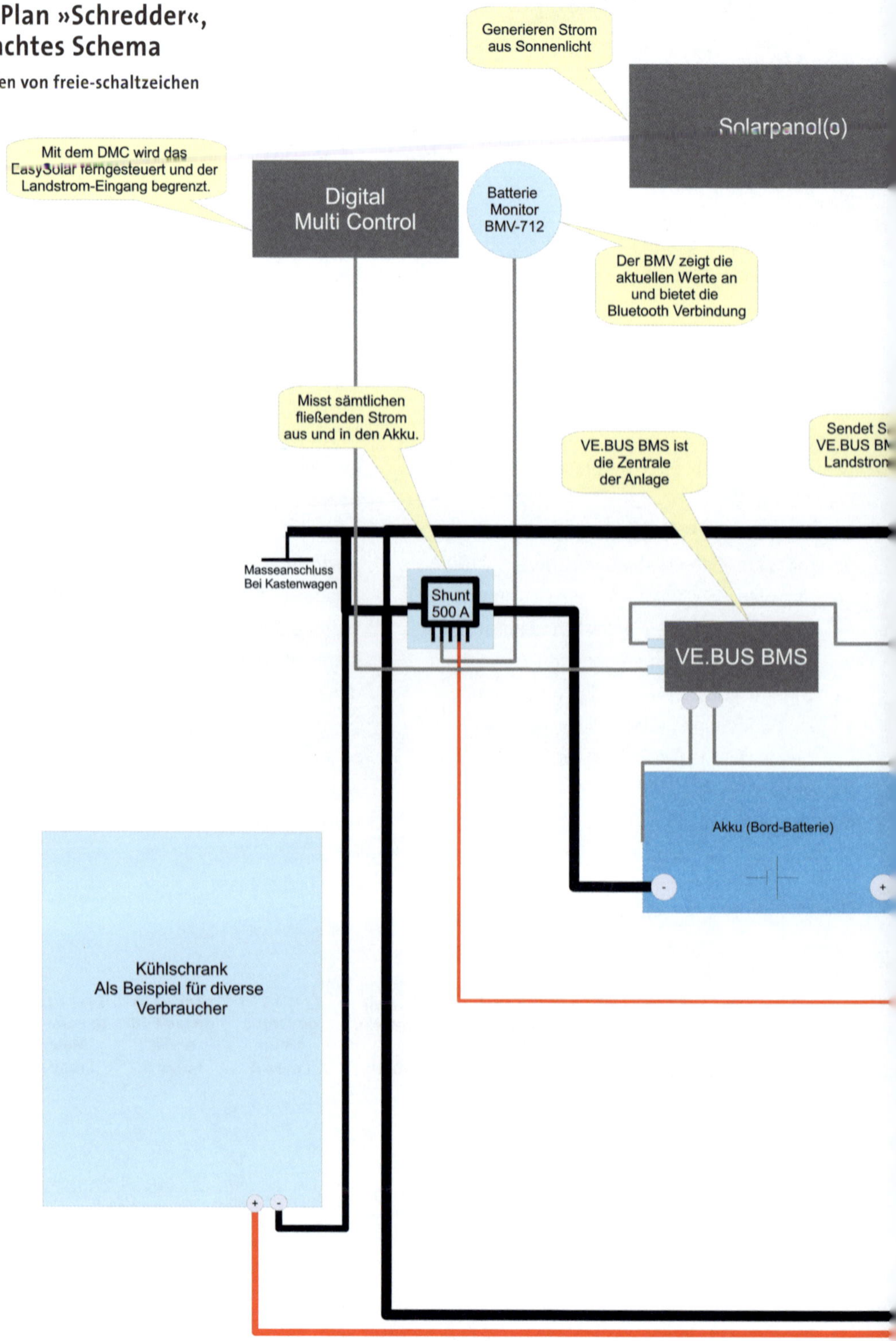

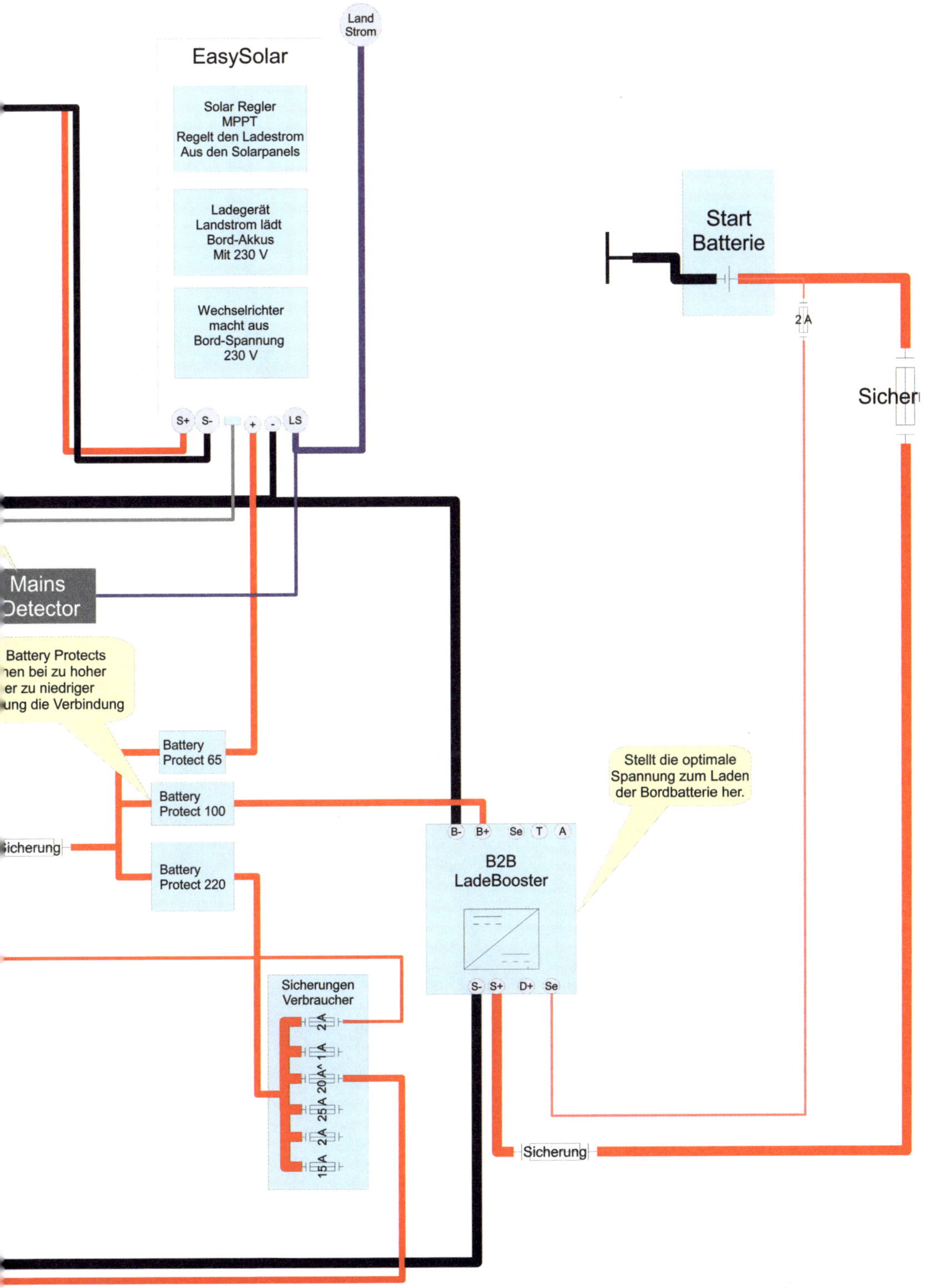
Land Strom
EasySolar
Solar Regler MPPT Regelt den Ladestrom Aus den Solarpanels
Ladegerät Landstrom lädt Bord-Akkus Mit 230 V
Wechselrichter macht aus Bord-Spannung 230 V
S+
S-
+
-
LS
Start Batterie
2 A
Sicher
Mains Detector
Battery Protects
hen bei zu hoher
er zu niedriger
ung die Verbindung
Battery Protect 65
Battery Protect 100
Battery Protect 220
icherung
Stellt die optimale Spannung zum Laden der Bordbatterie her.
B-
B+
Se
T
A
B2B LadeBooster
S-
S+
D+
Se
Sicherungen Verbraucher
2A
1A
20A
25A
2A
15A
Sicherung

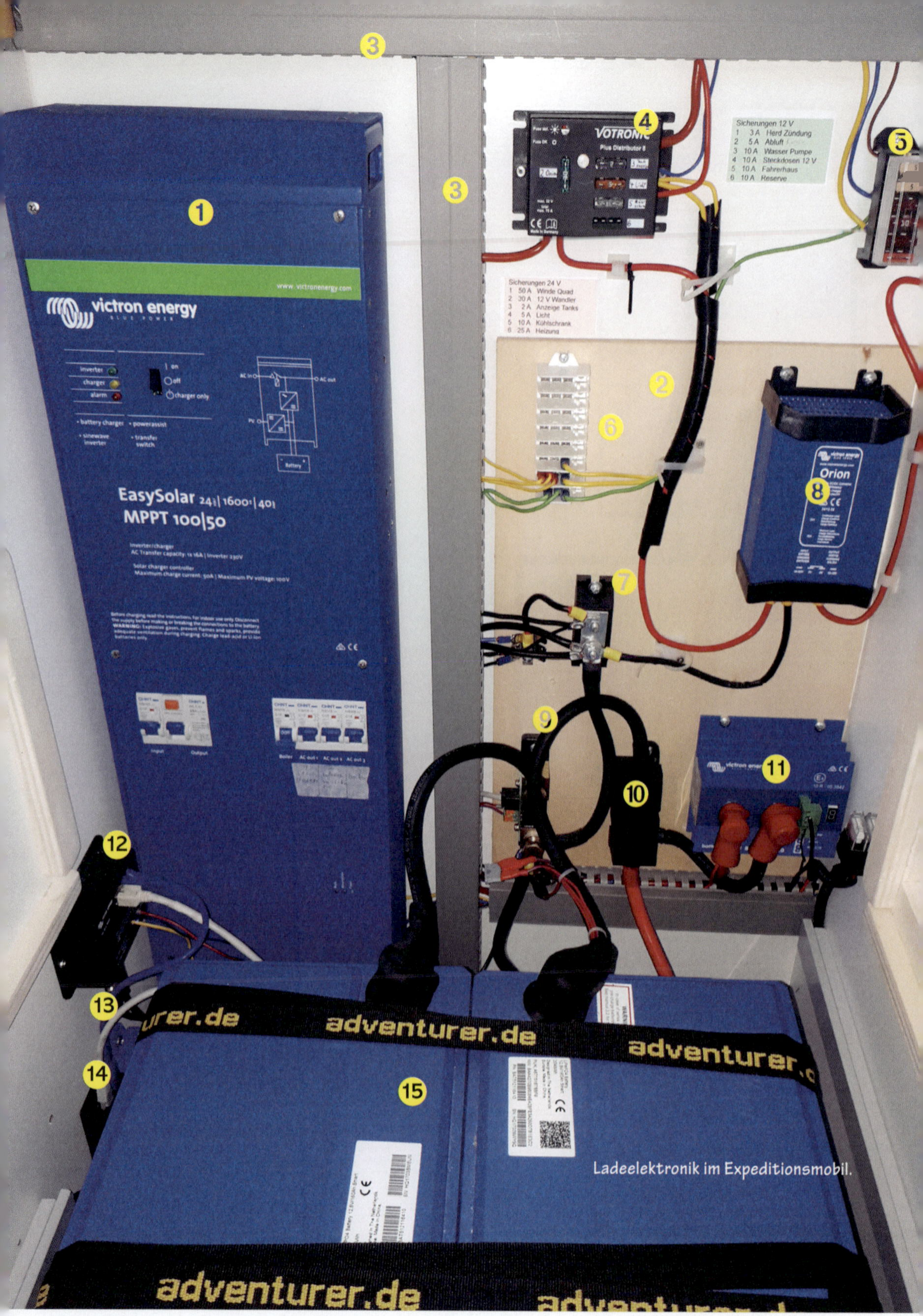

Ladeelektronik im Expeditionsmobil.

Einbau der Lade-Elektronik-Elemente

Die Komponenten der Elektrik müssen einerseits übersichtlich und gut erreichbar angeordnet werden, andererseits aber auch bei der Gewichtsverteilung berücksichtigt werden. Wichtig ist zudem, dass sie über robuste Befestigungen mit dem Fahrzeug verbunden sind.

Nachdem ich die Planung für die Sitzbank fertig hatte, konnte ich die Akkus befestigen. Dafür stellte ich sie an ihren Platz, um Maß zu nehmen, und klebte rechts und links robuste Aluminiumwinkel im Maß 50 x 50 x 5 mm auf den Boden, um die Akkus mit Spanngurten zu fixieren. In die Winkel bohrte ich zweimal eine Reihe Löcher mit fünf Millimeter Durchmesser und verband sie mit der Feile zu Langlöchern. Durch diese Schlitze konnte ich später die Gurte zur Fixierung der Akkus ziehen.

1. EasySolar
2. Pappel-Multiplexplatte
3. Kabelkanäle
4. Verteiler mit Sicherungen 24 V
5. Sicherungen 12 V
6. Verteilerschiene
7. Masseverteiler
8. Orion 24/12-V-Wandler
9. Shunt
10. Hauptsicherung
11. BatteryProtect 220
12. VE BUS BMS
13. BatteryProtect 65
14. Mains Detector
15. Akkus

An die Wand kam links das EasySolar und rechts davon eine Pappel-Multiplexplatte. Daran befestigte ich mit Holzschrauben Installationskanäle und die kleinen Geräte.
Installationskanäle sind wie Kabelkanäle, nur sind die Seitenwände geschlitzt. So kann man sauber die Leitungen im Kanal verlegen und seitlich zu den Geräten abzweigen.

Oben sind je ein Sicherungshalter für 24 V und 12 V, darunter eine Verteilerschiene (weiß) für Leitungen der Beleuchtung und Steckdosenversorgung, der Masseverteiler (schwarz) und der Orion 24-V-auf 12-V-Wandler. In der untersten Reihe sind der Shunt, die Hauptsicherung und der BatteryProtect 220.

An der linken Wand sieht man den VE.BUS BMS und darunter den BatteryProtect 65 (blau) für den Strom aus der Solaranlage.
Das schwarze Kästchen ganz links ist der Mains Detector, der dem System anliegenden Landstrom signalisiert. Vorne sind die beiden Akkus.

In dem Stauraum unter dem Podest zwischen den Sitzen befindet sich der B2B-Lader mit dem ihn absichernden BatteryProtect 100. Diese beiden Geräte hatten keinen Platz mehr unter der Sitzbank gefunden. Links und oben sieht man den Kabelkanal (Bild S. 282).

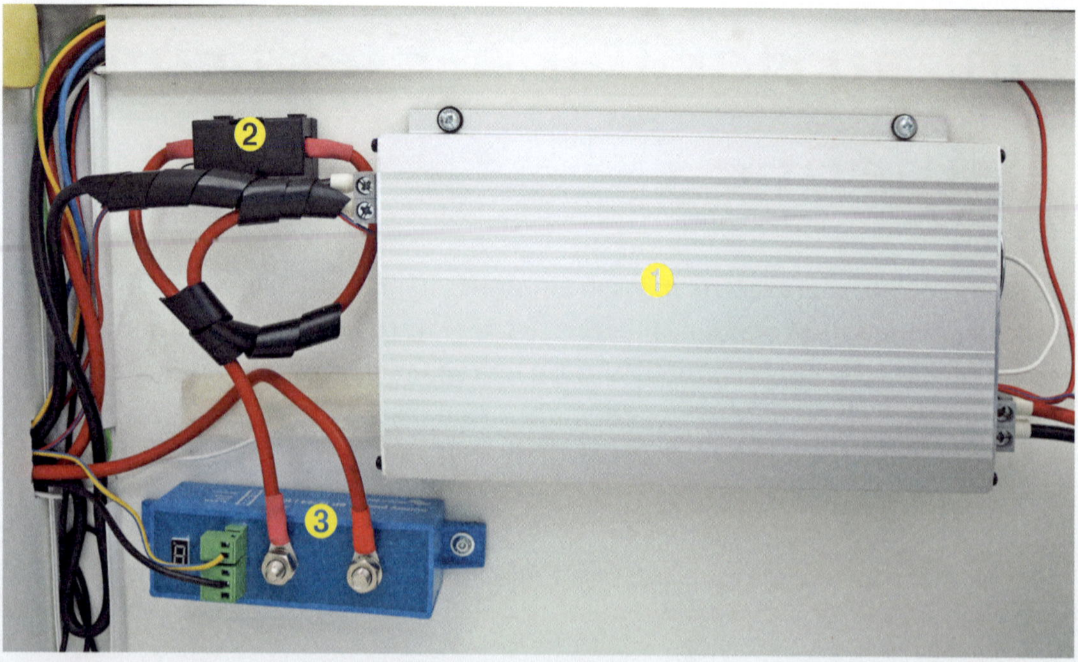

1. Der B2B-Ladewandler mit 2. Sicherung und 3. Battery-Protect

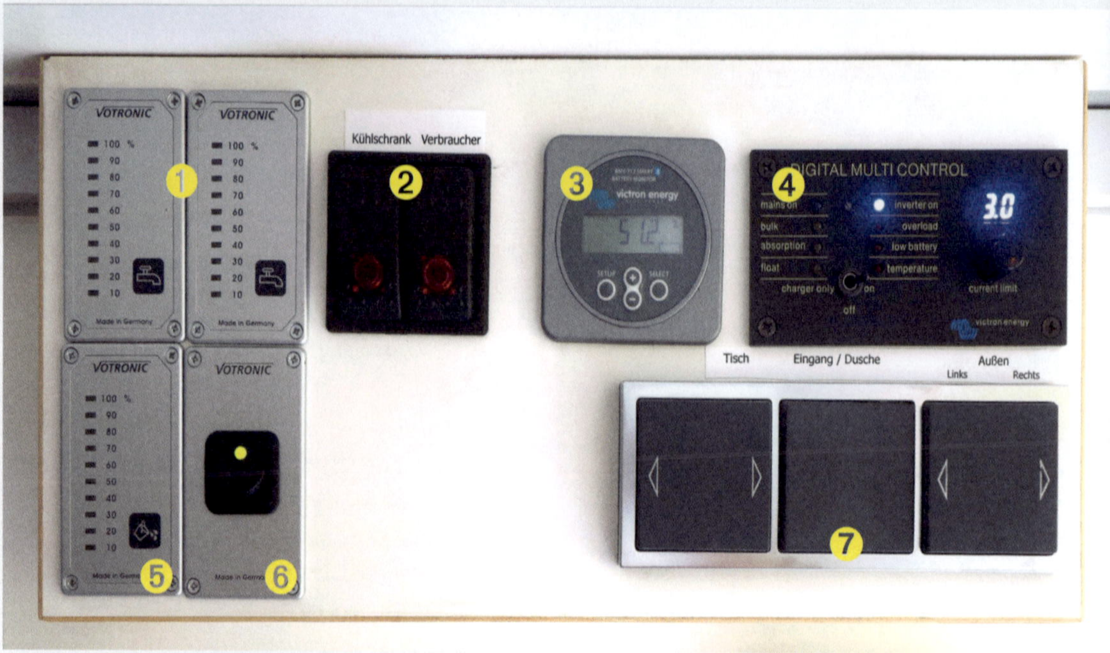

1. Anzeige Frischwassertank
2. Schalter für Kühlschrank und Hauptschalter (Fernsteuerung des Battery-Protect der die Verbraucher Leitung überwacht)
3. Victron BMV zur Akku-Überwachung
4. Digital Multi Control zur Inverter- und Landstromsteuerung
5. Anzeige Abwassertank
6. Schalter der Wasserpumpe
7. Lichtschalter für Tisch, Eingang und Außenbeleuchtung

Steuerkonsole

Rechts von der Mitte ist der BMV angebracht, der den Ladezustand der Akkus anzeigt und das DMC. Das Digital Multi Control (ganz rechts) steuert den EasySolar fern und schaltet den Inverter ein und aus und das Ladegerät für Landstrom. Mit dem Drehregler wird der Landstrombegrenzer eingestellt, um den Anschluss vor Überlast zu schützen. Wenn der Landstromeingang nicht begrenzt wird, kann es passieren, dass die Sicherung der Stromquelle auslöst oder ein Generator überlastet wird. Links sind die Votronic-Anzeigen, um zu sehen, wieviel Wasser jeweils in den Frischwassertanks und im Abwassertank ist und ein Schalter mit Kontrolllampe für die Wasserpumpe. Die Kontrolllampe der Wasserpumpe ist wichtig, damit man nicht vergisst, sie abzuschalten. Ein weiterer Schalter für die Wasserpumpe ist an der Duschkonsole.
Dann in Schwarz der Hauptschalter, der den BatteryProtect 220 fernsteuert und damit alle Verbraucher abschaltet und ein Schalter für den Kühlschrank. Unten rechts sind einige Lichtschalter.

Den Deckel der Steuerkonsole habe ich mit einem Bandscharnier befestigt, so dass ich ihn einfach aufklappen kann.

Verlegung von Kabelkanälen und Leitungen, Anschluss der Elektro-Geräte

Abgesehen von den Kabelkanälen, die oben rund um die Decke führen, habe ich noch weitere eingebaut:
Einen von der Decke zum Installationskanal der Elektro-Geräte in der vorderen Sitzbank. Hier liegen die Leitungen zum Kühlschrank, der Beleuchtung und zur Steuerkonsole.

Vom Installationskanal quer durch den Keller hinter der Abfallbehälterschublade hinauf hinter den Kühlschrank. Hier liegen die Leitungen für Herd (Zündung), Standheizung und Wasserpumpe. Ebenso liegen hier die Kabel der Solar-Anlage, die über dem Kühlschrank durch das Dach geführt sind.

Ein weiterer Kabelkanal geht nach hinten zum B2B-Lader, zum Stauraum, durch den die Beleuchtung und 12-V-Steckdosen versorgt werden und zur Seilwinde, um das Quad hochzuziehen. In der Quadgarage liegen jeweils hinter den Klappen LED-Lampen mit integriertem Schalter.

Liegen die Kabelkanäle erst mal, ist es sehr einfach, eine weitere Leitung einzuziehen. Dafür gibt es im Baumarkt dünne Stahlkabel, an die man einfach das Kabel mit etwas Kreppband anklebt und durch die Hohlräume schiebt oder zieht. Noch einfacher sind sie natürlich vor und während dem Möbelbau zu verlegen. Dann ist alles noch bestens zugänglich.

230-Volt-Bordstrom-versorgung

Die 230-V-Versorgung im Wohnmobil wird über ein genormtes System mit speziellen »CEE-blau« Steckern und Steckdosen und ein Gummikabel mindestens vom Typ H07RN-F 3G2,5 oder besser gewährleistet. Andere Stecker und Steckdosen zum Landstromanschluss sind nicht zugelassen. Als maximale Kabellänge sind in Deutschland 25 Meter vorgeschrieben.

Bei einem leitfähigen Aufbau wie Karosserie oder Shelter muss der Schutzleiter über eine grün/gelbe Leitung mit einem Querschnitt von mindestens vier Quadratmillimeter mit dem Potentialausgleich verbunden sein.

Bei allen 230-Volt-Kabeln im Wohnmobil muss der Querschnitt mindestens 1,5 qmm betragen und das Gummikabel mindestens vom Typ H07RN-F 3G 1,5 oder besser sein und in separaten Kabelkanälen verlegt werden. Auf keinen Fall darf Haus-Installationskabel mit nur einem Draht verwendet werden, da er brechen kann! Sehr wichtig ist hier auch auf den Kantenschutz zu achten, da sich bei der Rüttelei während der Fahrt und Reibung an einer Kante ein Kabel durchreiben und einen Kurzschluss verursachen kann.
Werden 230-Volt-Lampen mit eingebaut, dürfen die Fassungen nicht mit Fassungen für Niederspannung verwechselbar sein.

Anschlusskabel für den Landstromanschluss

Tipp: *Beachte auf jeden Fall für die Installation die betreffenden Vorschriften VDE 0100-708, VDE 0100-721 und VDE 0100-754.*

Vom EasySolar abgehend liegt parallel zum Kabelkanal quer durch den Keller ein separater Kanal für die 230-V-Kabel. Er verzweigt sich unter der Küche hinter den Kühlschrank, wo eine Dreifach-Steckdose über dem Herd ist und die Kabel von Boiler, Waschmaschine und Badezimmerschrank-Steckdose aufnimmt.

Eine weitere 230 V Leitung führt zum Landstromeingang, der im Boden unter dem Podest untergebracht ist. Diese CEE-Steckdose ist somit von unten erreichbar, stört weder optisch, noch kann sie ein Ast beschädigen. Sie ist von einem Deckel mit Bajonettverschluss wasserdicht verschlossen. Auch im von außen zugänglichen Stauraum ist eine 230-V-Steckdose, um draußen Geräte benutzen zu können.

Solaranlage aufbauen und anschließen

Wann man die Solaranlage einbaut, ist innerhalb der Reihenfolge egal, hier solltest du dich nach dem Wetter richten. Die Außentemperatur darf nicht unter fünf Grad gehen, damit der Kleber gut aushärtet und Regen stört zumindest beim Vorbereiten und Kleben.

Es gibt im Reisemobilzubehör Spoilerprofile, um die Solarpanels zu befestigen. Für kleine und mittelgroße Panels gibt es auch einen praktischen Halter zum Hochstellen von der Firma Relleumdesign.

Ich habe für meine ziemlich großen Panels mit Sikaflex 252i, dem Konstruktionskleber von Sika, Aluminiumwinkel auf das Dach geklebt. Sika 252 klebt noch fester als 221. Vorbereitet habe ich die Flächen, indem ich sie angezeichnet, dann mit 80er Schmirgelpapier angeraut, mit Sika Aktivator 205 gereinigt und aktiviert habe.
Dann werden Kleberwürste aufgetragen, die bleistiftdick sind und an der Stirnseite nicht zusammenlaufen. So sollte der Kleber gleichmäßig auch zwischen den Kleberstreifen aushärten.

Nach dem Aushärten dichtet man den Spalt rundherum mit dem restlichen Sika 252 oder 221 ab. Auf meinem Wohnmobil habe ich jeweils das Panel an der Beifahrerseite mit einem Bandscharnier verschraubt, so dass man es hochklappen kann. Auf der anderen Seite wird es mit Flügelschrauben an die angeklebten Winkel geschraubt. Löst man diese, kann das Panel hochgestellt und mit losen Winkeln und den Flügelschrauben fixiert werden (Bild S. 286 rechts oben).
Die Solarkabel werden durch eine Dachdurchführung in den Kofferaufbau gelegt (Bild S. 286 links unten).

Die Solarpanels müssen vor dem Anschließen lichtdicht abgedeckt werden, damit beim Anschließen keine Spannungsspitzen auftreten können. Bei starker Sonneneinstrahlung läge beim Herstellen der elektrischen Verbindung bereits eine hohe Spannung an.

Die Solarpanels werden parallel oder in Reihe geschaltet. Parallelschaltung bietet den Vorteil, dass bei Abschattung auf einem Panel das andere noch vollen Ertrag liefern kann. Allerdings braucht man die doppelten Solarkabel dafür.

Die MC-4-Solarstecker können mit einer normalen Crimpzange angebracht werden.
Aktuell sind monokristalline Solarmodule am effizientesten.

Die Solarpanels werden mit Flügelschrauben gelöst und dann aufgestellt.

Abendstimmung in den Alpen an der Assietta-Kammstraße

Dachdurchführung der Solarkabel

Edelstahlscharnier des Solarpanels

Ein mobiles Solarpanel kann jederzeit neu ausgerichtet werden.

06

Idylle an der Transalpina in Rumänien

Wasserversorgung im Wohnmobil mit Tauchpumpe, schematische Darstellung

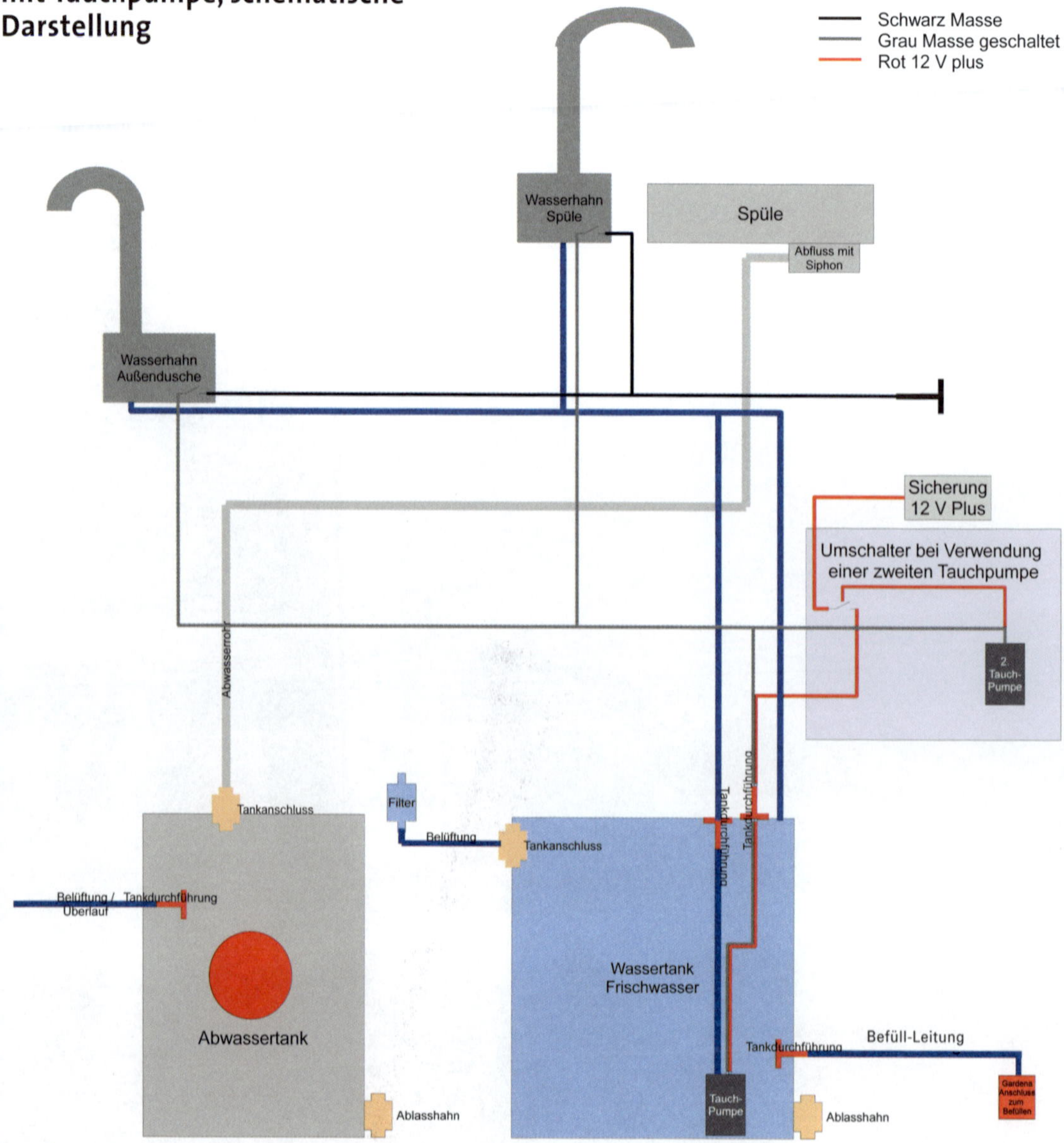

Wasser-versorgung

Eine Wasserinstallation kann aus einem Kanister mit Auslaufhahn und einer Waschschüssel bestehen oder einem System aus Frischwassertanks, Leitungen, Boiler, Verteilung, Abflüssen und Abwassertank.

Eine einfache Lösung könnte ungefähr so aussehen: Eine Installation bestehend aus Frischwassertank, Tauchpumpe, Wasserhähnen und einem Abwassertank. Eine Warmwasserbereitung ist nicht vorgesehen.
So hatten wir es jahrelang im Toyo mit der Hubdachkabine und im Sprinter.

Die Tauchpumpe pumpt das Wasser aus dem Frischwassertank in die Kaltwasserleitung und der jeweils geöffnete Hahn lässt es fließen. Hier ist in jedem Hahn ein Schalter für die Stromzufuhr zur Tauchpumpe nötig. Das ist allerdings auch die größte Schwachstelle gewesen.

Im Toyo hatten wir einen einfachen weißen Hahn mit Schalter, der jahrelang hielt. Im Sprinter schöne verchromte Ventile von Reich, die regelmäßig nach der Garantiezeit das Zeitliche segneten. Irgendwann habe ich dann einen einfachen Wasserhahn aus dem Baumarkt eingebaut, und nebendran einen Schalter für die Pumpe gesetzt.

Im Handel gibt es zwar Druckschalter, die die Pumpe steuern können, aber das funktioniert nicht mit Tauchpumpen, da sie zu wenig Druck aufbauen.

Die Tauchpumpen sind jedoch unverwüstlich. Ich habe eine ganz billige, die an einem Duschschlauch befestigt ist. Die haben wir einfach in den Fluss oder See geworfen, den Stecker in die 12-V-Dose gesteckt und geduscht. Das System hält jetzt schon über 30 Jahre.
Das Mal, dass wir es geschafft haben, eine Tauchpumpe zu zerstören war bisher, sie bei geschlossenen Wasserhähnen laufen zu lassen. Dann dreht irgendwann die Welle im Flügelrad durch und die Pumpleistung geht gegen Null.

In unserem Weltreisemobil Schredder haben wir eine Druckpumpe eingebaut, die zuverlässig alle Entnahmestellen mit ausreichendem Wasserdruck versorgt.

Plan Wassersystem »Schredder«

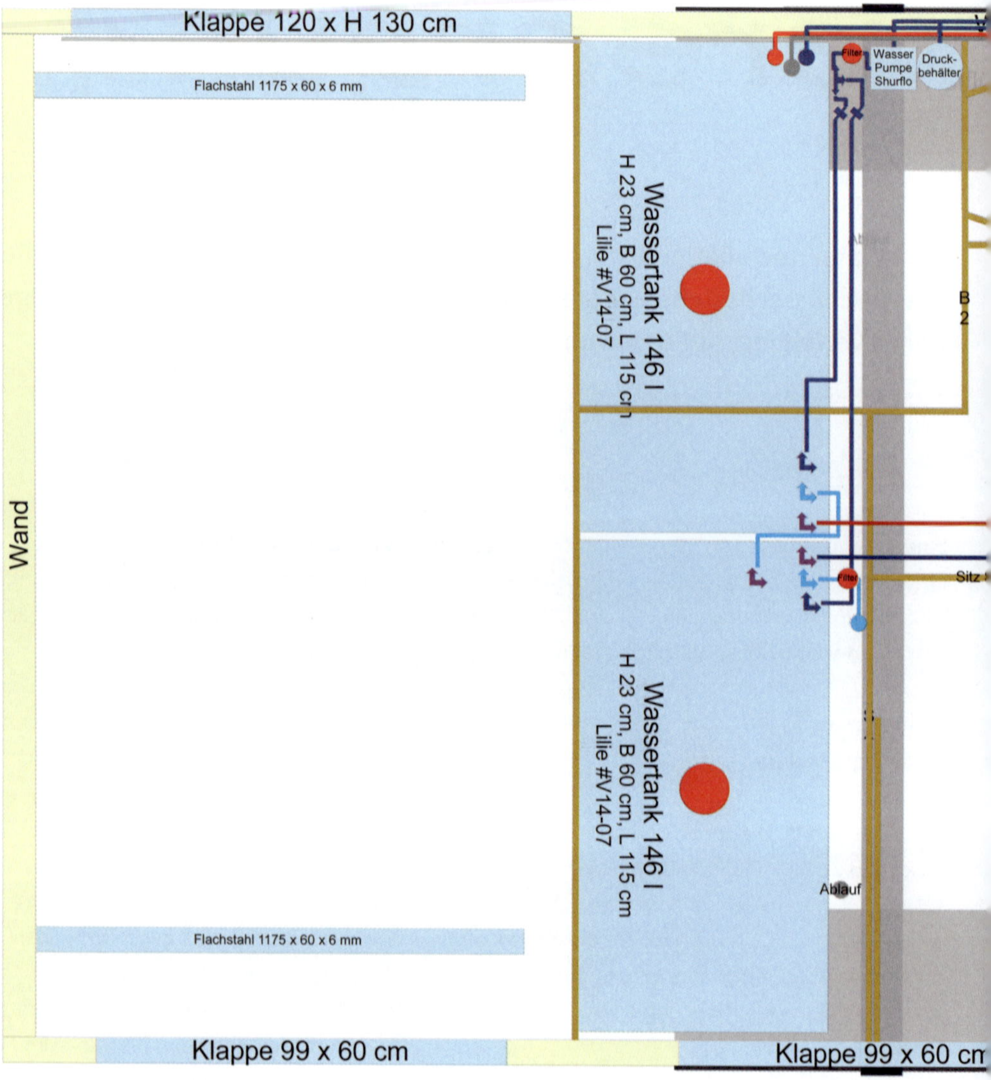

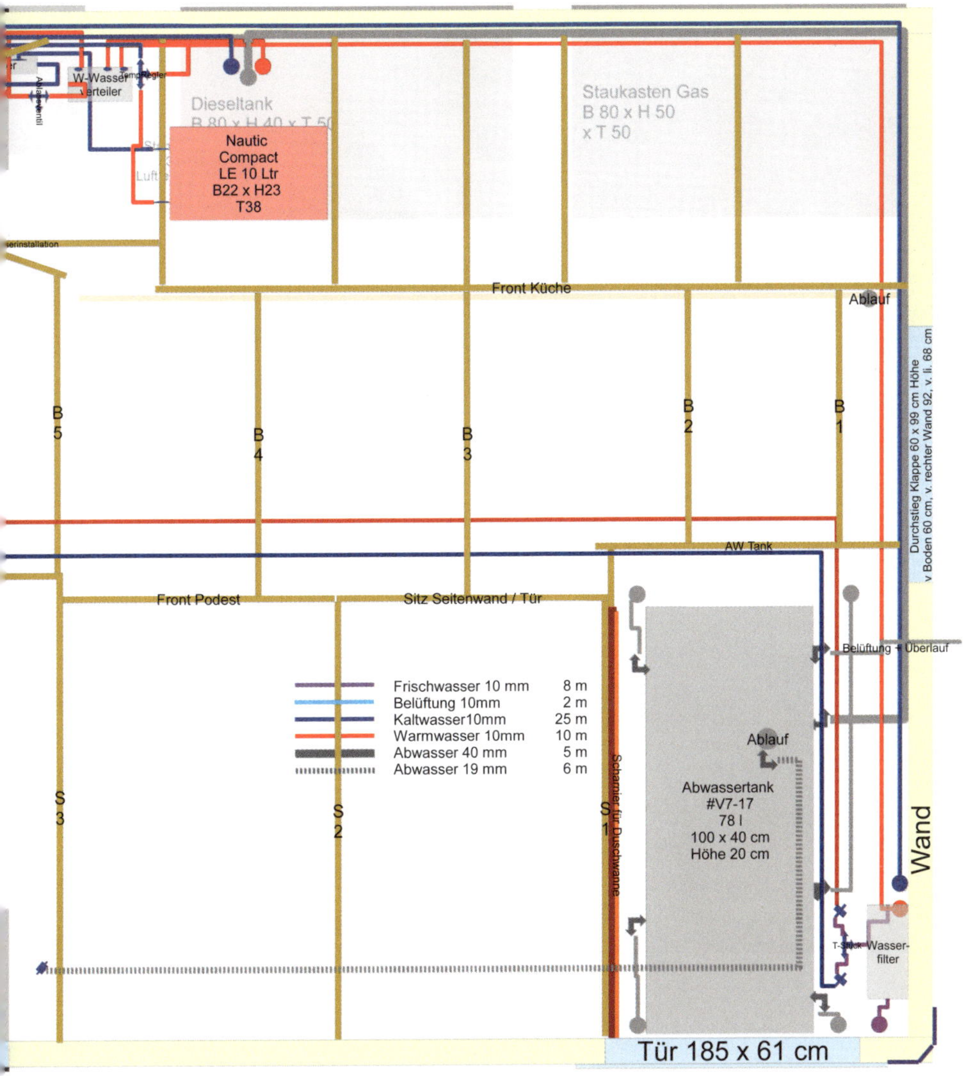
W-Wasser-Verteiler
Dieseltank
Nautic Compact LE 10 Ltr B22 x H23 T38
Staukasten Gas B 80 x H 50 x T 50
Front Küche
Ablauf
Durchstieg Klappe 60 x 99 cm Höhe v Boden 60 cm, v. rechter Wand 92, v. li. 68 cm
B 5
B 4
B 3
B 2
B 1
AW Tank
Front Podest
Sitz Seitenwand / Tür
Belüftung + Überlauf
Frischwasser 10 mm 8 m
Belüftung 10mm 2 m
Kaltwasser10mm 25 m
Warmwasser 10mm 10 m
Abwasser 40 mm 5 m
Abwasser 19 mm 6 m
Ablauf
Abwassertank #V7-17 78 l 100 x 40 cm Höhe 20 cm
Scharnier für Duschwanne
S 3
S 2
S 1
Wand
Wasser-filter
Tür 185 x 61 cm

Wasserzufluss in die

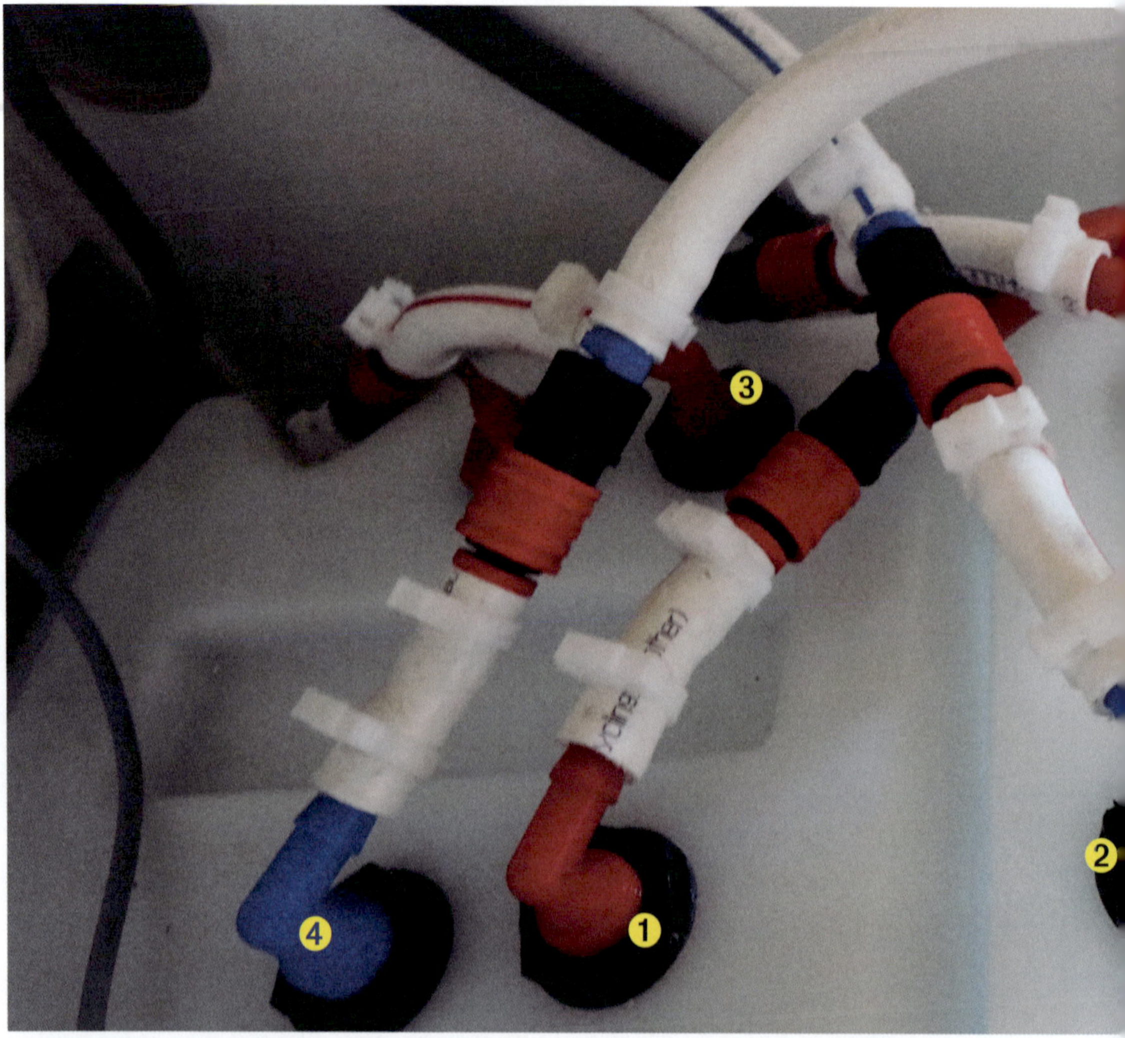

In der Duschkonsole ist ein Schlauch eingebaut, im Plan auf S. 293 (rechts unten) in Pink eingezeichnet., in den das Wasser von außen eingefüllt wird. Als Anschluss ist dort ein Gardena-Stutzen, an den ein Wasserschlauch angesteckt wird. Von hier fließt das Wasser in ein Y-Stück, das es auf die beiden Wasserfilter verteilt. Danach ist ein weiteres Y-Stück, das den Fluss wieder in einen Schlauch vereint und dann kommt wiederum ein Y-Stück, das in zwei Kugelventile führt. Hier wird der zu füllende Frischwassertank ausgewählt. Nach dem Kugelventil führt jeweils ein Schlauch in Rot zum linken und in Blau zum rechten Frischwassertank.

An den Frischwassertanks ist jeweils ein Anschluss für die Be- und Entlüftung (hellblau), der in ein Y-Stück und dann in einen Siebfilter mit Schauglas führt. Dort soll hochgedrücktes Wasser die Möglichkeit bekommen, wieder in den Tank zurückzufließen, damit es nicht in die Luftleitung

Frischwassertanks

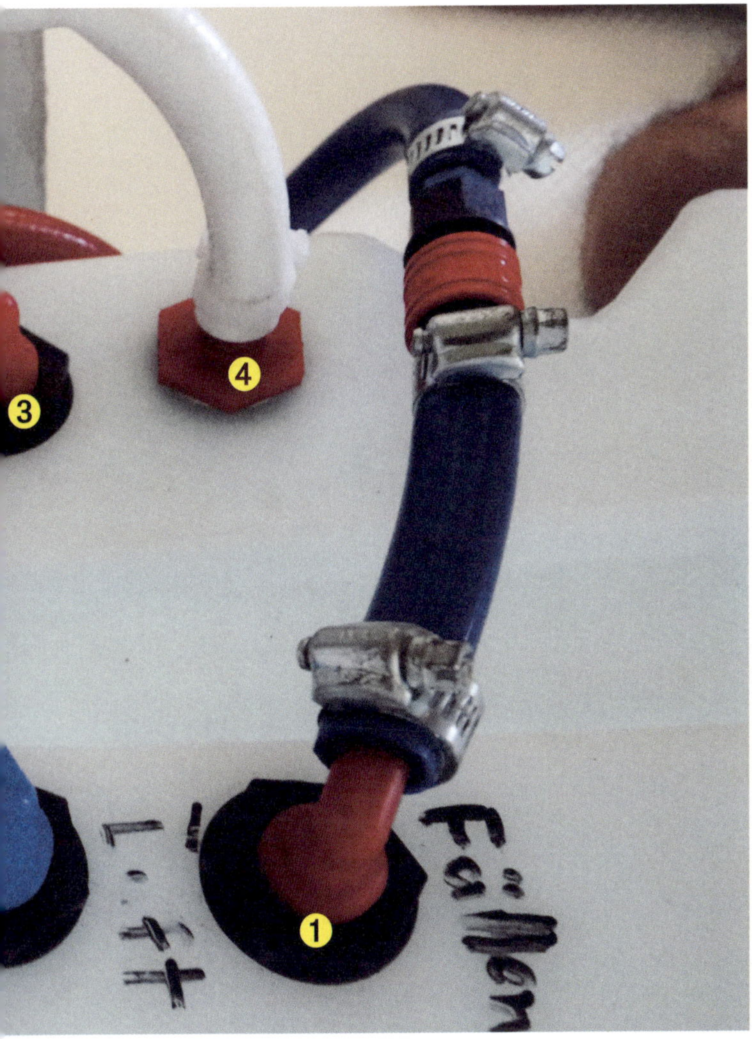

1. Wasserzulauf
2. Belüftung
3. Entnahme zur Pumpe
4. Belüftung und Überlauf vom hinteren zum vorderen Tank. Da der hintere Tank nicht zu sehen ist, kann das Wasser durch den Überlauf direkt in den vorderen Tank fließen. So vermeide ich zu hohen Innendruck und damit Leckagen.

kommt. Vor dem Einbau des Siebfilters hatte ich das Problem, dass sich im Luftschlauch Wasser gesammelt hatte und den Luftstrom verhinderte. Denselben Filter habe ich vor der Druckpumpe eingebaut, ein Feinfilter mit Schauglas und 10/12mm Schlauchanschluss.
Bei allen Anschlüssen an den Frischwassertanks habe ich Schnellkupplungen eingebaut, um die Tanks einfach und ohne Werkzeug herausnehmen zu können.

Die Tanks sind mit Alu-Winkeln 50 x 50 x 5 mm und Spanngurten fixiert und liegen auf Stücken der Matratzenunterlage mit Belüftungsfunktion, die bei mir genau für alle drei Tanks ausreicht.
An den kalten Außenflächen der Wassertanks kondensiert immer Feuchtigkeit, die abgeführt werden sollte, um Schäden zu vermeiden. Mein System mit den Unterlagen und den Abflüssen im Boden hat sich bisher bestens bewährt.

Wasserausfluss aus den

Druckpumpe mit Leitungen und Ausgleichsbehälter

Frischwassertanks

Links unten haben wir die Leitungen zu den beiden Frischwassertanks, oben rechts davon die Druckpumpe, darüber ist das Badezimmerwaschbecken mit einem Wasserhahn. Die Saugleitungen gehen von den Tanks jeweils zu einem Absperrventil *[1 und 2]* mit dem der zu leerende Tank ausgewählt wird. Danach kommt ein Y-Stück, das beide Leitungen in einer vereint, und auf der Ansaugseite an die Pumpe angeschlossen ist. Dazwischen ist noch ein Vorfilter *[3]*, damit keine festen Teile in die Pumpe gelangen können. Das schreibt der Pumpenhersteller so vor, damit die Garantie gewährt ist.

Die Pumpe *[4]* saugt das Wasser auch bei leerer Leitung über eine gewisse Höhe (abhängig von den Leistungswerten) an.
Nach der Pumpe ist der Bereich der Leitung, in dem Druck herrscht. Hier sollten nach dem Einbau alle Verbindungen bei eingeschalteter Pumpe und geschlossenen Entnahmestellen auf Dichtigkeit geprüft werden.

Als nächstes kommt der Ausgleichsbehälter *[5]*, der den Druck puffert, damit die Pumpe nicht so oft ein- und ausschalten muss.

Danach geht die Leitung zum ersten Verteilerblock, wo es an die verschiedenen Kaltwasserverbraucher verteilt wird. Von hier geht eine Leitung ins Bad, eine zur Spüle, eine zur Duschkonsole, eine zum Boiler und eine zum Warmwassermischer.
Rechts sind Zu- und Abfluss des Waschbeckens zu sehen *[6]*.

Tipp: *Bei einer Druckpumpe werden Gummifüße zur Geräuschminderung mitgeliefert.*
Meine Pumpe habe ich zusätzlich mit weiteren Gummilagern befestigt, damit arbeitet sie noch leiser.

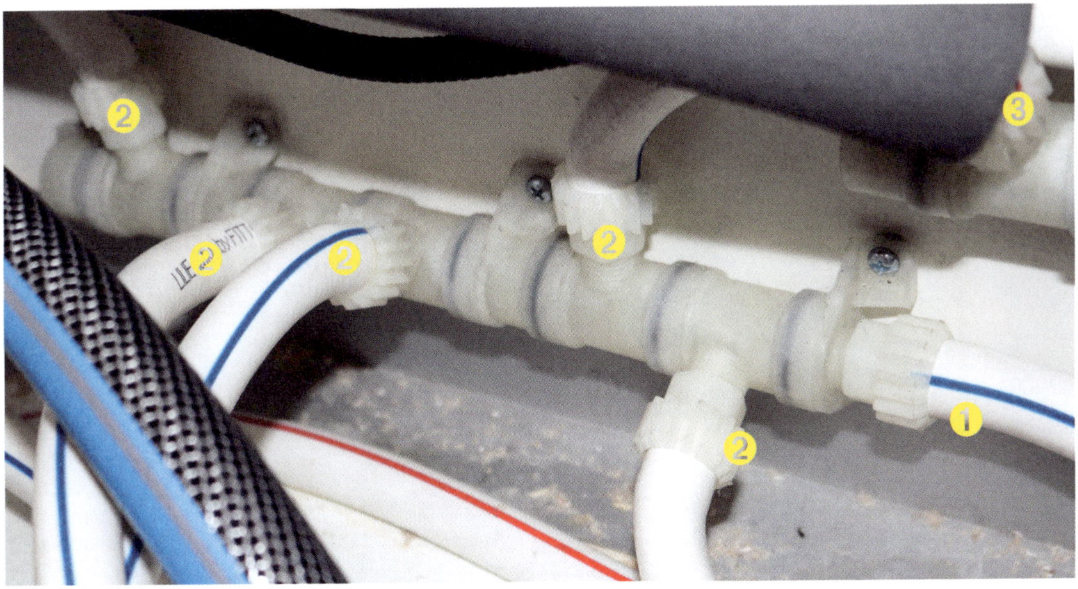

X-Fix-Wasserverteiler für fünf 10-mm-Schläuche: 1. Wasserzulauf, 2. zu den Entnahmestellen (Waschbecken, Spüle, Dusche, Boiler, Mischventil), 3. Verteiler für Warmwasser.

Wasserverteilung am Boiler:

1. Boiler
2. Verteiler Warmwasser (verdeckt vom Abflussrohr)
3. Verteiler Kaltwasser (verdeckt vom isolierter Warmwasserleitung)
4. Warmluftverteilung der Standheizung
5. Mischventil unter Holzabdeckung
6. Überdruck- und Ablassventil des Boilers
7. Ablassventile zur Entleerung der Wasserleitungen
8. Zeitschaltuhr für elektrische Heizkartusche im Boiler
9. Abflussschlauch Urintank

Im Boiler wird das kalte Wasser erwärmt, wobei ein Überdruck entstehen kann. Deswegen schreibt Elgena die Anbringung eines Überdruckventils aus ihrem Hause vor. Dafür schraubt man ein T-Stück an das untere Rohr mit dem Gewinde. Hier werden das Kugelventil zum Ablassen vor dem Winter und das Überdruckventil angeflanscht.

Das nun erhitzte Wasser muss jetzt in das Mischventil geleitet werden, da es mit circa 70 Grad zu heiß ist. Im Mischventil wird kaltes Wasser zugemischt, es ist auf eine angenehme und vor Verbrühung sichere Temperatur einstellbar.

Das warme Wasser kommt jetzt in den zweiten Verteilerblock, der es in Bad, Spüle und Dusche weiterleitet.

Zwischen Pumpe und Verteilerblock, sowie zwischen Boiler und Warmwasser-Verteilerblock ist auf dem Boden jeweils ein Ablassventil eingebaut, um das Wasser für den Winter zu entfernen.
Alle Leitungen, die von den Verteilerblöcken abgehen, sind höher verlegt, damit es entsprechend abfließen kann. Diese Ventile sind so gebaut, dass das Wasser hindurchfließen kann und im geöffneten Zustand von beiden Seiten das Wasser durch den Boden abfließt.

Tipp: *Der Ablass muss am tiefsten Punkt des Wassersystems sitzen und die Leitungen so verlegt sein, dass das Wasser komplett abfließen kann und nirgends stehenbleibt (z. B. in durchhängenden Leitungen).*

Ich habe die X-Fix-Verteiler mit fünf und drei Abgängen von Reich verwendet. Die Schläuche werden da einfach auf die Stutzen gesteckt und die Überwurfmutter wird nach außen gedreht, wodurch der Schlauch sicher fixiert wird.
Für den Anschluss der Armaturen aus dem Baumarkt gibt es von Reimo die »Einschraubtülle 3/8 x 10 mm«, die den Übergang von 10-mm-Schlauch auf 3/8-Zoll-Innengewinde bietet.
In der Duschkonsole habe ich noch ein weiteres Y-Stück mit einem kurzen Schlauch und einem Gardena-Anschluss. Dort kann ich bei Bedarf den 10-m-Gartenschlauch, den wir auch zum Befüllen benutzen, anschließen und damit zum Beispiel die Fenster oder Solarpanels reinigen.

Die Ablassventile zum Leeren des Wassersystems

07

Auf einem Parkplatz im Friaul

Das Gas für unseren Herd kommt aus der Gasflasche. Die können wir fast in allen Ländern auffüllen lassen.

Gasanlage und Standheizung

Der Einbau einer Gasanlage ist zwar recht einfach, allerdings gibt es ein paar Bestimmungen EN 1949 und DIN 721 zu beachten. Außerdem dürfen Einbauten und Änderungen an der Gasanlage nur von fachkundigen Personen durchgeführt werden.

Gasanlage installieren

Für die Korrektheit dieses Kapitels übernehme ich keine Garantie, informiere dich auf jeden Fall über die aktuellen oder geänderten Sicherheitsbestimmungen. Infos zum korrekten Einbau einer Gasanlage sind beim TÜV Nord zu finden. Lediglich in Bezug auf die Gasprüfung in Zusammenhang mit der TÜV-Abnahme ist jener Text jedoch nicht mehr aktuell. Die Pflicht eine Gasprüfung vorzuweisen, ist Stand Anfang 2020 bis 2023 ausgesetzt. Eine Prüfung sollte in eigenem Interesse dennoch erfolgen.

Bei Camping-Spezialist Reimo sind unter https://www.reimo.com/de/fahrzeugbau/ausbau_09_gasanlage.html ebenfalls Informationen zum korrekten Einbau einer Gasanlage zu finden. Außerdem findet man beim Hersteller GOK unter www.gok.de im Downloadbereich unter anderem Informationen zur richtigen Montage einer Schneidring-Verschraubung.
Gasflaschen (maximal zwei, eine Gebrauchs- und eine Reserveflasche bis je 16 kg) müssen in einem abgeschlossenen und nach unten belüftetem Ort, einem Gasfach oder- -kasten, fixiert sein. Zum Innenraum hin muss das Fach luftdicht abgeschlossen sein, die Belüftung muss 100 cm², also zum Beispiel zehn mal zehn Zentimeter, groß sein und darf nicht verschließbar sein. Es dürfen sich keine Stromleitungen oder brennbaren Materialien im Gaskasten befinden.

Der Druck in einer Gasflasche (vergleichbar für Tanks) kann bis zu 16 Bar betragen, die Verbraucher wie Kocher, Grill usw. benötigen jedoch nur einen Druck von 30 Millibar (mbar). Also benötigen wir einen Druckregler, der direkt an die Flasche angeschlossen werden kann. Von diesem geht eine kurze (bis max. 40 cm) Mitteldruck-Schlauchleitung ab, die mit der festen Gasleitung, die in den Innenraum führt, verbunden wird.
Alternativ gibt es die Möglichkeit, den Druckregler fest im Gaskasten zu anzubringen und diesen mit

Gaskasten mit Flasche und Leitung

30 oder 50 mbar

Bei Fahrzeugen mit Zulassung ab 1.1.2003 gelten die neuen DIN-Normen EN 1949 und EN 12864. Darum dürfen bei neuen oder Fahrzeugen mit Wohnmobil Zulassung nach diesem Datum nur Druckregler und damit Verbraucher mit 30 mbar verwendet werden. In Fahrzeugen, die vor dem Stichtag zugelassen waren, können Geräte die mit 50 mbar arbeiten jedoch weiterverwendet werden. Allerdings werden diese Gasgeräte wahrscheinlich irgendwann vom Markt verschwinden.

Installationstipps

Für die Verbindung an das Gasrohr wird der feste Regler oder der Schlauch mit einer Schneidring-Verschraubung fixiert. Der Schneidring schneidet sich beim Zudrehen der Überwurfmutter in das Rohr ein und dichtet es ab. Danach lässt er sich nicht mehr vom Rohr lösen.
Für unsere Mini-Anlage reichte mir eine acht Millimeter dicke Stange Gasrohr in zwei Meter Länge.
Um das Rohr abzuschneiden und um es zu biegen, hatte ich einen kleinen Rohrschneider und ein Biegewerkzeug aus dem Baumarkt gekauft. Um ein Gasrohr zu biegen, benötigt man ein solches

einer Hochdruck-Schlauchleitung direkt an die Flasche anzuschließen. Bei dieser Variante kann man jeweils den Schlauch wechseln, um verschiedene europäische Gasflaschen anschließen zu können.

Im Fahrzeug wird das Gas durch ein geprüftes Gasrohr zu den Verbrauchern geleitet. Ist nur ein Verbraucher im Wohnmobil geplant, kann die Leitung direkt daran angeschlossen werden, hier genügt das Flaschenventil als Absperrhahn. Für mehrere Verbraucher muss ein Verteilerblock mit je einem Schnellschlussventil pro Verbraucher installiert werden.

Gasrohr mit gummigelagerter Schlauchschelle

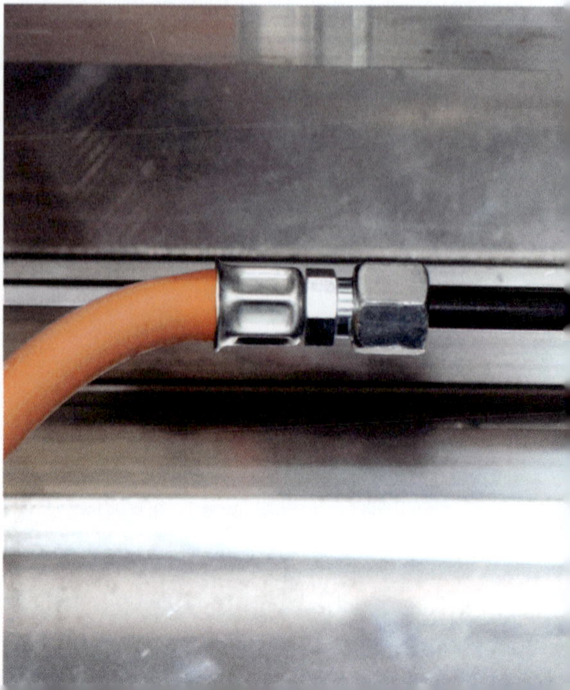

Biegewerkzeug, sonst knickt das Rohr ab oder der Querschnitt verändert sich.
Bei uns ist eine 5-Kilogramm-Gasflasche das Reservoir und steht unter dem Kofferaufbau.
Das Loch in den Boden bohrte ich vom Innenraum der Wohnkabine, so dass es direkt in den Gaskasten führt und steckte das Rohr von oben hinein. Im Staukasten bog ich es dann in einem 90 Grad Winkel und schloss daran die Mitteldruck-Schlauchleitung an.

Das Gasrohr muss mit speziellen gummigelagerten Schlauchschellen befestigt werden, um das Rohr vor dem Durchscheuern zu schützen. Besonders an Stellen, an denen das Rohr durch die Wand führt, muss es auch mit einer Gummi-Ummantelung vor Durchscheuern geschützt werden.

Achtung: Der Staukasten muss fest mit dem Aufbau verbunden sein, damit die durchgehende Leitung keinen Schaden nehmen kann.

Innen im Kofferaufbau habe ich das Rohr so gebogen, dass es an der Wand hinter der Abfallbehälterschublade nach oben führt. Dort ist dann ein Gasventil eingebaut, mit dem der Zufluss zum Herd abgestellt werden kann.

Der Anschluss an den Herd wird direkt vom Rohr mit einer geraden Schneidring-Verschraubung hergestellt.

Tipp: *Infos zum korrekten Einbau einer Gasanlage sind beim TÜV Nord zu finden. Lediglich in Bezug auf die Gasprüfung in Zusammenhang mit der TÜV-Abnahme ist dieser Text jedoch nicht mehr aktuell. Die Pflicht eine Gasprüfung vorzuweisen ist Stand Anfang 2020 bis 2023 ausgesetzt. Eine Prüfung sollte in eigenem Interesse dennoch erfolgen.*

---

https://www.tuev-nord.de/fileadmin/Content/TUEV_NORD_DE/pdf/gasanlagen-in-wohnwagen-und-wohnmobilen.pdf

---

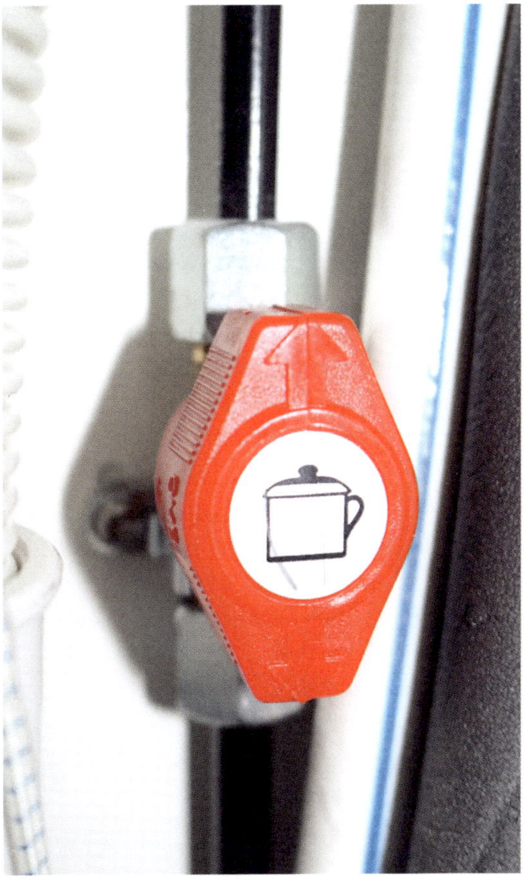

Gasventil für den Herd

Standheizung einbauen

Beim Einbau der Standheizung müssen gleich mehrere Aspekte berücksichtigt werden: Für den Betrieb werden Luft, Diesel sowie Strom benötigt und die Abgase müssen abgeleitet werden.

Die Hersteller der Standheizungen liefern mit den verschiedenen Produkten genaue Einbauanweisungen mit, nach denen du dich richten solltest.
Ich habe mich für eine Autoterm Air 2 D entschieden, also eine Luftheizung, die mit Diesel 2 KW an Hitze produziert.

Eine Wasserheizung wollte ich nicht, da sie schwerer und aufwändiger ist. Bei einem luftgekühlten Motor kann sie auch den Vorteil einer Motor-Vorwärmung nicht bieten.

Der Plan war, warme Luft zur Erwärmung des Wassers und Beheizung des Raumes zu erzeugen und auch warme Luft rund um die Matratze zu verteilen, um die Feuchtigkeit wegzupusten.
Allerdings kann eine Standheizung nicht mit so langen Luftleitungen arbeiten, woran mein Plan scheiterte. Autoterm gibt eine maximale Länge von fünf Metern an, darüber wird der Gegendruck der Leitungen zu groß, als dass sie lange bei voller Heizleistung arbeiten kann.

Optimal ist es, beim Einbau der Heizung einen Testlauf vorzunehmen. Die Luftleitungen sollten dazu erst provisorisch mit Boiler, allen Anbauteilen und Ausströmern an ihren späteren Platz verlegt werden. Um eine Überhitzung zu vermeiden, sollte der Boiler mit Wasser gefüllt sein. Jetzt sollte die Heizung ohne abzuschalten bei Volllast eine halbe Stunde laufen können. Schaltet sie ab und gibt das Überlast-Signal aus, kann man die Luftverteilung noch optimieren.

Der Einbau

Ich beschreibe hier nicht genau die Einbauanweisungen für ein bestimmtes Modell. Diese ist sicher im Lieferumfang deiner Heizung enthalten. Wichtiger sind mir Tipps und Erfahrungen, die so nicht in der Anleitung stehen.

Es gibt mehrere Möglichkeiten anzufangen, beginnen wir einfach mit der Heizung selbst. Im Kastenwagen oder Koffer ist der Einbau ziemlich gleich. Hat man einen dünnen Boden, auf den die Heizung platziert werden soll, kann man die Löcher für Zuluft, Diesel, Abgas und Schrauben hineinbohren, bei dickeren Böden wie im Kofferaufbau ist ein Einbauflansch, wie es ihn von Tigerexped gibt, die bessere Lösung.

Dafür muss ein viereckiges Loch in den Boden geschnitten werden. Vorher gilt es, den Einbauort so festzulegen, dass die Versorgung der Heizung von unten gewährleistet ist. Die Zuluftleitung soll in dieselbe Richtung wie das Abgasrohr zeigen, damit keine Luftdruckunterschiede den Betrieb stören können.

Das Abgasrohr wird ziemlich heiß, daher sollten keine hitzeempfindlichen oder brennbaren Teile tangiert werden. Die Luftansaugung sollte einen Mindestabstand zum Abgasrohr haben, damit frische Luft zur Verbrennung gelangt. Insbesondere sollte auch der Gaskasten mit Entlüftung möglichst weit entfernt sein. Die Rohre verlegt man am besten so, dass eintretendes Wasser abfließen kann,

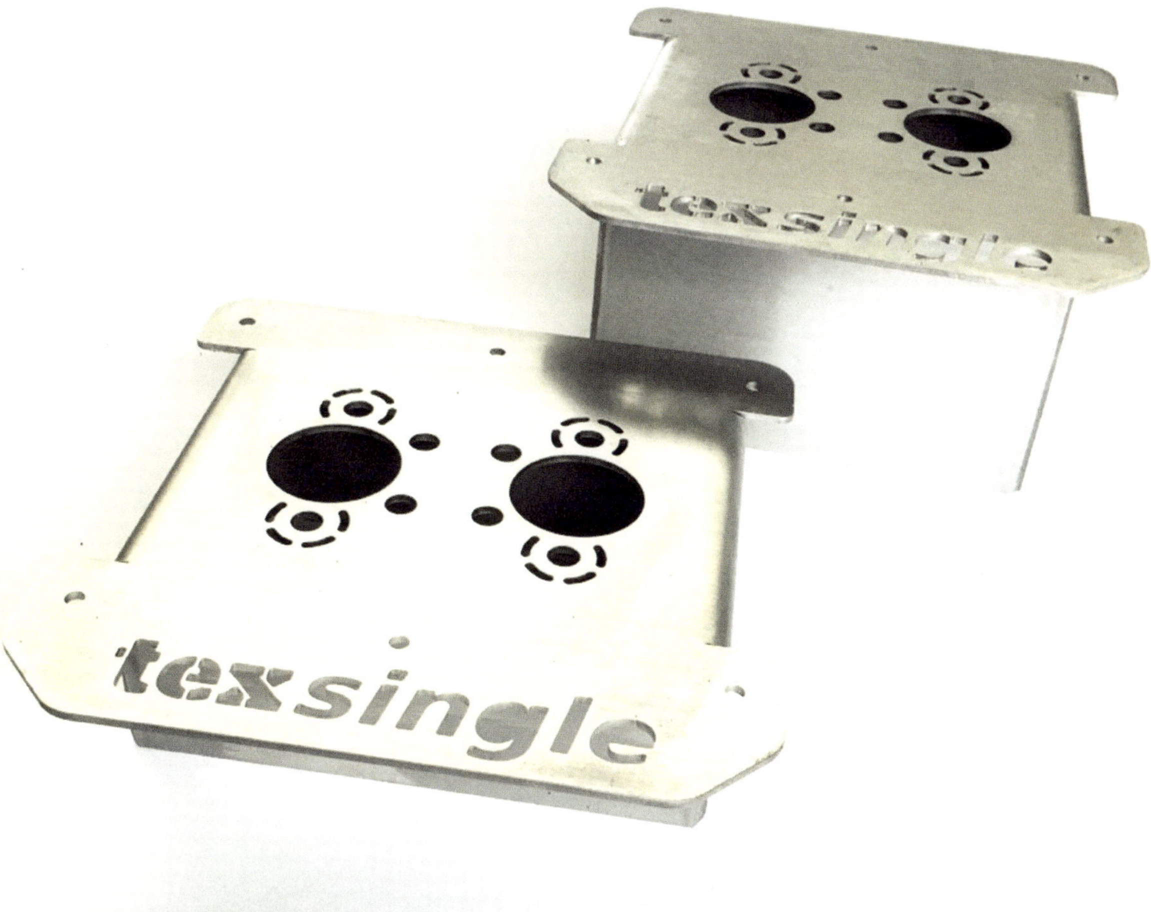

Einbauflansch von Tigerexped

der Auspuff kann zudem mit einer Ablaufbohrung versehen werden.
Die Dieselleitung muss ausreichend Abstand zum Abgasrohr haben, um sie nicht anzuschmelzen. Fährt man mit dem WoMo ins Gelände, sollten die nach unten zeigenden Rohre durch andere Bauteile des Fahrzeuges geschützt sein, damit sie nicht abreißen können. Eintauchen ins Wasser ist kein Problem, solange die Heizung nicht läuft.

Außerdem muss ausreichend Platz sein, damit man alles festschrauben kann.

Die Treibstoffpumpe der Heizung ist eines der lautesten Teile, daher empfiehlt es sich, sie zu verkleiden oder in einem gedämmten Raum zu installieren. Damit sich das Geräusch nicht über die Karosserieteile überträgt, sollte ein Gummilager als Halterung im Lieferumfang enthalten sein und auch benutzt werden.

Bei Tigerexped gibt es außerdem als Zubehör eine Einbaubox, um die Heizung außerhalb der Karosserie anzubauen sowie Ansaugluft-Schalldämpfer um die Geräuschbildung zu minimieren.

08

Klettersteig in der Provence

Akkurat

Die Möbeltüren im Bad erforderten besondere Genauigkeit.

arbeiten

Einfaches und akkurates Arbeiten ist in jedem Falle wichtig, damit funktionelle Teile später auch zusammenpassen.

Ist zum Beispiel ein Scharnier leicht schräg eingebaut, klemmt später die ganze Tür oder Klappe. Daher ist es immer besser, sich eine einfache Schablone zu bauen, um beim Zusammenbau keine Überraschungen zu erleben. Deshalb möchte ich im Folgenden nochmals erklären, wie du richtig Maß nimmst und deine Werkstücke richtig anzeichnest.

Damit später alles komfortabel funktioniert und lange hält, ist es auch wichtig, dass du die geeigneten Verbindungen für die unterschiedlichen Materialien und Nutzungen kennst, worauf ich nochmals besonders eingehen werde.

Damit unsere geliebten Boxen perfekt in das Möbelgehäuse passen, muss vorab genau gemessen werden.

Messen und Anzeichnen

Kleine Teile solltest du mit der Schieblehre messen, zum Beispiel Löcher, Schrauben etc. Um zwischen zwei Wänden zu messen nimmt man zwei Maßstäbe, die man jeweils mit dem Nullpunkt an die Wand hält, dazwischen abliest und die Werte addiert.

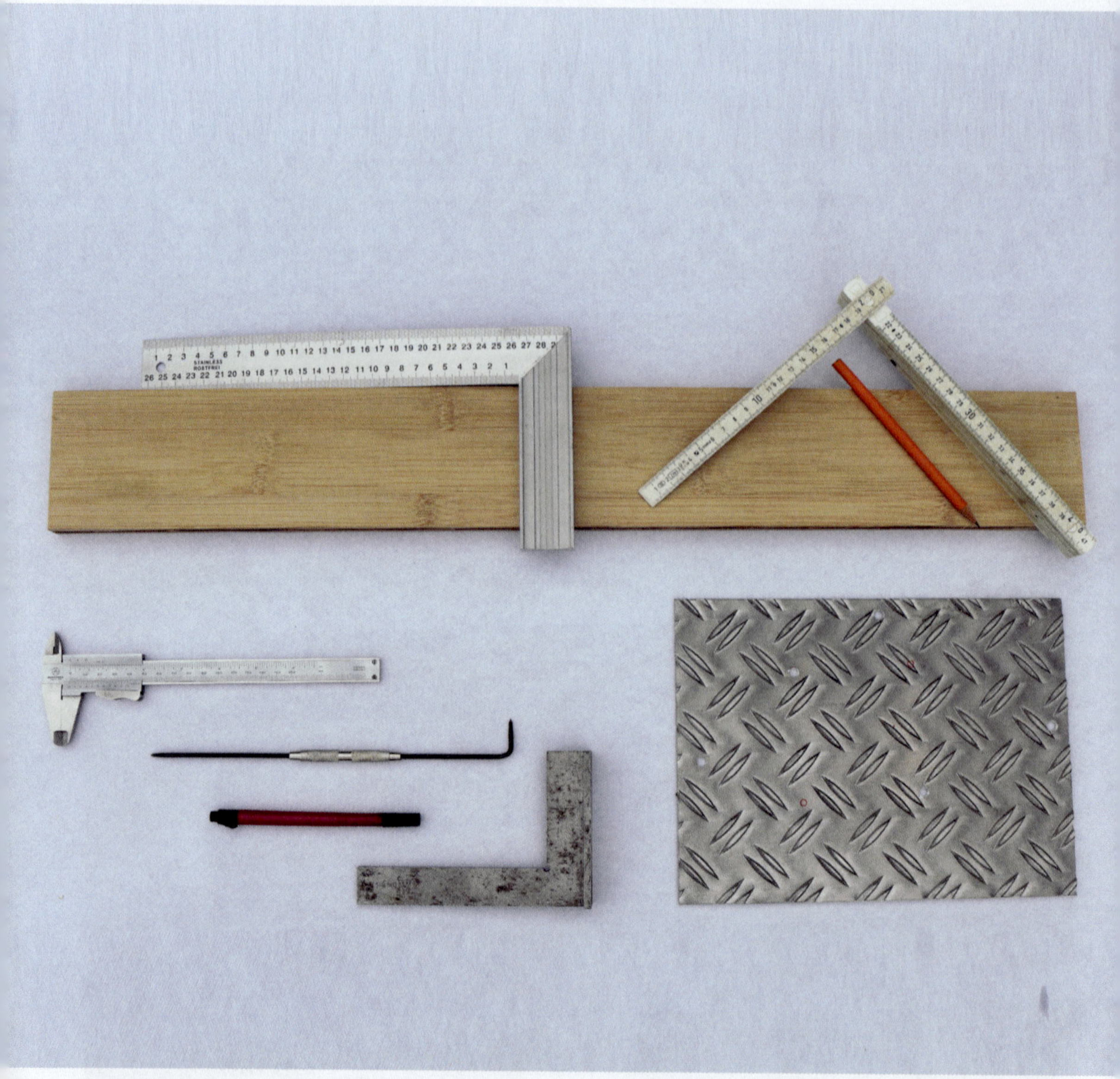

Werkzeug zum akkuraten Arbeiten

Noch besser geht das mit einem Laser-Entfernungsmesser, den man für circa 20 Euro online bekommt. Damit lassen sich millimetergenau Zwischenräume ausmessen und das bis zwanzig Meter Entfernung. Später auf Reisen kann man damit die Höhe unter Brücken und in Tunneln messen. Die Angaben der Schilder in manchen Ländern sind sehr grobe Schätzungen. In Ungarn sind wir mal unter einem Bogen hindurch gefahren, der mit 3,4 Meter beschildert war. Unser 3,6 m LKW ging locker durch. Auf dem Rückweg war auch ein Schild, worauf die Höhe mit 2,9 m angegeben war.

Anzeichnen eines gleichbleibenden Abstands entlang einer Wand

Oft muss man etwas nur um drei Millimeter kürzen, um die Klebenaht unterzubringen. Hier kann man einfach mit dem flachgelegten Bleistift entlangfahren. Der Abstand von Spitze zum Außendurchmesser passt gut.

Schablonen für mehrfach verwendete Maße anfertigen

Wenn du zum Beispiel beim Einbau eines Scharniers nicht sicher bist, ob das später so passt, nimm einen Plattenrest und baue diesen anstelle der fertigen Tür ein. So kannst du ausprobieren wie du es einbauen musst und wenn du sicher bist, dass es passt, überträgst du die Löcher auf die Tür.
Müssen mehrere Löcher in gleichem Abstand gesetzt werden oder einen gleichbleibenden Abstand zu einer Kante haben, lässt sich aus einem Holzrest schnell eine Schablone fertigen, durch die dann der Bohrer geführt werden kann.

Anzeichnen entlang der Wand mit anliegendem Bleistift.

Mit einem auf Maß gesägtem Holzrest als Abstandshalter lässt sich auch überall der exakt gleiche Abstand für die Führungsleisten der Euroboxen festlegen.

Längen von Kabeln und Leitungen

Schneide die Leitung erst ab, wenn sie bis zum Anschluss gelegt ist. Eine einfache Möglichkeit ist, die Leitung so weit abzurollen, dass sie weiter als zum Ziel reicht, die Rolle an den Ausgangspunkt zu legen und dann das Ende anzuschließen. Dann verlegst du sie so wie sie am Ende liegen soll und schneidest erst zuletzt am Anfang ab, so dass noch etwas Reserve bleibt, damit sie sich bewegen kann.
Verlegte Leitungen sind sonst zu kurz um schnell noch etwas ändern zu können.

Ein selbst gemachter Türanschlag ist einfach schöner.

Schnittpläne erstellen

Mit einer guten Planung kannst du extrem viel sparen.

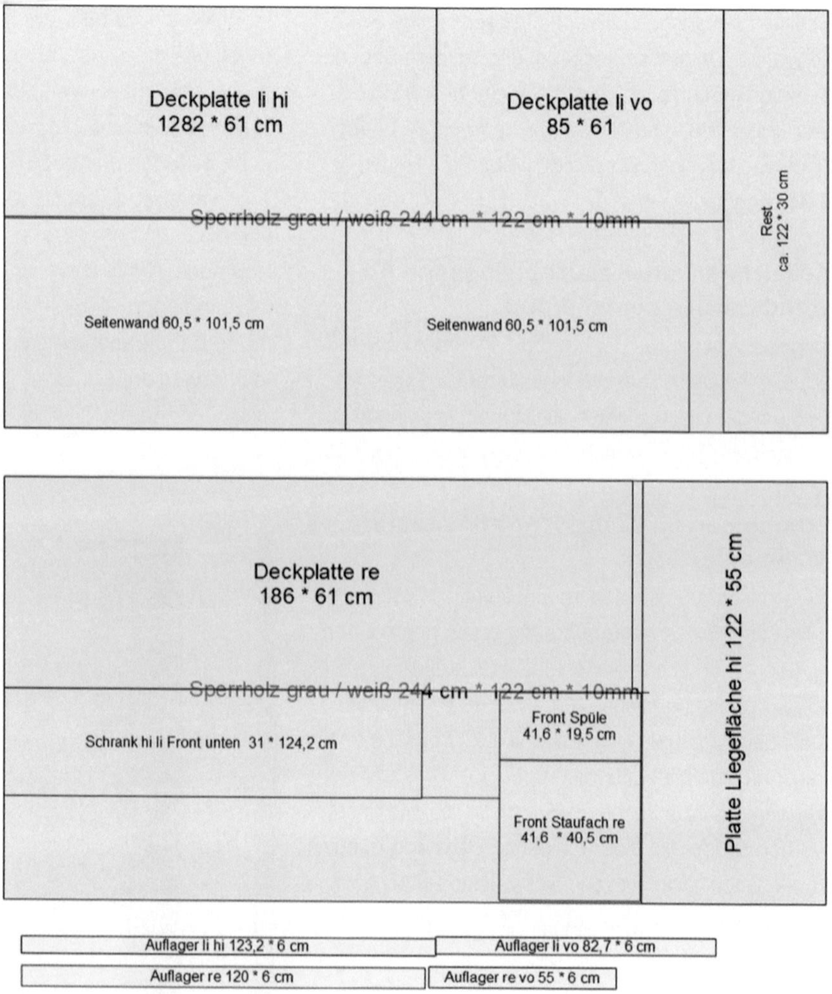

Für einen relativ einfachen Ausbau kannst du Platten als Zuschnitt bestellen. So sind sie perfekt auf Maß gesägt und haben an den Ecken rechte Winkel. du kannst sie viel einfacher transportieren oder bekommst sie nach Hause geliefert. So benötigst du auch keine teure Kreissäge.
Mit einem guten Plattenschnittplan kannst du ein bis zwei komplette Platten einsparen.

Plane die Möbel so, dass sie im Endmaß unter 62, besser 60 Zentimeter Höhe bleiben. Plattenwerkstoffe haben meist ein Grundmaß von 122 x 244 Zentimetern, manchmal von 122 x 304 cm. In manchen Fällen gibt es auch andere Maße, einfach vorher nachfragen.
Die Maserung verläuft normalerweise in Richtung der Längsseite.

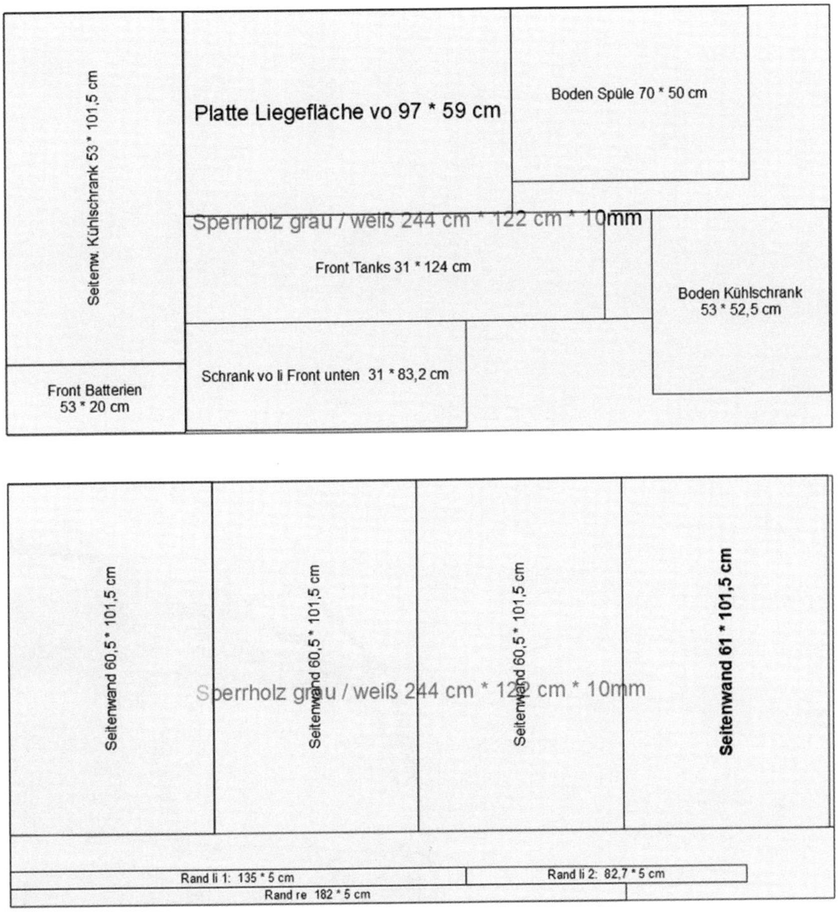

Sprinter-Plattenschnittplan, den ich zum Holzhändler geschickt habe.

Wichtig sind auch die Sägeschnitte. Dafür muss man jeweils drei Millimeter einkalkulieren. Auch der Rand der Platte ist zu beachten. Manchmal ist er vom Verladen abgestoßen, das kann schnell einen bis zwei Zentimeter kosten.
Daher ist es vorteilhaft, die Platten selbst zu transportieren, um ein Auge drauf haben zu können.

Bei Nut-und-Feder-Brettern sind die Federn, die im jeweils anderen Brett verschwinden, meist mit in die Flächenangabe eingerechnet. Verlegt ist die Fläche also bis zu 10 % kleiner!

KA SM 13

Ultimo

Bei einem Selbstausbau-Wohnmobil gibt es ja selten ein Ende, da es immer wieder Ideen für weitere Verbesserungen gibt oder die Bedürfnisse sich ändern.

Ebenso wirst du auch nach intensiver Lektüre dieses Buches nicht alle Antworten gefunden haben.

Auch ich probiere ständig etwas Neues aus – Ideen habe ich genug.

Wenn du auf dem Laufenden bleiben möchtest, besuche mich auf WomoSelbstAusbauen.com, dort gibt es weitere Inhalte zum Thema und solche, die gerade erst entstehen.

Dort findest du auch ein Forum zum Austausch mit mir und anderen Selbstausbauern, in das du gerne deine Fragen und Ideen stellen kannst.

Viel Spaß und Erfolg beim Ausbau deines eigenen Reisemobils wünscht:

Michael Blömeke

OFF ROAD
Freiheit beginnt, wo Wege enden!
Uns gibt es auch im: Abonnement
hrberichte
Reisen
Service
Sport & Szene
LESEN
TRÄUMEN
ERLEBEN
Jetzt abschließen & Prämie sichern:
Telefon: 0711 7252241
Mail: offroad@zenit-presse.de
www.off-road.de/abo

Kilometerstein in Marokko